山东建筑大学建筑城规学院青年教师论丛

南京近代商业建筑史

HISTORY OF MODERN COMMERCIAL ARCHITECTURE IN NANJING

陈 勐 著

中国建筑工业出版社

图书在版编目（CIP）数据

南京近代商业建筑史 = History of Modern Commercial Architecture in Nanjing / 陈勐著. —北京：中国建筑工业出版社，2023.7

（山东建筑大学建筑城规学院青年教师论丛）

ISBN 978-7-112-28701-7

Ⅰ.①南… Ⅱ.①陈… Ⅲ.①商业建筑—建筑史—南京—近代 Ⅳ.①TU247-092

中国国家版本馆CIP数据核字（2023）第081496号

责任编辑：何　楠　徐　冉
版式设计：锋尚设计
责任校对：刘梦然
校对整理：张辰双

山东建筑大学建筑城规学院青年教师论丛
南京近代商业建筑史
HISTORY OF MODERN COMMERCIAL ARCHITECTURE IN NANJING
陈　勐　著
＊
中国建筑工业出版社出版、发行（北京海淀三里河路9号）
各地新华书店、建筑书店经销
北京锋尚制版有限公司制版
建工社（河北）印刷有限公司印刷
＊
开本：787毫米×1092毫米　1/16　印张：14½　字数：407千字
2023年9月第一版　　2023年9月第一次印刷
定价：**65.00**元
ISBN 978-7-112-28701-7
　　（41161）

序

中国在清末开始进入由传统社会向现代社会过渡的时期。该时期内，中国的政治、经济、文化等各方面发生了巨大的变化，农村人口开始大量向城市积聚，产业呈现出多样化和多元化发展趋势，城市建设得到了大规模的发展，商业空间也从传统的行商坐贾、商贸市集逐步转变为体现现代社会特征的大型商品交易场所。南京是中国近代化和现代化进程中非常重要的一座城市，在这一进程里起着举足轻重的作用。特别是伴随着1927年南京国民政府成立以后，中国的政治、文化中心逐渐从北京向南京转移，南京既体现出与近代时期其他城市相似的快速建设和城市化进程，也呈现出作为政治中心城市的差异化发展特征。

南京近代建筑发展中所呈现出的普遍性特征体现在多元丰富的建筑风格、西方现代技术的引进、功能类型和建造方式的多样化等方面。商业建筑也从传统的店铺、市集、街市向大型商场、百货公司等具有一定规模的商品交易场所转变。对于南京近代商业建筑的研究，也为中国近代建筑类型史研究提供了一个可资比较的视野。例如，上海商业建筑的近代转型比南京发生的更早，而且更具规模。此外还包括沿海贸易城市广州，山东半岛的青岛，东北的沈阳、大连、哈尔滨等。各地近代化进程不一样，所以也呈现出不同的地区特色，商业建筑也是体现地方性和场所性的一种建筑类型。

陈勐博士在东南大学攻读博士学位期间，在我的指导下开展南京近代商业建筑的研究。经过四年多艰苦卓绝的档案调查、史料挖掘和整理，完成了博士学位论文。之后又经过几年的提炼夯实，使其成为一部可以面世的专著。在此我感到很欣慰，也表示对他的祝贺。这本著作有以下几个方面的特点：

第一个方面就是这本著作的取材很广泛。作者对南京等地档案馆、图书馆所藏相关商业建筑历史资料进行了深入细致的调查和整理。很多历史资料都是首次挖掘，比如南京的中央商场，涉及各类型史料的谨慎梳理，包括股东背景、股权结构、建设过程、承包商合同、建筑图纸、施工工艺等。这些使本书具有了很好的研究的原创性、资料的珍贵性和稀缺性。

第二个方面是广泛细致的现场勘察。陈勐博士在读博期间和我们工作室的其他人员一起对现存的一些商业类建筑进行了广泛、深入的调查，包括现场勘察、测绘、拍照和记录，按照当时的建筑样式绘制了平面、立面和剖面图，并通过现代的计算机技术建构了重要建筑的三维可视化模型，形成了再现的历史素材。这对于原始史料是一个很好的补充，使整体的资料更加详实。

第三个方面是社会学方面的调查，涉及商业活动、商业行为、商品流通及个人消费行为的调研，并且把社会学、商业发展和建筑学之间的互动进行了很好的联系和梳理，形成一个跨学科的研究成果。

第四个方面是最后的理论分析和提炼。从历史考证和梳理、商业活动调查上升到理论分析层面，对整个近代时期南京商业建筑发展的起因、形成以及背后的历史因素进行了分析，从建筑设计思想、建筑类型发展规律等方面进行了讨论，呈现出南京城市近代转型的商业空间面向，形成一部架构严谨、以史带论的理论著作。

我相信这本著作对于研究南京近代商业建筑具有很好的参考价值，同时也对同类型的研究从方法论和理论上有一定启发。希望这本书能得到广泛的关注，也欢迎读者提出批评。

最后，再次祝贺陈劢博士的著作面世。

东南大学建筑学院教授、博士生导师

目录

序

绪论　南京近代商业建筑史研究概论

第一章　近代以前南京的商业区布局与商业建筑

第二章　晚清及民国初年南京的商业街市与商业建筑（晚清至 1927 年）

第三章 南京国民政府时期的新商业区计划、旧城商业街区改造及商业建筑（1927至1937年）

第四章 日占时期南京商业建筑的改造与建设 （1937 至 1945 年）

第五章 抗日战争胜利后南京商业建筑的改造与建设 （1945 至 1949 年）

结论

绪论

南京近代商业建筑史研究概论

一、列肆立市：中国传统商业空间的发展特征

中华文明自古以农立国，遵循重农抑商、农本商末的经济政策。鸦片战争以后，随着西方资本主义列强入侵中国而来的洋货倾销，民族工商业遭受巨大冲击，开明士绅开始探索实业兴国的道路。新兴商人阶层社会地位上升，并取代士绅阶层，成为晚晴社会阶层间的主要流动方向[①]，"同、光以来，人心好利益甚，有在官而兼营商业者，有罢官而改营商业者"[②]，"近来吾乡风气大坏，视读书甚轻、视为商甚重……甚且有既游庠序，竞弃儒而就商者……为商者十八九，读书者十一二。"[③]除传统行商、坐贾外，新兴民族资产阶级、买办资产阶级以及官僚资产阶级开始登上历史舞台。

晚清以降，历届政府采取了劝工惠商、发展民族工商业的经济政策。戊戌变法期间，光绪帝于1898年8月降旨设立农工商总局，并任命直隶霸昌道端方为农工商总局督办，专办新政。1903年9月，清政府设置商部，为保护与奖劝实业发展的中央机构，1906年11月，工部并入商部，合并为农工商部。辛亥革命后，南京临时政府设实业部，下辖农、工、商、矿四司，遵循自由发展资本主义原则，颁布了一系列经济政策和法规，鼓励民族资本主义工商业的发展。[④]1913年9月，北洋政府任命著名实业家张謇为农林、工商总长。1928年，南京国民政府设工商部，1930年改工商部为实业部，并颁布一系列法规政策以规范商业市场，推动国货事业的发展。

商业是城市经济发展的主导力量之一，现代化商业建筑与空间也是城市现代化的象征。[⑤]商业的概念有狭义和广义之分，狭义的商业概念指以盈利为目的的商品交换行为，广义的定义指通过变更财产所有权以获得利润的经济活动。根据交易物品的类型不同，商业建筑也有狭义和广义之分。狭义的商业建筑指为有形物品的现场交易所设立的场所，包括传统的商业街市、零售型商店、劝业会场、大型商场、百货公司等。广义的商业建筑除容纳有形物品的交易外，还包括体验、服务等无形价值的交易，如饭店、茶馆、咖啡厅等餐饮及休闲类建筑，戏剧院、电影院、游乐场、弹子房[⑥]等娱乐性建筑等。商业建筑是与社会生活关系紧密的建筑类型，承载着特定历史时期的国计民生。

中国古代最早出现的商业空间为满足交易活动的场所——"市"。《易经·系辞》记载："日中为市，致天下之民，聚天下之货，交易而退，各得其所，盖取诸噬嗑。"意为正午时设立集市，招揽四方百姓、聚揽各类货品，进行以物易物的物品交换活动，使百姓各取所需。"市"规定了交易时间与地点，是一种瞬时性的公共交易场所。"市"后来发展为按照不同时间和交易对象所设立的"大市""朝市"和"夕市"，《周礼·地官司徒下》记载："大市日昃而市，百族为主。朝市朝时而市，商贾为主。夕市夕时而市，贩夫贩妇为主。""市"也有了由"胥"和"群吏"组成的专门的监管人员，以及"思次"这一"司市治事"机关，"凡市入，则胥执鞭度守门。市之群吏，平肆、展成、奠贾，

---

① 赵英兰，吕涛. 转型社会下近代社会阶层结构的衍变. 南京社会科学，2013（1）：133.

② ［清末民初］徐珂. 清稗类钞（第四册）. 北京：中华书局，1984：1672.

③ ［清末民初］刘大鹏，乔志强. 退想斋日记. 太原：山西人民出版社，1990：17.

④ 贾孔会. 试论北洋政府的经济立法活动. 安徽史学，2000（3）：67.

⑤ "近代化"和"现代化"均来自英语中的"Modernization"，在中国近代史研究中时常通用。孙占元认为，中国近代化亦称中国早期现代化或现代化（见：孙占元. 中国近代化问题研究述评. 史学理论研究，2000（4）：124-134.）。尤天然指出，现代化的基本特征是生产力发展程度方面的现代性变革——工业化，而在历史时间中所据有的时段上又可以包含生产关系发展变革方面的"近代"和"现代"两个时期（见：尤天然. 近代化还是现代化. 探索与争鸣，1991（2）：56-60.）。本文中沿用这一观点，采用"现代化"来表述近代时期伴随着工业化和城市化发展所带来的商业建筑空间的转型与变革。

⑥ 弹子即为台球。

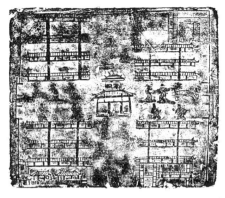

图 0-1　新繁出土市井画像砖

图片来源：刘志远. 汉代市井考——说东汉市井画像砖 [J]. 文物，1973（3）：57。

图 0-2　广汉出土市井画像砖

图片来源：刘志远. 汉代市井考——说东汉市井画像砖 [J]. 文物，1973（3）：57。

上旌于思次以令市。"①

列摊而售的"市"后来发展为由"市肆"与"市廛"组成的"市井门垣之制"。《管子·小匡》言："处商必就市井。"尹知章注疏曰："立市必四方，若造井之制，故曰市井。"②"门垣"指环绕市域而设的市墙和市门，也称"阛"和"阓"，《古今注》记载："阛，市垣也；阓，市门也。"③"市井门垣之制"可见诸汉长安城（今陕西西安）的东、西二市及东汉市井画像砖中，张衡《西京赋》云："（汉长安）廓开九市，通阛带阓，旗亭五重，俯察百隧。"④ 在新繁县出土的东汉市井画像砖中也印证了这一规制，市为四方形，四周围以市墙，东、西、北三面开市门。主路为十字相交形，划分为分列成行的四个市肆区，十字相交的中心为市楼（图 0-1、图 0-2）。售卖货物的商铺称为"肆"，列肆间的人行道为"隧"，存放货物的堆栈则称为"店"或者"廛"。《古今注》记载："肆，所以陈货鬻之物也；店，所以置货鬻之物也。肆，陈也；店，置也。"⑤ 颜延之云："市廛者，市中邸舍。"⑥

早期的"市"是城市中单独设置的商业区域，与居住区相分离。《周礼·冬官考工记下》记载："匠人营国，方九里，旁三门，国中九经、九纬，经涂九轨，左祖右社，面朝后市，市朝一夫。"⑦"市"为置于王宫后面的商业区域，形成"前朝后市"的布局。管仲的营国思想中也有相关记述，云："凡仕者近宫，不仕与耕者近门，工贾近市。"⑧"士农工商，四民者，国之石民也，不可使杂处。杂处则其言咙，其事乱。是故圣王之处士必于闲燕，处农必就田野，处工必就官府，处商必就市井。"⑨ 这种商、住分区的布局方式可见于汉长安城和唐长安城（今陕西西安）中。汉长安城

---

① 林尹. 周礼今注今译. 北京：书目文献出版社，1985：146-147.
② 黎翔凤，梁运华. 管子校注（上）. 北京：中华书局，2004：400.
③ ［晋］崔豹. 古今注. 见：［清］纪昀，永瑢，等. 景印文渊阁四库全书. 台北：台湾商务印书馆，1986：103.
④ 何清谷. 三辅黄图校注. 西安：三秦出版社，1998：89.
⑤ ［晋］崔豹. 古今注. 见：［清］纪昀，永瑢，等. 景印文渊阁四库全书. 台北：台湾商务印书馆，1986：103.
⑥ ［宋］孟元老，伊永文. 东京梦华录笺注（上）. 北京：中华书局，2007：104.
⑦ 林尹. 周礼今注今译. 北京：书目文献出版社，1985：475.
⑧ 黎翔凤，梁运华. 管子校注（上）. 北京：中华书局，2004：368.
⑨ 黎翔凤，梁运华. 管子校注（上）. 北京：中华书局，2004：400.

除设有九市外，还设"闾里"作为市民居住区，"长安闾里一百六十，室居栉比，门巷修直。"[1]唐长安城设东、西二市，内呈"井"字形布局，居住区布置在109个严整的"里坊"居住单元内，"有南北大街曰朱雀门街，东西广百步。万年、长安二县以此街为界，万年领街东五十四坊及东市，长安领街西五十四坊及西市。"[2]集中设市的局面自盛唐以后开始改变，唐长安城内，商业和手工业越来越多地分布在其他"坊"里，如乐器作坊集中在崇仁坊、毡曲在靖恭坊、制玉器在延寿坊、售美酒在长乐坊、造车工匠在通话门附近。东市附近各坊还有很多"邸店"，作为客商堆货、交易、寓居的行栈，各坊里中则有一些为日常生活服务的店铺。[3]

至北宋年间，里坊制瓦解，城市商业发展突破集中设置的"市"的限制。在北宋东京汴梁城（今河南开封）中，市肆、商铺与住宅杂处，沿街道或河道设置，遍布全城。《东京梦华录》记载："（御街）两边乃御廊，旧许市人买卖于其中。"[4]朱雀门外"街心市井，至夜尤盛"。[5]城内还有多处"夜市"和"鬼市子"，例如，位于朱雀门和龙津桥间的"夜市"集中各色小吃摊贩，喧嚣达旦，"直至三更"。[6]马行街一带"夜市直至三更尽，才五更又复开张"。[7]"鬼市子"内则主要买卖衣物、书画、花环、领抹之类，"每五更点灯博易……至晓即散。"[8]汴梁城还有专门的金融中心——"界身"，即"金银彩帛交易之所"，"屋宇雄壮，门面广阔，望之森然，每一交易，动即千万，骇人闻见。"[9]此外，城内还遍布多处"瓦子"，是集杂技、戏曲、游艺、茶酒诸类为一体的娱乐空间，例如新门瓦子、州西瓦子、保康门瓦子、州北瓦子等。

近代南京城的格局始于明洪武所建应天府城，城为"三叶草式"布局，城东钟山南麓为皇城区，城西北为军事驻扎区，城南夫子庙秦淮河地区则为传统手工业商业区。城南地区东起大中桥、中经内桥、西迄三山门、南至聚宝门的三角地带是最繁盛的工商业区，商业贸易分布于各街巷中，素有"三山聚宝连通济"的美誉。城市商业的繁荣很大程度上与城南地区的发达水网有关，秦淮漕运、贩运贸易、物资供给、纺织机业、民家搬运、秦淮画舫等均仰赖于河道水网，清甘熙所著《白下琐言》记载："秦淮由东水关入城，出西水关为正河，其由斗门桥至笪桥为运渎，由笪桥至淮清桥为青溪，皆与秦淮合，四面潆洄，形如玉带，故周围数十里间，闾阎万千，商贾云集，最为繁盛。"[10]水运贸易的繁荣，形成了沿河道的线形商业街市和"廊房""河房"等商业建筑类型，体现出自然地理形貌对传统城市商业空间布局和商业建筑形式的影响（详见本书第一章）。

二、从商店到百货公司：商业建筑的近代转型

工业革命之后，伴随着社会化大生产与城市现代化和工业化的进程，商业建筑也发生变革。建筑历史学家佩夫斯纳（Nikolaus Pevsner）认为，商业建筑的现代转型经历了由商店（Shop）到商场（Store），继而发展到百货公司（Department Store）的过程。[11]吉迪恩（Sigfried Giedion）

① 何清谷. 三辅黄图校注. 西安：三秦出版社，1998：99.
②［清］徐松，李健超. 唐两京城坊考（修订版）. 西安：三秦出版社，2006：40.
③ 董鉴泓. 中国城市建设史（第三版）. 北京：中国建筑工业出版社，2011：54.
④［宋］孟元老，伊永文. 东京梦华录笺注（上）. 北京：中华书局，2007：78.
⑤［宋］孟元老，伊永文. 东京梦华录笺注（上）. 北京：中华书局，2007：100.
⑥［宋］孟元老，伊永文. 东京梦华录笺注（上）. 北京：中华书局，2007：115-116.
⑦［宋］孟元老，伊永文. 东京梦华录笺注（上）. 北京：中华书局，2007：313.
⑧［宋］孟元老，伊永文. 东京梦华录笺注（上）. 北京：中华书局，2007：163-164.
⑨［宋］孟元老，伊永文. 东京梦华录笺注（上）. 北京：中华书局，2007：144.
⑩［清］甘熙. 白下琐言. 南京：南京出版社，2007：143.
⑪ Nikolaus Pevsner. A History of Building Types. New Jersey: Princeton University Press, 1979: 257-272.

也认为，百货公司的前身为"将一列店铺容纳到同一屋檐下"的集中型商业建筑（Commercial Buildings）[1]，即佩夫斯纳所说的商场。

理解商业建筑的近代转型，首先要理解上述商业建筑的概念。商店是传统城市主要的商业建筑类型，指街道两侧的小型商业用房。商店建筑一般临街设店铺，并精心设置临街店面（Shop Front），屋后作为住宅，形成前店后宅的空间格局。也有底层作为商业用途，二层以上作为住家的类型。商店在不同地区称谓和特点有所不同，如中国东南沿海地区的骑楼和"亭仔脚"，马来西亚槟榔屿、吉隆坡以及新加坡的"店屋"（Shophouse），日本的"町屋"（日文为"まちや"，英文专用词为"Machiya"）等。

商场是由众多店铺或商品部门组成的销售各类商品的大型商业建筑。[2] 商场一般由许多商铺组成，建筑空间采用店铺单元加室内步行商业街的形式，步行街上部设置天窗或高侧窗采光。随着中国各地工业化与城市化水平提高，许多地区也发展出由旧式商业建筑脱胎而来的综合型商场，以室内商业街为特色，类似于18世纪欧洲盛行的市场（Bazaar）和拱廊街（Arcade），侯幼彬称之为"以街弄为特色的大型市场"。[3]

百货商场或百货公司[4]，是19世纪中叶发源于欧洲、继而传入美国的现代化商业设施类型，是工业化和城市化共同作用的结果。[5] 作为资本主义的现代化企业，百货公司囊括了从商品生产到商品流通、交换的各种部门，包括商品生产、运输、仓储、销售等资本主义商品流通的各种部门，并设置信用、财会、税务、咨询等管理和服务性机构，是一种高度组织化的企业形式（图0-3）。不同于传统的商店和市场，商品均为明码标价，一改过去讨价还价的买卖形式。百货公司的商业特征还体现在通过设置商品部来统一经营与管理、销售商品种类的多样性等方面[6]，佩夫斯纳将"由众多（商品）部门组成的，销售从'大头针'到'大象'的一切物品的商场"定义为百货公司。[7] 传统意义上的百货商场一般为框架结构的大空间，由统一的卖场和服务管理性用房组成。卖场往往基于商品部类划分区域，以通道、玻璃橱柜、货架等划分营业区域。

一般认为，第一栋百货商场为法国巴黎的乐蓬马歇百货公司（Le Bon Marché）（图0-4、图0-5）。该公司由法国企业家布西科（Aristide Boucicaut）创立于1852年，经过20世纪70年代的两次改扩建，形成了占据整个街区的整体格局。乐蓬马歇公司早期以经营服饰品为主，后来

① Sigfried Giedion. Space, Time and Architecture: the Growth of a New Tradition. London: Harvard University Press, 1941: 170.
② Nikolaus Pevsner. A History of Building Types. New Jersey: Princeton University Press, 1979: 265-266.
③ 潘谷西. 中国建筑史（第七版）. 北京: 中国建筑工业出版社, 2015: 366-367.
④ "百货商场"和"百货公司"是西方的"Department Store"概念在19世纪末20世纪初传入中国后，所产生的两种释义。笔者认为，"百货商场"概念倾向于以承载商品买卖的商业空间实体；而"百货公司"倾向于资本构成、组织机构、经营模式等资本主义企业特征。
⑤ Bill Lancaster. The Department Store: A Social History. London and New York: Leicester University Press, 1995: 170.
⑥ 早期欧洲的百货商场专营干货（Dry Goods），即非液体类商品，例如谷物、毛织物、丝织物、杂货等，而早期美国的百货商场还经营成品服装（Ready-Made Clothing）等。见: H. W. Fowler, F. G. Fowler. The Concise Oxford Dictionary of Current English. London: the University of Oxford, 1912: 254. 及 Sigfried Giedion. Space, Time and Architecture: the Growth of a New Tradition. London: Harvard University Press, 1941: 170。
⑦ Nikolaus Pevsner. A History of Building Types. Princeton: Princeton University Press, 1979: 267.

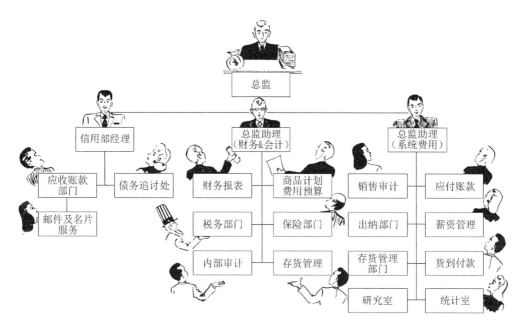

图 0-3　西方百货公司运营管理机构图表

图片来源：Frank M. Mayfield. The Department Store Story [M]．New York: Fairchild Publications, Inc., 1949: 138。

图 0-4　乐蓬马歇百货公司建筑平面图

图片来源：Nikolaus Pevsner. A History of Building Types [M]. Princeton: Princeton University Press, 1979: 266。

图 0-5　乐蓬马歇百货商场室内图

图片来源：Michael B. Miller. The Bon Marche: Bourgeois Culture and the Department Store, 1869-1920 [M]．Princeton: Princeton University Press, 1994: no page。

扩大商品部类，经销各类日用品，成为将"不同类别商品置于同一屋檐下"的大型商业建筑。① 合理的组织机构是乐蓬马歇取得成功的重要保证，布西科设置了官僚化（Bureaucratization）的组织机构，以理事会（Council）作为最高权力机构，下辖与商品经销、信贷、财务相关的基本管理单位——部门（Department），各部门设经理及几名助手。在这些机构之上，布西科具有最终的决策权。② 乐蓬马歇是20世纪末西方国家最著名的百货公司企业之一，佩夫斯纳将明码标价与定价（Fixed Prices）、商品的清晰展陈（Clearly Displayed）、允许换购（Permission to Exchange Purchases），以及追求薄利以保证资金快速周转（Small Profit to Secure Quick Turnover）视为乐蓬马歇获得成功的主要原因。③

中国近代时期，伴随着西方列强的经济入侵和资本的流入，商业建筑由传统城市的"以工事列肆、以贸易立市"的商业空间类型，向规模化、集约化、现代化的商品销售和展陈空间转变，并形成新的商业建筑类型。百货公司的出现与发展是体现这一历史进程的重要标志。有学者认为，1900至1948年间，全国各地都有一些小型洋货商店，只是在上海、广州、天津、武汉、哈尔滨等大城市才出现了真正意义上的百货商店。④ 伴随着外部资本流向而形成的百货公司主要有两条发展路径，即华侨资本和外国资本。

日本学者菊池敏夫将华侨资本视为百货公司发展的主要驱动力，并认为近代时期百货公司由西方传入中国是一个自南向北的过程，即率先传入香港和广州，然后传播到上海的。⑤ 例如，1900年1月，广东中山籍澳洲华侨马应彪集资在香港创办了先施百货公司，1907年改组为股份有限公司（The Sincere Co.,Ltd.），之后开始向中国内地拓展业务。1911年，在广州开设先施公司，1917年，又在上海南京路日升楼附近（今浙江中路口）创办先施公司。迨至淞沪会战爆发前，上海共有4家由华侨资本创办的大型百货公司⑥，在资本来源、组织模式、经营办法等方面体现出一些相似性特征——这4家公司的发起人均为广东籍侨商，采用侨商资本为主体的股份有限公司的组织形式，以经销环球商品并附带推销国内土特产品为主要业务，还兼营旅馆、酒楼、游艺场、保险事业等附属企业。

外国资本是促进中国近代百货公司发展的另一条途径，包括俄国、日本、英国等。自19世纪末、20世纪初开始，以俄国、日本为代表的外国大型百货公司企业伴随着西方列强铁蹄而入侵中国，是西方国家经济侵略的组成部分，并形成了自北向南的百货公司发展支线。1896年，俄国人借《中俄密约》获得修筑"东清铁路"的权利，开始对中国东北实施经济入侵。1900年5月，俄国人在哈尔滨成立秋林洋行，1904年，又创办巴洛克风格的商业大楼，为"哈尔滨第一个大型百

---

① Michael B. Miller. The Bon Marche: Bourgeois Culture and the Department Store, 1869–1920. Princeton: Princeton University Press, 1994: 49–51.
② Michael B. Miller. The Bon Marche: Bourgeois Culture and the Department Store, 1869–1920. Princeton: Princeton University Press, 1994: 58–72.
③ Nikolaus Pevsner. A History of Building Types. Princeton: Princeton University Press, 1979: 268.
④ 王晓，闫春林. 现代商业建筑设计. 北京：中国建筑工业出版社，2005：9.
⑤ [日]菊池敏夫. 近代上海的百货公司与都市文化. 陈祖恩，译. 上海：上海人民出版社，2012.
⑥ 近代上海由华侨资本创办的四大百货公司包括：1917年10月由广东中山籍华侨马应彪等人创办的先施公司（The Sincere Co.,Ltd.）、1918年9月由广东中山籍澳洲华侨郭乐、郭泉兄弟等人发起创办的永安百货公司（The Wing On Co.,[Shanghai] Ltd.）、1926年1月由原先施公司司理刘锡基发起创办的新新百货公司（The Sun Sun Co.,Ltd.）和1936年1月由广东中山籍澳洲华侨蔡昌创办的大新百货公司（The Da Sun Co.,Ltd.）。见：上海百货公司，上海社会科学院经济研究所，上海市工商行政管理局. 上海近代百货商业史[M]. 上海：上海社会科学院出版社，1988：101–107.

货店"。同年，在沈阳、吉林开设百货商店，1909年，又在齐齐哈尔开设百货商店。由是，秋林公司发展为在俄国东西伯利亚大城市及中国东北重要城市都设有分店的大型跨国百货公司。[①]

日本百货公司是伴随着1895年中日《马关条约》的签订最早进入台湾地区。1901年，高岛屋百货公司（Takashimaya Dept.）率先在台湾开设商店。1905年，"日俄战争"日本胜利后获得了俄国在中国东北的特权，随后日本百货公司开始在中国东北开设分店。自1907至1937年间，三越百货公司（Mitsukoshi Dept.）和高岛屋先后在大连、奉天、抚顺、长春等地开设多家百货商店和专营类商店。例如，1907年，三越百货在大连开办百货商店，1926至1927年间发展为大型百货商店，1937年，又建成新店。1937年抗日战争全面爆发后，随着日本在华的侵略扩张，日商百货公司开始在华东、华北等沦陷区开设百货商店。自1938至1945年间，三越、高岛屋、大丸（Daimaru Dept.）等日本百货商店，在南京、上海、苏州、天津、北京等地开设了几十家商店，包括各类百货店、杂货店、小卖店，以及专营类的文具店、洋服店、和服店、家具店、食品店等。这些商店既为在中国的日本人提供商品，也是日本在华经济侵略的组成部分。

近代中国的知名百货公司也采用了西方现代化企业的组织架构以及与之相适配的商场空间。例如，1918年开幕的永安公司为上海四大百货公司之一，设置了一整套资本主义的组织管理机构。董事局为公司的最高决策机构，下设经理部，管辖账房间、银业部、股务部、庶务部、木匠间、服务部、进货间、商品部、广告部等众多部门。部门间各司其职、有序组织，形成规范化的现代化企业（图0-6）。商品部为主要负责商品零售业的部门，基于商品类型划分为40个，各部均相当于一家专业性商店。此外，永安公司还在各地设立了多所相互支持的联号企业，并自设4座手工工厂，包括木工厂、饼房、西装裁料工场和女鞋帮加工工场等。永安所售商品除以英货、日货为大宗的洋货外，还有本公司工厂生产或制制的商品、联号企业产品、委托特约手工工厂加工的手工业产品以及仿制或定制的洋货产品等。[②]

开幕之时，永安公司零售部共计4层，面积达6千多平方米。商场基于商品部类划分楼层区域，包括一楼的日常生活用品区、二楼的绸缎、布匹区、三楼的珠宝、首饰等贵重商品区和四楼的家具、皮箱等大件商品区。[③]自开业起，永安公司就确立了"以经营环球百货为主，兼营其他附属

① 宋宝华. 哈尔滨秋林公司史话（二）. 黑龙江史志，2007（2）：39-42.

② 上海永安公司创办初期，以"经营环球百货、推销中华土产"为口号，所经销商品主要是进口货。此后，国货的比重虽然有所增长，但至1931年"九一八"事变前，进口货与国货（主要是土特产品，国产工业品很少）的比重也不过三与一之比，其中高档商品约占83%，中低档商品约占17%。此外，永安公司还仿制了一些外国名牌商品，并以"永安"本牌出售。早期产品主要为信封、信纸、活页夹等文具和肥皂、牙刷等小商品，后来在洋货中物色质量与名牌商品接近的新品种，向生产该新品种的外国工厂定制，产品仍沿用"永安"的牌子。见：上海社会科学院经济研究所. 上海永安公司的产生、发展和改造. 上海：上海人民出版社，1981：23，37-40。

③ 永安公司第一期工程将要完工时，郭乐对商场的布置也煞费了一番苦心。当时先施公司已经开始营业了，但是先施公司进门是面积很大的茶室，商场反而设在里面。郭乐认为这样的设计不合理，会影响营业，所以在设计永安公司的商场时尽量注意突出宽敞并适应顾客的心理。商场的安排是这样的：一进门就是基层商场，销售各种日常生活必需品，例如牙膏、香皂、毛巾等，这些商品购买时不需详细选择，大多是顾客在逛公司时临时看到认为需要而购买的。二楼则为绸缎、布匹等商品，购买者以妇女居多，她们往往要细心选择花色，比较各类商品的价格，所以这类商品部占的面积比较大，设在二楼比较方便。三楼为珠宝、首饰、钟表、乐器等比较贵重的商品。四楼则为家具、地毯、皮箱等大件商品，顾客上三楼和四楼来买这些商品的，多胸有成竹，需要精心选择，大件货品购买后公司可以代送，因此在三、四楼出售，也不致影响营业。见：上海社会科学院经济研究所. 上海永安公司的产生、发展和改造. 上海：上海人民出版社，1981：15-16。

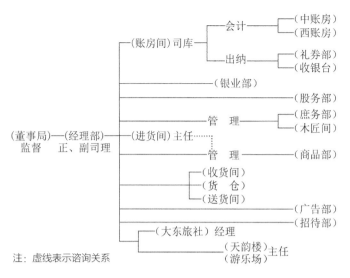

图 0-6　近代早期上海永安公司组织机构系统表

图片来源：笔者描绘。原图来源：上海社会科学院经济研究所. 上海永安公司的产生、发展和改造 [M]. 上海：上海人民出版社，1981：85。

图 0-7　上海永安公司

图片来源：F.L. Hawks Pott. Shanghai of To-day (A Souvenir Album of Fifty Vandyke Gravure Prints of "The Model Settlement") [M]. Shanghai: Kelly and Walsh, 1930。

事业的营业方针"，除百货商场外，还兼营旅社、酒楼、游艺等事业，下辖的附属企业包括上海大东酒店、天韵楼游乐场、维新制造厂及附设货仓等（图 0-7）。①

如果说近代上海四大百货公司的出现和发展体现了华侨资本导向下的商业组织模式的近代转型，并形成了高度商业化、资本化和集约化的新型商业空间，那么传统城市南京则呈现出不同的发展路径。这种差异性与近代南京作为政治型和消费型城市的城市特征息息相关。

三、近代南京：作为一座政治型和消费型城市

南京素有"六朝古都""十里秦淮"的美誉，是我国首批国家级历史文化名城，也是中华文明的重要发祥地。南京城坐拥长江、"虎踞龙盘"，地理位置优越，自古以来便具有十分重要的政治、军事地位。在中国近代史上，南京是重要的政治中心城市以及长江中下游地区的区域性经济中心城市。贺云翱主编的《百年商埠：南京下关历史溯源》一书中，有如下叙述："十朝古都南京北有长江天堑，城内虎踞龙盘，扼鄂、皖、苏、沪之交通，据东南各省之咽喉，横可断长江航运，纵则可阻津浦铁路、京杭大运河，历来为兵家必争之战略要地，地理位置非常重要。"② 在近代权力更迭的历程中，南京城屡遭兵燹，例如1853年的太平军攻城战、1864年的"天京保卫战"、1911年的新军第九镇"起义"、1913年的"癸丑之役"、1937年抗日战争全面爆发后的"南京保

① 见：上海社会科学院经济研究所. 上海永安公司的产生、发展和改造. 上海：上海人民出版社，1981：18. 及天晓. 永安公司发达史. 民锋（半月刊），1939，1（5）：30-31。
② 中共南京市下关区委员会，南京市下关区人民政府，南京大学文化与自然遗产研究所，贺云翱. 百年商埠：南京下关历史溯源. 南京：凤凰出版传媒集团，江苏美术出版社，2011：23.

卫战"等。① 其中，又以太平军攻城战、"天京保卫战"和日军对南京城的摧残尤为严重，致使城市满目疮痍、民众困苦不堪。②

近代以来，市场经济的盛衰很大程度上源自于城市的政治与社会局势。受政治及军事因素影响，近代南京始终未形成长期稳定的经济发展环境，张士杰在《南京近代商业的发展》一文中指出："南京城市商业的发展受制于社会政治形势，呈现周期性的兴衰特征。"③ 城市经济的不稳定发展，难以吸引资本雄厚的工业、商业资本家投资，因此近代南京再未出现"沈万三式"富甲一方的巨商，如1949年3月聚兴诚银行南京分行的通讯文章《今日首都（京行通讯）》一文记载："如所周知，这里（南京）不是商业都市，工业既不发达，商业也不繁盛，经营股票，没有对象，吐纳金银，也是胃口太小，挥金如土的商人，没有在此勾留的兴趣。"④

由于城市现代化工业不甚发达，近代南京主要体现了消费型城市特征，反映在经年贸易入超、城市人口以非直接生产者为主、工厂数量较少等方面。首先，近代南京是一座贸易入超型城市。《首都志》记载："南京为入超商埠，货运经过区域，向无大宗商品出品，故历来商业，无称道之者。迄定为首都，始为全国人士所注目。"⑤ 1948年的《首都市政》也有记载："南京商业，自缎业一蹶不振后，对国际市场几全无贸易可言。"⑥ 1900至1928年的29年间，有20年均为贸易逆差（图0-8）。⑦ 南京国民政府初年，南京土货出口虽有所增长，但受资本主义世界经济危机的影响，连续八年均为贸易逆差（图0-9）。⑧

其次，近代南京城市人口职业构成以非直接生产者为主，包括商业、公务、服务、交通等。根据1934年6月的"首都居民职业分类统计表"统计，有业人员占城市总人口的67.18%，其中非生产性人口占主导地位，分别为人事服务类21.97%、商业类12.33%、公务类7.08%、交通类5.40%以及自由类2.07%，共计占总人口的48.85%，接近一半；生产性人口包括农业、矿业和工业人口，分别占2.17%、0.03%和12.09%，工业人口又以小工业和手工业为主，工厂从业人数仅占总人口

---

① 中国抗日战争开始于1931年的"九一八"事变，结束于1945年日本签订投降书，经过了14年艰难曲折的斗争历程。其中，以1937年的卢沟桥事变为界，前6年是局部抗日战争时期，后8年是全国抗日战争时期见：张从田. 确立"十四年抗日战争"的重大意义. 人民日报，2017-2-6，第11版。

② 1853年3月19日，太平军攻城战对南京城造成了严重的破坏。见：[德] 约翰·拉贝. 拉贝日记. 本书翻译组，译. 南京：江苏人民出版社，江苏教育出版社，1999：424。1864年7月19日，湘军曾国荃部攻陷天京，破坏亦极惨重，《上欧阳中鹄书》记载："（湘军）一破城，见人即杀，见屋即烧，子女玉帛扫数入于湘军，而金陵遂永劫矣。"见：[清] 谭嗣同. 上欧阳中鹄书. 转引于 洪均. 湘军屠城考论. 光明日报，2008-3-23，第7版。1937年7月7日，抗日战争全面爆发，8月13日，"淞沪会战"爆发，12月13日，日军攻占南京城，对南京城造成了严重破坏，制造了惨绝人寰的"南京大屠杀"。

③ 张士杰. 南京近代商业的发展 // 南京市人民政府经济研究中心. 南京经济史论文选. 南京：南京出版社，1990：230-237.

④ 今日首都（京行通讯）. 聚星月刊，1949，2（9）：12.

⑤ [民国] 叶楚伧，柳诒徵，王焕镳. 首都志（上）. 上海：正中书局印行，1947：1058.

⑥ [民国] 南京市政府. 首都市政. 南京：南京市政府，1948：64.

⑦ 1914年之前，南京土货出口量远远小于洋货入口量。1914年，欧洲爆发第一次世界大战，为中国民族工商业的发展创造了契机。1915年，中国国货运动达到高潮，南京首次实现贸易顺差，之后连续6年土货出口量均高于洋货入口量。但随着西方国家"一战"后恢复建设，而中国国内北洋军阀割据混战，时局动荡，南京在1921至1922连续两年贸易逆差，1921年洋货入口是土货出口的3.3倍。

⑧ 1929至1933年间，资本主义世界爆发经济危机（Capitalistic World Economic Crisis in 1929—1933），西方国家为转嫁危机，加强对中国的经济掠夺，致使中国的金融业和民族工商业遭受重大打击。1929至1932年间，南京洋货进口量连年飙升，1932年达2,317.3万元，是1929年的2.8倍，而土货出口量则从1929年的578.9万元降至1933年的0.2万元，入超连年增加，白银大量外流。

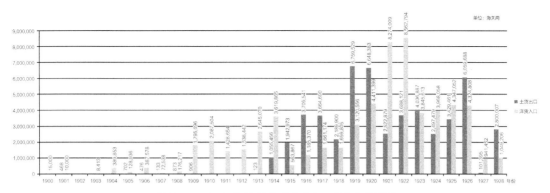

图 0-8　1900 至 1928 年南京出入口货价值统计图

图片来源：笔者绘制。数据来源：叶楚伧，柳诒徵. 首都志（上）[M]. 王焕镳，编纂. 上海：正中书局印行，1947：1068-1070。

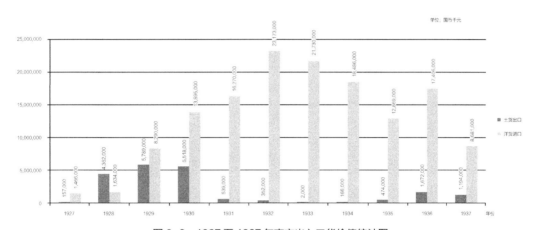

图 0-9　1927 至 1937 年南京出入口货价值统计图

图片来源：笔者绘制。数据来源：南京市人民政府研究室，陈胜利，茅家琦. 南京经济史（上）[M]. 北京：中国农业科技出版社，1996：338。

的 2.18%。[1]1934 至 1936 年间，南京人口上涨了 18.79%，但农业、工业人口仅占总人口的 4.16% 和 6.09%（图 0-10）。社会财富主要集中于党、政、军、警、商等阶层的上层人士中，根据 1934 年的调查，南京上述人员共约 4.6 万余人，占有私家汽车 1378 辆。[2]《今日首都（京行通讯）》一文记载："众所周知，这是一个政治中心地，尽管少有长袖善舞的大亨进出奔走，但是多的是达官贵人，有着不少的权要仆仆而来，车水马龙，给石头城带来了繁荣。"[3]

此外，城市消费需求也导致南京各类商店数量远多于工厂。根据 1947 年 11 月 1 日的《中央日报》记载，南京市社会局登记的商店为 15678 个，约为南京 888 家工厂的 18 倍，而同期上海的商店数量仅为工厂数量的 5 倍。[4] 各类商号中，以杂货、食品和民生必需品商号居多，分别占 15.65%、13.58% 和 13.18%，与工业生产关系密切的五金器材类商店仅有 589 家，占 3.76%。近

① ［民国］叶楚伧，柳诒徵，王焕镳. 首都志（上）. 上海：正中书局印行，1947：502.
② 朱翔. 南京中央商场创办始末. 中国高新技术企业，2008（21）：196.
③ 今日首都（京行通讯）. 聚星月刊，1949，2（9）：12.
④ （中国共产党）书报简讯社编印. 南京概况（1949 年 3 月）. 南京：南京出版社，2011：312.

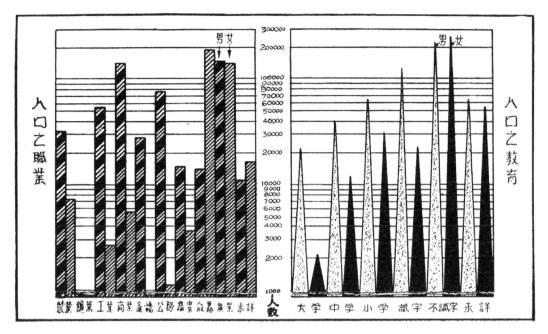

图 0-10　南京市户口总复查概况（职业及教育分类）

图片来源：南京市政府秘书处统计室. 二十四年度南京市政府行政统计报告 [R]. 南京：南京市政府秘书处发行，南京胡开明印刷所印刷，1937：29。

代南京城市人口职业构成及商店数量，均体现出近代南京城作为消费型城市的特征。

四、南京近代商业建筑史研究述要

自 20 世纪 90 年代以来，关于南京近代建筑的研究，一直是一项重要课题。1992 年，刘先觉、张复合、村松伸、寺原让治主编的《中国近代建筑总览：南京篇》出版，开启了南京近代建筑研究的先河。该书是由刘先觉主持的自 1988 年 11 月至 1990 年 2 月间的南京近代建筑调查研究工作的整理汇编，也是最早对南京近代建筑的系统调研、资料整理与考据工作。书中收录了"南京近代建筑调查表"，包含 190 余栋近代建筑，部分建筑现已不存，对于整体了解南京的近代建筑具有重要参考价值。[1]

早期关于南京近代建筑的研究注重整体性调查、考据与历史梳理。1995 年，潘谷西主编《南京的建筑》一书，其中近代部分由周琦执笔。该书通过对南京建筑的美学价值和历史沿革的介绍，折射出南京社会发展与历史嬗变的轨迹。诸位作者专业背景深厚，基于对重要建筑的描摹与分析，以点带面地反映出社会人文的历史。[2]2001 年，由卢海鸣、杨新华主编，濮小南副主编的《南京民国建筑》一书，以建于民国时期、2000 年底前尚存的南京代表性建筑为经线，以建筑的营造背景、历史人物与重要事件为纬线，基于建筑类型体例分类叙述。该书图文史料丰富，对于了解重要民国建筑的历史背景具有重要价值。[3]2006 年，东南大学王昕的博士论文《江苏近代建筑文化研究》总结归纳了江苏近代建筑的发展脉络和风格、建构特征，并以建筑类型为体例，对南京行政、教

① 刘先觉，张复合，村松伸，寺原让治. 中国近代建筑总览：南京篇. 北京：中国建筑工业出版社，1992.

② 潘谷西. 南京的建筑. 南京：南京出版社，1995.

③ 卢海鸣，杨新华，濮小南. 南京民国建筑. 南京：南京大学出版社，2001.

堂、医院等建筑类型和新街口周边的重要建筑做了重点诠释。[1]

进入 21 世纪以来，关于南京近代建筑的研究开始关注建筑类型、建筑师、建筑技术等方面。2004 年，冷天在题为《得失之间——南京近代教会建筑研究》的博士论文中，完整梳理了教会建筑在华传播的背景及近代南京教会建筑的发展历史，并从"设计"和"建造"两个层面开展建筑空间形式分析。[2]2014 年，汪晓茜出版《大匠筑迹：民国时代的南京职业建筑师》一书，系统梳理了民国时期南京职业建筑师群体的形成与发展过程，并重点探讨了 27 位（个）在南京注册执业或开展职业实践的中外建筑师及事务所的履历背景、执业情况及建筑作品。[3]自 2010 年起，东南大学周琦团队对南京近代工业、商业、住宅、教育、行政等重要建筑类型[4]，以及南京近代城市建设、建筑师群体、建筑技术及重要建筑组群开展专题和专项研究[5]，陆续完成数篇博士及硕士论文。其中，笔者负责商业建筑类型研究，并完成题为《南京近代商业建筑史研究》的博士论文。本书便是在笔者博士论文的基础上改写而成。

2012 年底，当笔者刚刚开展"南京近代商业建筑"这一研究方向时，一度陷入迷惘与困惑。不同于工业、行政、教育等保留有大量遗存的建筑类型，商业建筑受其固有的产权属性、价值特征，以及建筑本体的设施陈旧、老化、低容积率等方面的影响，更新改造进程较为迅速。老一辈南京人津津乐道的中央商场只存在于老照片和文字描述中，民国时期繁华的太平南路商业街仅仅片段式地保存着少量商业市房。因此，既有研究中，对于南京近代商业建筑的关注相对较少，这也为本研究的开展造成了一定困难。2014 年前后，南京市档案局近代历史档案的开放化与电子化为本研究进程提供了较大助益，而南京市图书馆、上海市图书馆所藏相关晚清民国档案、书籍与报刊也提供了较大帮助。通过一年多的史料收集与整理后，笔者发现，近代时期南京建设了众多现代化的商业建筑，以小型临街商业"市房"最为普遍，还包括"集团售品组织"式的大型商场、百货公司、菜场、商品展销会等。这些商业建筑部分毁于近代时期的战火中，部分逐渐消失于现当代的城市更新改造进程中，仅有少部分商业建筑保存至今。商业建筑是作为消费型城市的近代南京的重要建筑类型，与社会民生关系密切。通过对近代商业建筑的研究，可以补充南京近代建筑史的研究，加深

① 刘先觉，王昕. 江苏近代建筑. 南京：江苏科学技术出版社，2008.
② 冷天. 得失之间——南京近代教会建筑研究. 南京：南京大学，2004.
③ 汪晓茜. 大匠筑迹：民国时代的南京职业建筑师. 南京：东南大学出版社，2014.
④ 见：陈亮. 南京近代工业建筑研究. 南京：东南大学，2018. 及陈勐. 南京近代商业建筑史研究. 南京：东南大学，2018. 及胡占芳. 南京近代城市住宅研究（1840—1949）. 南京：东南大学，2018. 及王荷池. 南京近代教育建筑研究（1840—1949）. 南京：东南大学，2018.
⑤ 见：季秋. 中国早期现代建筑师群体：职业建筑师的出现和现代性的表现（1842—1949）——以南京为例. 南京：东南大学，2014. 及左静楠. 南京近代城市规划与建设研究（1865—1949）. 南京：东南大学，2016. 及李莹韩. 南京近代建筑技术史. 南京：东南大学，2022.

对近代历史时期南京城市发展与社会生活的理解与认知。[①]

本书的主要研究对象为"市房"和商场。"市房"是近代南京城最为普遍的商业建筑类型[②]，包括独栋式、组合式、联排式等多种类型。以太平路、中山东路、中华路为代表的著名商业街还形成了层高、形制等方面相统一的连栋式店铺街。改革开放以来，随着城市发展进程加快，大量市房被高容积率的商业建筑所取代。民国时期的著名商业街中，仅太平路、中山东路、昇州路等少数街道保留着几段较为完整的市房建筑群，尚可窥见当时的商业街市空间形貌，其他如中山北路、珠江路等地亦有一些遗存，呈零星状分布。

商场建筑类型在近代南京主要包括"集团售品组织"式的大型商场和百货公司。"集团售品组织"是近代南京最早出现的集中型商业建筑类型[③]，一般采用"大房东"式的经营模式，由发起方择址、购置或租赁土地，继而集资或独资建设商场建筑，再以店铺或摊位的形式出租给其他百货商店、工厂、商号和商贩等，发起方依靠收取押租利息和出租租金来谋取利润。由于近代时期的商场建筑密度高、容积率低，多数已不存。太平商场是保存最为完好的商场建筑，尚可窥见初建时的形貌。

此外，近代时期南京城市的扩张与改造进程中，伴随着新兴商业街区的出现和传统商业街区的更新与改造，呈现出商业设施的区域聚集性、业态复合性和空间集约性特征。因此，本书虽然遵循狭义的商业建筑概念，但在探讨商业区和商业街道的空间变迁时涉及部分广义的商业建筑类型。综上所述，本书的主要研究目标如下：

1. 系统梳理南京近代商业建筑发展的历史脉络

南京在中国近代史上占据重要的政治、经济和军事地位。对南京近代商业建筑发展历史脉络的系统考证与整体梳理对于综合考量近代南京的社会、政治、经济等各方面的现代化变迁具有重要意

[①] 近代中国通常指从1840年鸦片战争爆发到1949年中华人民共和国成立，政治史分期一般以1912年2月12日宣统帝颁布退位诏书为界，包括清朝末年和中华民国两大历史时期。中国近代建筑史的研究一般遵循政治史分期，以1840至1949年为界。赖德霖认为，"近代"概念以中国建筑现代转型的契机出现开始，终于一种建筑制度遭到废止、中国建筑的现代转型进入另一新阶段。见：赖德霖，伍江，徐苏斌主编. 中国近代建筑史（第一卷）：门户开放——中国城市和建筑的西化与现代化. 北京：中国建筑工业出版社，2016：前言. 笔者认为，南京近代商业建筑研究呈现一定的特殊性。伴随近代中国的社会变革所产生的传统自给自足的小农经济的解体和商品经济的发生与发展是促使商业空间近代转型的主要因素，这也定义了近代商业建筑研究的起点点，即从鸦片战争后国货、洋行大量进入中国市场到中华人民共和国成立后商业行业的公私合营的初步完成。但是，在考察研究的起讫点时，也应注意到南京特殊的历史背景。1853年3月到1864年7月间，南京被太平军占领，兵燹对城市造成严重破坏，制约了城市现代工业建设的进程。此后，在洋务运动的影响下，城市开启现代化和工业化建设，也成了本研究的起始点。研究的终止点为商业行业的社会主义化，即中华人民共和国成立后全行业公私合营的实行，国营、公私合营以及各种合作组织的商业逐渐成为市场的领导成分。1956年底，市场上国营与私营商业的经营比重发生了根本的变化，资本主义商业的社会主义改造基本完成。见：南京日用工业品商业志编纂委员会. 南京日用工业品商业志. 南京：南京出版社，1996：17.

[②] "市房"是近代南京小型临街商业建筑的称谓，可见诸于各类档案、报刊等史料中。1929至1933年间，由南京市政府先后颁布的《南京特别市新辟干路两旁建筑房屋规则》（1929年12月）、《首都新辟道路两旁房屋建筑促进规则》（1931年10月）、《首都新辟道路两旁房屋建筑促进规则施行细则》（1932年6月）、《南京市工务局建筑规则》（1933年2月）等文件中，均将小型临街商业建筑称为"市房"。

[③] 关于集团售品组织的最早记载可见于1936年9月的《南京市国货陈列馆所属国货商场整理意见书》，云："此种集团售品组织，在当时首都尚属创见，故参加厂商，极形踊跃，营业情形，顾称发达。"见：南京市档案馆. 南京社会局档案：《南京市国货陈列馆所属国货商场整理意见书》，1936年9月29日，档案号：10010010457（00）0073.

义。本书通过第一手历史档案的整理，挖掘出近百栋商业建筑历史图纸，包括大型商场约 15 栋、市房 60 余栋、大型菜场 10 余栋等。其中，典型案例有中央商场、永安商场、热河路商场、馥记营造公司办公大楼等。

2. 归纳总结南京近代商业建筑和商业街市的发展特征并进行分析与探讨

在整体梳理南京近代商业建筑和商业街市发展历史脉络的基础上，将商业建筑类型与历史分期相结合，动态地研究社会变革与商业建筑类型现代化发展的关系，总结各时期南京近代商业建筑的发展特征。并基于建筑类型发展观，归纳与分析南京近代商业建筑空间形式演绎的规律与特征，进而探讨规律背后的驱动力和历史原因。

3. 多学科视角下综合探讨南京近代商业建筑现代化发展的动因

本书以南京近代商业建筑作为研究载体，结合商业史、社会史、政治史等学科的既有研究成果，基于多重视角讨论南京近代商业建筑现代化发展的历史动因。本书将大型商场视为现代化公司组织与经营模式影响下的建筑空间，其发起与创办是特定群体、个人与势力斗争的产物，是一种"合力推动的过程"。[1] 基于此，书中探讨了清末新政、国货运动等重要历史事件，并涉及一些重要商业建筑的赞助人、发起人的历史背景，如晚清时期的两江总督及南洋通商大臣端方、国民政府的政治人物兼实业家张静江等。

---

① 李海清. 中国建筑现代转型. 南京：东南大学出版社，2004：11.

第一章

近代以前南京的商业区布局与商业建筑

自洪武定都南京以降，直至太平兵燹，南京一直是江南地区重要的消费型城市，商业区主要集中于城南河道水系沿线地区，商铺类型亦甚丰富。本章基于地方志、区域志、明清小说等文史资料，以及明《南都繁会图卷》、明《上元灯彩图》、清《康熙南巡图》第十卷等图像史料，探讨近代以前特别是明清时期南京传统商业区的布局与商业建筑形式。

第一节　南京城史地特征与商业区布局

一、城市格局与商业区分布

古代南京城市建设始于越王勾践命大夫、上将军范蠡于长干里（今南京中华门外秦淮河畔西街一带）所筑"越城"，其城北的秦淮河下游两岸是农、渔民聚居地区，也是产品交换场所，形成南京早期的商市。三国时期，东吴定都建业，城市北依复舟山及玄武湖、南邻秦淮河、东凭钟山西麓、西隔冶城山而与石头城相望，由此奠定了之后300余年南京城市发展的基础。六朝时期，设大市、东市、北市等，大市位于城外横塘地段，即今中华门到水西门一带的秦淮河两岸，为繁华的交易市场。此外，尚有一些小市，雨花台下到长干桥一带的长干也是商业、居住区，形成六朝时期建康城内日用品交易市场。[①]

六朝建康后毁于隋开皇九年（589年）平陈，隋文帝下诏将建康城邑宫室"平荡耕垦"，由是"遗迹鲜有存者"。[②] 唐安史之乱后，南京城市经济随着北人南迁得以复苏，但因城市政治地位未及提升，未有较大规模的城市建设。[③]

五代十国时期，杨吴"跨淮立城"，以金陵为西都。该城位于六朝建康以南，将六朝都城外秦淮河两岸富庶的居住及商业区纳入城中，并于东西分设上水门和下水门。之后，南唐"因杨吴之旧"，建都江宁府城。城市呈方形，其界"南止于长干桥，北止于北门桥。盖其形局，前倚雨花台，后枕鸡笼山，东望钟山，而西带冶城、石头"。南唐商业区主要集中于内秦淮河两岸，以西南侧尤盛。由于外秦淮河承担着航运任务，船只停泊于南门，城南门外的长干故地也因此形成商贸集市。[④]

自唐至宋，南京城市制度经历了由"坊市制"向"厢坊制"的转变。唐昇州城的居民区位于平面方整、四周设有围墙的"坊"中，与作为商业区的"市"相分离，坊与市按时启闭。北宋初年，随着商业经济的发展，坊、市围墙被冲破，商业不再集中设区，凡向街处均开设商店。"厢坊制"作为一种相适应的城市制度取代"坊市制"，如南宋乾道年间设左南、右南、左北、右北4厢，下辖20坊。[⑤]

① 见：南京市地方志编纂委员会. 南京建置志. 深圳：海天出版社，1999：23. 及南京日用工业品商业志编纂委员会. 南京日用工业品商业志. 南京：南京出版社，1996：1-2. 及董鉴泓. 中国城市建设史（第三版）. 北京：中国建筑工业出版社，2011：43. 及苏则民. 南京城市规划史稿（古代篇·近代篇）. 北京：中国建筑工业出版社，2008：10. 及［宋］李昉，李穆，徐铉，等. 太平御览（第四册）资产部七. 北京：中华书局，1995：3688.

② ［民国］叶楚伧，柳诒徵，王焕镳. 首都志（上）. 上海：正中书局印行，1947：71.

③ 苏则民. 南京城市规划史稿（古代篇·近代篇）. 北京：中国建筑工业出版社，2008：107.

④ 见：［民国］叶楚伧，柳诒徵，王焕镳. 首都志（上）. 上海：正中书局印行，1947：71. 及［明］顾起元. 客座赘语. 收录于［明］陆粲，顾起元，谭棣华，陈稼禾. 庚己编 客座赘语. 北京：中华书局，1987：12. 及南京市地方志编纂委员会. 南京建置志. 深圳：海天出版社，1999：103. 及汤晔峥. 明清南京城南建设史. 南京：东南大学，2003：22.

⑤ 苏则民. 南京城市规划史稿（古代篇·近代篇）. 北京：中国建筑工业出版社，2008：132.

近代南京城市格局始于明初所建应天府城。洪武初年,朱元璋据"建业长江天堑,龙蟠虎踞,江南形胜之地,真足以立国"为由,以应天为南京,后改为"京师"。[1]明南京设城墙三重,即外城(亦称外郭)、应天府城(即洪武都城)和皇城。应天府城东边是绵延的钟山,像一条巨龙盘伏,西边是巍然屹立的石头城,面向长江天堑,因而有"龙盘虎踞"之称。城市格局呈"三叶草式",城东钟山南麓为皇城区,城西北为军事驻扎区,城南夫子庙、秦淮河沿岸地区则为居住区及传统手工业、商业区,其中,尤其以东起大中桥、中经内桥、西迄三山门、南至聚宝门的三角地带最为繁盛。

明南京商贸业集中于区肆和街市中,《客座赘语卷一·市井》记载:"盖国初建立街巷,百工货物买卖各有区肆。"[2]洪武时期所建"十三市"中,有七市位于都城界内,分布于青溪、东吴运渎、杨吴城壕等河流沿线,其余六市除江东门市和六畜场位于外廓江东门外,余皆位于都城北、西、南三面城门外,靠近入江河道,体现了明代贩运贸易和市集贸易的繁荣。这些街市还体现了专门性集市的特征,例如三山街市"时果所聚"、北门桥市"多卖鸡鹅鱼菜等物"、来宾街市"竹木柴薪等物所聚"等。[3]繁华商业街市还体现了专门化和规模化经营的特征,《钟南淮北区域志》中便记载了多处专门类的贸易街巷,如丝市口"向为丝行所集"、故衣廊"皆以故衣铺所聚得名"等。[4]

清南京基本沿袭了明代的城市格局。顺治二年(1645年),改应天府为江宁府。自顺治六年(1649年)起,南京一直为两江总督署所在地,成为江南地区重要的政治经济中心。晚清时期,江宁城还是全国丝织业最为发达的城市,机房主要集中在城南门西地区,全盛时"城厢内外缎机总数常五万有奇"。[5]清江宁城城南地区的工商业较为繁华,《板桥杂记》记载:"自聚宝门(今中华门)水关至通济门水关,喧阗达旦。桃叶渡口,争渡者喧声不绝"[6](图1-1-1)。

二、城南水系与商业街市布局

明清之际,南京的城市商业区主要分布于城南河道水系沿岸,源自河运在传统商贸中的重要地位。南京西、北面坐拥长江,东南依秦淮河,城内河道交错。因此,明初四方贡赋及漕粮、城市对外贩运贸易、城内物资运输等主要依赖河运。河道两岸遂发展为繁华的商贸集市,明南京城南水道可行舟者有四部分,即秦淮河、青溪、东吴运渎和杨吴城壕,明《客座赘语》记载:"留都自秦淮通行舟楫外,惟运渎与青溪、古城壕可容舴艋往来耳。"[7]商贩往往由水路经东、西水关入城,或沿河兜售,或比至住家,例如洲柴"以船运入,沿河求售,至上浮桥而止"。[8]基于此,城南水系成为南京市民商业贸易、住居生活、消费活动的重要依托(图1-1-2)。

① 苏则民. 南京城市规划史稿(古代篇·近代篇). 北京:中国建筑工业出版社,2008:140-143.
② [明]顾起元. 客座赘语. 见:[明]陆粲,顾起元,谭棣华,陈稼禾. 庚己编 客座赘语. 北京:中华书局,1987:23.
③ [明]王俊华. [洪武]京城图志. 见:北京图书馆古籍出版编辑组. 北京图书馆古籍珍本业刊(史部·地理类). 北京:书目文献出版社,时间不详,26-27.
④ [民国]陈诒绂,许耀华. 钟南淮北区域志. 见:[清末民初]陈作霖,[民国]陈诒绂. 金陵琐志九种(下). 南京:南京出版社,2008:274,384.
⑤ 南京日用工业品商业志编纂委员会. 南京日用工业品商业志. 南京:南京出版社,1996:9.
⑥ [清]余怀,李金堂. 板桥杂记(外一种). 上海:上海古籍出版社,2000:10.
⑦ [明]顾起元. 客座赘语卷九·城内外诸水. 见:[明]陆粲,顾起元,谭棣华,陈稼禾. 庚己编 客座赘语. 北京:中华书局,1987:281。
⑧ [清末民初]陈作霖,朱明. 凤麓小志. 见:[清末民初]陈作霖,[民国]陈诒绂. 金陵琐志九种(上). 南京:南京出版社,2008:77。

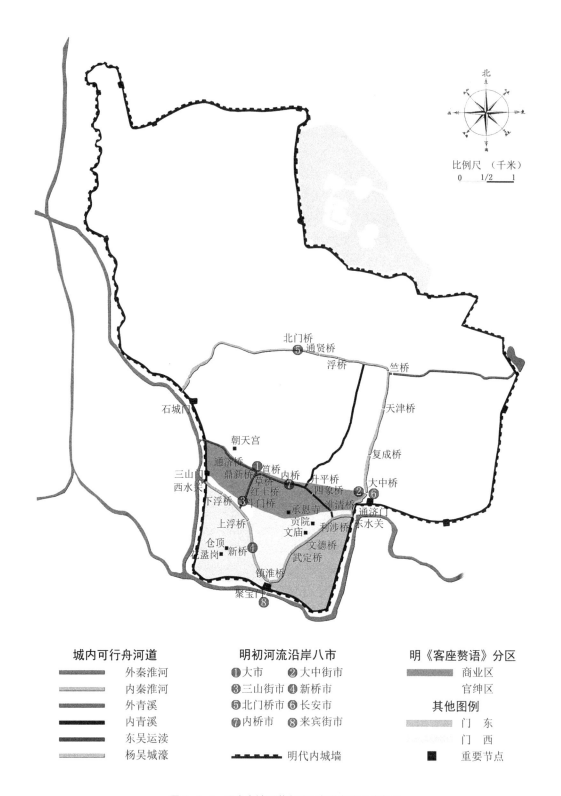

图 1-1-1　明南京城河道水系及主要商业区分布图

图片来源：笔者绘制。底图来源：苏则民. 南京城市规划史稿（古代篇·近代篇）[M]. 北京：中国建筑工业出版社，
2008：151。

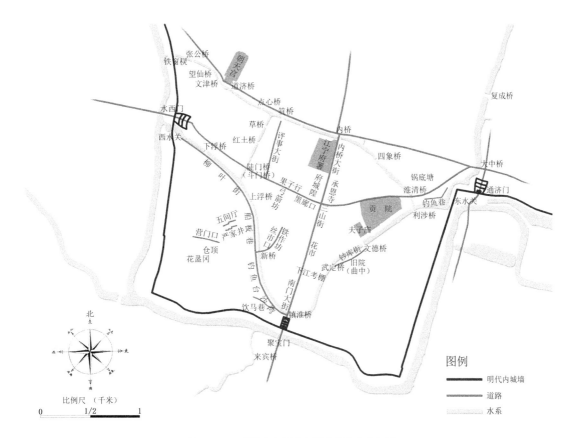

图 1-1-2　明清南京城南主要商业街巷分布图

图片来源：笔者绘制。底图来源：［清］陆师学堂新测金陵省城全图（1910 年左右）. 南京：南京出版社，2014。

　　城南河道水系沿岸地区又以内秦淮河一带的商业最为繁华。自春秋时期以来，该地区一直是南京重要的商业中心。东吴时期，由中华门到水西门一带的秦淮河两岸建设了大市，房舍、商肆鳞次栉比，河面船舶往来如梭。杨吴跨淮立城，内秦淮西南两岸为主要的商业中心。明初以降，南京城市格局无较大改变，城南内秦淮河、青溪等河流沿岸商贸繁华，素有"三山聚宝连通济"之美誉。清吴敬梓所著《儒林外史》第二十四回言："城里一道河，东水关到西水关，足有十里，便是秦淮河。水满的时候，画船箫鼓，昼夜不绝。"[①] 清甘熙所著《白下琐言》也有记载："秦淮由东水关入城，出西水关为正河，其由斗门桥至笪桥为运渎，由笪桥至淮清桥为青溪，皆与秦淮合，四面潆洄，形如玉带，故周围数十里间，闾阎万千，商贾云集，最为繁盛。"[②] 此外，内秦淮河流域也是南京民俗消费文化的重要载体，如秦淮画舫、赛龙舟、灯市等娱乐活动均发生于此。自文德桥至利涉桥、东水关一带，还形成了繁华的夜生活，"夜夜笙歌不断"。[③]

　　随着河道沿线的繁荣，商业区域向周围延展，顺应内秦淮河的蜿蜒走势划分为多个区域。其中，内秦淮河往北、达于东吴运渎东西段及内青溪自内桥至淮清桥段的条形区域最为繁荣。该区域内分布有文庙、贡院、考棚、官署等重要文化、行政设施，明《客座赘语》中所记载的商业区及官

① ［清］吴敬梓. 儒林外史. 济南：齐鲁书社，1995：150.
② ［清］甘熙. 白下琐言. 南京：南京出版社，2007：143.
③ ［清］吴敬梓. 儒林外史. 济南：齐鲁书社，1995：249.

绅区均位于其内，可谓官民杂处、四方辐辏、商贸繁荣。商业区则按经营的商品类别分布于各坊、巷中，这源自于明初建国的城市规划，即"百工货物买卖各有区肆"。之后，各坊巷虽沿用旧称，但多数已徒有其名，所繁荣者不过数处，如笪桥南的皮市，三山街口、旧内西门之南的鼓铺等。^①此外，还有专门的市集贸易地，集中于三山街至斗门桥、大中桥、北门桥等地。^②

内秦淮河以南至府城城墙之间的区域以聚宝门、淮清桥为界分为门东和门西。门东自明中叶起便是文人、商贾云集之地，门西在清代则是丝织业机坊的集中地，时人谓："机声轧轧说门西。"^③丝织业在城西南的繁盛，盖因其地势较高，可免丝织品受潮气侵蚀。机房主要集中在仓顶下的花盝冈及仓坡下的营门口、严家井、五间厅等街巷周围，织机工遂多就近住在新桥、上浮桥以西。丝行集中于门西内秦淮河上游的沙湾处，染坊则位于下游的船板巷、柳叶街附近，即新桥与下浮桥之间的沿河区域，既可借助秦淮西流之水漂染"色黝而明"的玄缎，也便于成品由水西门向外输运。此外，附庸于机业的其他行业店铺也随之而兴，如机店、梭店、箔店等，镇淮桥口、沙湾及新桥还设有专供缎贾的纸坊。

丝织品的生产流程既与门西地区的山水地形息息相关，也受到该区域便利的秦淮河运的影响。丝织品原料主要通过中华门陆路入城，多为"南乡之土丝"，"当四五月间，乡人背负而来，评论价值，比户皆然"。^④由是，丝行集中于内秦淮河门西段靠近中华门的上游区域，各商家收丝后，运至城西南花盝冈高地生产加工，继而由内秦淮河门西段下游的各染行进行漂染，最后将成品通过西水关和水西门运出城，发往各地经销。由此可见，基于门西地区特殊的山水地形和便捷的河道运输而形成了一整套适合传统丝织品原料进货、生产加工、贸易运输的生产线，体现了传统城市史地特征对于城市工商业空间布局的影响。

所谓"机业之兴，百货萃焉"，丝织业的繁荣亦促进了商业的兴隆。根据《凤麓小志》记载，门西地区的历时性晨市有二，一是"柴市"，包括从西水关入城沿河兜售的"洲柴"和由中华门入城的"山柴"；另一种是"鱼市"，主要集中于自镇淮桥口至沙湾饮马巷口附近，"半里而近，夹道皆鱼盆也"。此外，还有瞬时性的晨市，自清晨南门开启一直繁盛至正午，是一种传统的商业形态，"忽聚忽散，如雷电之过而不留"。^⑤

综上所述，明清之际，虽然南京的当政者有一定程度的城市规划，即"区肆"的设置^⑥，但是，主要的商业区域基于城市特殊的史地特征自发地集中于城南河道水系沿岸，工坊、市肆及各类娱乐场所集中于青溪和秦淮河沿岸发展。其中，以内秦淮河两岸尤为繁荣，并于门西地区发展出集传统丝织品产、运、销为一体的工商业区域，体现了传统城市中的自然山水形貌、交通条件、民俗文化等因素对传统工商业空间布局与形态方面的影响。

---

① ［明］顾起元. 客座赘语卷一·市井. 见：［明］陆粲，顾起元，谭棣华，陈稼禾. 庚己编 客座赘语. 北京：中华书局，1987：23.

② ［民国］陈诒绂，许耀华. 钟南淮北区域志. 见：［清末民初］陈作霖，［民国］陈诒绂. 金陵琐志九种（下）. 南京：南京出版社，2008：379.

③ 石三友. 金陵野史. 南京：江苏文艺出版社，1992：117.

④ ［清末民初］陈作霖，朱明. 凤麓小志. 见：［清末民初］陈作霖，［民国］陈诒绂. 金陵琐志九种（上）. 南京：南京出版社，2008：77-78.

⑤ ［清末民初］陈作霖，朱明. 凤麓小志. 见：［清末民初］陈作霖，［民国］陈诒绂. 金陵琐志九种（上）. 南京：南京出版社，2008：77-78.

⑥ 巫仁恕. 优游坊厢：明清江南城市的休闲消费与空间变迁. 台北："中央研究院近代史研究所"，2013：77-95.

第二节　传统商业街市与小型临街商业建筑

明清南京城主要的商业空间为传统商业街市和小型临街商业建筑，前者包括历时性的街市和瞬时性的市集，如灯市、晨市、夜市等；后者则包括店屋、廊房和河房等商业建筑类型，是传统立贴式砖木结构的临街房屋。明清之际南京的商业空间图景可见诸当时有关南京城市风物的画卷中，包括明《南都繁会图卷》、明《上元灯彩图》及清《康熙南巡图》等。

一、传统商业街市

（一）"市"的发展沿革

传统商业街市源自于"市"，是中国古代较早出现的、为满足交易活动的场所。早期的"市"为列摊而售的瞬时性交易空间，之后又出现了按照不同时间开放的"大市""朝市"和"夕市"等。[①]瞬时性的"市"后来发展为历时性的市井空间，即由"市肆"与"市廛"组成的"市井门垣之制"。[②]早期的市井空间为商住分区、集中设市的形制，如汉长安城、唐长安城等。唐长安设东西二市，内呈"井"字形布局，居住区则布置在严整的"里坊"居住单元内。[③]集中设市的局面自盛唐以后开始改变，长安城内商业和手工业延伸至居住里坊的越来越多。北宋之际，里坊制瓦解，城市商业突破了集中设置的"市"的限制，出现了开放型的商业街市，可见诸北宋东京汴梁城的相关记载和北宋张择端所绘的《清明上河图》中。市肆、商铺与住宅杂处，沿街道或河道设置，遍布全城。汴梁城内商业生活"至夜尤盛"，城内有多处入夜繁华的"夜市""鬼市"及休闲娱乐的"瓦子"等，还设有专门的"金银彩帛交易之所"——"界身"等。[④]

古代南京的"市"随着城市聚落的变迁而发展，虽历经朝代更替，但基本位于秦淮河流域沿岸。春秋时期，越城城北的秦淮河下游两岸是农、渔民聚居地区，也是商品交易场所，形成南京早期的商市。三国时期，东吴建邺城在今中华门到水西门一带的秦淮河两岸设立"大市"，两岸房舍商肆鳞次栉比，河面船舶往来如梭。自明初洪武定鼎应天，南京城南夫子庙、秦淮河两岸依旧为繁华市场。洪武年间，城内东起大中桥、中经内桥、西迄三山门、南至聚宝门的三角形地带是最繁盛的工商业区。之后，朱棣迁都北京，南京城市商业一度萧条。明中叶以后，随着商品经济的发展，城市商业迎来新的发展契机，内秦淮河沿岸昼夜喧闹达旦，其市肆盛况可见诸于明仇英所绘《南都繁会图》中（图1-2-1）。清江宁城城南工商业亦其繁华。较之明代，清时商市的发展体现在市集数量的大幅度增长以及专卖品街区愈来愈多，尤其是为上层社会服务的贩售高级商品的店铺与商店街，

---

① 林尹．周礼今注今译．北京：书目文献出版社，1985：146．

② 列摊而售的"市"后来发展为由"市肆"与"市廛"组成的"市井门垣之制"。《管子·小匡》言："处商必就市井。"尹知章注疏曰："立市必四方，若造井之制，故曰市井。""门垣"为环绕商业空间设立的市墙及所开的市门，也称"阛"和"阓"。《古今注》记载："阛，市垣也；阓，市门也。""市井门垣之制"可见诸于汉长安城（今陕西西安）东、西二市的相关记载及东汉市井画砖中，张衡《西京赋》记载："（汉长安）廓开九市，通阛带阓，旗亭五重，俯察百隧。"在新繁县出土的东汉市井画砖中也印证了这一规制，市为四方形，四周围以市墙，东、西、北三面设市门，主路为十字形，划分为分列成行的四个列肆区，十字相交处则为市楼。售卖货物的商铺称为"肆"，列肆间的人行道为"隧"，存放货物的堆栈则称为"店"或者"廛"。《古今注》记载："肆，所以陈货鬻之物也；店，所以置货鬻之物也。肆，陈也；店，置也。"

③ ［清］徐松，李健超．唐两京城坊考（修订版）．西安：三秦出版社，2006：40．

④ ［宋］孟元老，伊永文．东京梦华录笺注（上）．北京：中华书局，2007：78，100，115-116，144，163-164，313．

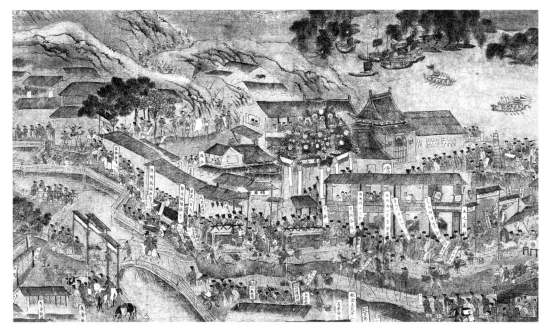

图 1-2-1 明《南都繁会图卷》局部

如星货铺、绸缎庄、折扇铺、珠宝廊等。[①]

（二）商业街市的空间形式

商业街市根据是否设置实体空间并按固定时间启闭可划分为历时性街市和瞬时性市集，前者指由街道和两侧的临街店铺组成的线形商业空间，如明清南京的三山街、南门大街等。后者一般利用街道、广场等公共场所，基于民俗节日定期举办，如各类庙市、灯市等；也可根据启闭时间及特定商品类型设置，例如晨市、夜市、鬼市等。

历时性街市空间的发展经历了由早期自下而上形成的不规则商业界面向规整的连栋式店铺街的转变。在北宋《清明上河图》中，临街建筑界面高度不一、凹凸无序、较为混乱，独株式店铺同住宅的宅院院墙、大门混杂在一起，部分建筑还以山墙面面向街道。明中叶后，城市商品经济的繁荣与政府自上而下的管控措施促进了整齐划一的商业街道界面的形成。在明《南都繁会图卷》中，店铺临街连续排布，店家为招徕顾客将营业柜台面街而立。明《上元灯彩图》中还出现了连续的"廊房"，即介于街道和店铺间的檐下空间，店铺临街界面完全敞开，店家移至檐下进行交易活动（图1-2-2）。清《康熙南巡图》第十卷则出现了规整的商业街市界面，内秦淮河两岸商贸繁华，河房鳞次栉比，街市人声鼎沸。最值得称道为三山街左近，十字街心搭起彩楼，四向各置牌楼一栋，宏富华丽。两侧店铺多为一层，以长边对外，山墙彼此相接，排列规整，形成连栋式砖结构商铺街。有的商铺前部设檐廊，街上有撑伞经营的坐贾行商，商业十分繁盛（图1-2-3）。

繁华街市既是传统南京城的消费场所——容纳了市民日常的休闲消费与娱乐生活，也承载着

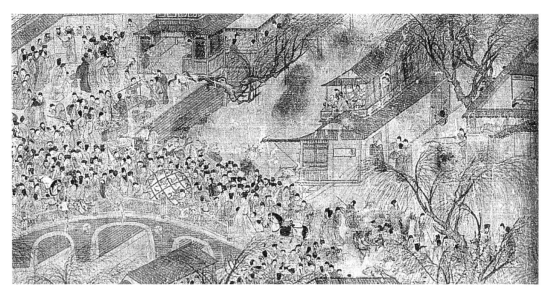

图 1-2-2　明《上元灯彩图》局部

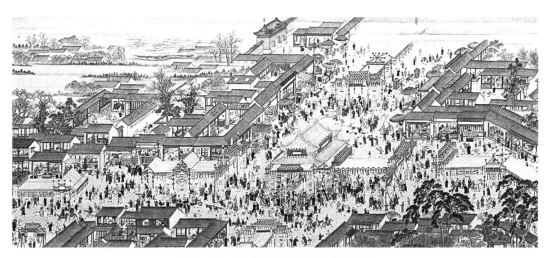

图 1-2-3　清《康熙南巡图》第十卷局部

各类瞬时性的市集，如灯市、庙会、夜市、鬼市等。明《上元灯彩图》中便展现了元宵佳节之际，秦淮河两岸向北过三山街至内桥一带的瞬时性消费与娱乐活动。《南都繁会图卷》还描绘了沿街市搭建的戏台、鳌山灯景以及各类杂耍、高跷、舞狮等街市演出活动。

二、小型临街商业建筑

商业街道两侧的小型商业用房是南京传统商业建筑的主要类型，根据功能业态可以划分为各类华洋杂货百货店、专营类店铺、书画消费商店、酒馆及茶肆等，按照空间形式可以划分为店屋、廊房、河房等。

（一）小型临街商业建筑的业态类型

小型临街商业建筑业态类型较为丰富，容纳了与城市生活相关的各类消费、贸易行业及娱乐、餐饮等类型。明代中叶，南京商业贸易十分繁盛，据《正德江宁县志》记载，明正德年间（1506至1521年）南京附郭江宁县有铺行103种，可谓涵盖了与日常生活及传统丝织、匠作等手工业相关的方方面面。[1] 明《南都繁会图卷》市井部分便描绘了南京城市繁荣的铺户贸易，包括各类华洋杂货百货店、专营类店铺、农副产品铺行、书画消费商店、酒肆茶寮等。杂货、百货店是明清南京城中体现复合型商业特征的商业模式，明《南都繁会图卷》画卷中便有"东西两洋货物俱全""西北两口皮货发客"等铺行。清代南京百货行业的典型代表为苏州商人在姚家巷、利涉桥一带开设的"星货铺"，星货铺所经营的商品以女性饰品、化妆品为主，"闺中之物，十居其九。"[2]《南都繁会图卷》中亦有专门的女性饰品店，如悬挂着"画脂杭粉名香宫皂"幌子的店铺。

（二）小型临街商业建筑的空间类型

1. 店屋

店屋指前店后宅型的商、住混合型建筑，一般由临街面的店铺栋和屋后的宅院组成。店铺多采用敞开式店面，由封檐板和山墙界定出门洞，以一列列竖向的木制排门板作为定时启闭的围护性构件。开业时，将排门板一块块拆卸下来，形成面向街道的开敞界面；歇业时则安装排门板，仅留一处孔洞以方便对外交流，形成较为私密的室内空间。清《康熙南巡图》的三山街和内秦淮河部分便有关于店屋的描绘，临街店铺均为一二开间的两坡顶房屋，山墙彼此毗连，组成规整的连栋式砖结构商铺街，屋后则为层层进进的传统合院式住宅。住宅或与店铺共用同一入口，或由街区内部巷道直接进入（图1-2-3、图1-2-4）。

店屋格局体现了基于公共性和私密性需求的空间划分，即外向的商业功能与内向的住家秩序的并置。这种空间格局也可见于秦淮南岸的娱乐场所——"旧院"的图景中。[3] 临街房屋为招待宾客的厅堂，对内则是作为风月场所的"轩"，体现了传统宅院式、合院式建筑空间与商业、消费性功能相融合所产生的商业空间类型。

2. 廊房

廊房是明清南京另一类重要的小型临街商业建筑，在商铺临街面增加外廊，创造出介于街道与店铺之间的檐下空间，形成一种"檐廊式"店铺。[4] 民国初年的《钟南淮北区域志》中有关于廊房的记载，云："自承恩寺街起，至果子行止，明时辇道所经。左右各为廊房，如书铺廊、绸缎廊、黑廊之属，上皆覆以瓦甍，行人由之，并可以辟暑雨，最为便利。"[5] 廊房一般位于繁华商业街道两侧，呈线形连续排列，为行人创造出便捷的风雨走廊。

廊房根据檐廊部分的结构与形式可以划分为整体式和附加式。整体式廊房指从建筑主体部分直接向外延伸，包括挑檐式和挑楼式。前者一般为单层房屋，将屋顶部分向外挑出，形成檐下空间；

---

① ［明］王浩，刘雨. 正德江宁县志. 正德年间：723.

② ［清］捧花生. 画舫余谭. 泽田瑞穗风陵书屋藏本，1818：18–19.

③ ［清］余怀，李金堂. 板桥杂记（外一种）. 上海：上海古籍出版社，2000：8.

④ 日本学者高村雅彦认为，宋代官府在官地上兴建的、出租于商户的"廊房"是明清时期连栋式店铺的原型。罗晓翔认为，洪武时期营建的廊房最初应当以居住功能为主，而位于主要街道两边的廊房后来逐渐变为商铺，因此才有了"书铺廊"、"绸缎廊"之类的地名。而"官廊房"也非指官员所住之廊房，而是强调廊房建于官地的属性，拨给民人住者即为民住官廊房。见：罗晓翔. 明代南京官房考. 明代南京官房考南京大学学报（哲学·人文科学·社会科学），2014（6）：65.

⑤ ［民国］陈诒绂，许耀华. 钟南淮北区域志. 见：［清末民初］陈作霖，［民国］陈诒绂. 金陵琐志九种（下）. 南京：南京出版社，2008：376.

图 1-2-4　清《康熙南巡图》第十卷局部

作为交通空间的廊房

作为交易空间的廊房

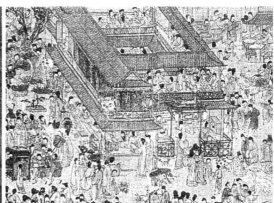

作为休闲娱乐空间的廊房

图 1-2-5　明《上元灯彩图》局部之"廊房"

后者为多层房屋，一般以二层为主，利用挑枋悬臂支撑悬空木柱，将二层部分悬挑出去，形成底层的灰空间，但是这种方式挑出深度较小，故也有设置外廊柱、支撑二层出挑部分的做法。附加式廊房可见于明《上元灯彩图》中，指在建筑主体外部附加外廊或出檐，前者在封檐板处通过檐柱向外做挑檐，外侧不设柱；后者则在外侧另设柱子，用以支撑挑檐，形成腰廊式空间。

廊房一般可作为交通、交易及休闲娱乐之用。作为交通空间的廊房连续性较强，形成平行于街道的空间秩序，成为道路与店铺之间的缓冲地带。亦有店家直接将营业柜台及商品展台设于檐下，便于街上行人观摩、询价，形成一处方便买卖与交易的空间。对于酒馆、茶寮等娱乐休闲类用房，店家有时会在檐柱外侧设置栏杆，分隔出半室外的休闲茶座，丰富了休闲娱乐的空间体验（图 1-2-5）。

3. 河房

河房也称河厅，是基于南京地区特有的水乡形貌所形成的小型临街商业建筑类型。河房一般依内秦淮河而建，前门临街、后窗面河。清《康熙南巡图》秦淮段便有大量关于河房的描绘，房屋临河而筑，山墙面彼此毗连，形成顺延河道走势的连栋式店铺街（图1-2-4）。明《上元灯彩图》中还描绘了二层高的河房，人们枕河而居、观赏秦淮景观（图1-2-2）。秦淮河房也是明清南京城繁华夜生活的写照。《儒林外史》第二十四回记载："那秦淮到了有月色的时候，越是夜色已深，更有那细吹细唱的船来，凄清委婉，动人心魄。两边河房里住家的女郎，穿了轻纱衣服，头上簪了茉莉花，一齐卷起湘帘，凭栏静听。所以灯船鼓声一响，两边帘卷窗开，河房里焚的龙涎、沉、速，香雾一齐喷出来，和河里的月色烟光合成一片，望着如阆苑仙人，瑶宫仙女。"[①]明清之际，南京城基于内秦淮流域特殊的史地特征和人文情怀，勾勒出一幅时与空交织的城市夜生活图景。

本章小结

南京城自范蠡筑越城以来，因传统河运贸易的便捷性，城市最繁华的商业区域便分布在以内秦淮河流域为主的城南水道及周边地区。明清之际，城南夫子庙、内秦淮河地区是南京城最繁华的商业中心，主要的商业空间类型为传统商业街市和小型临街商业建筑，前者指房屋院落沿街面设店、店铺彼此毗连所形成的连栋式店铺街，承载着传统的市集贸易、街市贸易以及一些休闲、娱乐活动。后者主要指商业街道两侧的房屋，包括店屋、廊房、河房等具有地域特色的商业建筑类型。明清南京的商业建筑具有与传统民居相似的特征，体现在结构形式、平面布局等方面。店家往往以符号性的立面装饰元素来表明其所售货品类型，包括各式各样的招牌、幌子、店牌等。

明清南京城市商业空间格局体现了传统城市的历史及自然地理特征对于城市发展的重要作用，一方面，传统城市在全国性贸易中所处的商业位势对于城市商业空间格局产生了重要影响；另一方面，传统城市的自身运转也仰赖于城市的自然地理特征。近代之后，工业文明的介入与现代化科学技术的应用，使得传统城市空间格局发生重大改变，城市的自然地理特征不再是决定商业空间布局的主要因素。

---

① ［清］吴敬梓. 儒林外史. 济南：齐鲁书社，1995：150-151.

第二章

晚清及民国初年南京的商业街市与商业建筑（晚清至1927年）

1864 年 7 月，湘军曾国荃部攻破天京，在中国开明士绅发起的洋务运动和西风东渐的双重影响下，南京城开启了现代化进程。1899 年下关正式开埠后，华洋杂处、商贸繁盛，各种洋行、旅店、银行等新式建筑林立，逐渐发展为新的商业区。与此同时，清政府为维持统治而推行"新政"，进一步促进了城市现代化及商业设施的发展。辛亥革命后，由于政局动荡、战火频仍，南京城市建设与商业设施的发展趋于缓慢。

本章探讨自晚清至 1927 年南京国民政府成立期间，南京的现代化基础设施建设与商业区的发展与变迁，重点探讨西风东渐影响的下关商埠区建设以及南洋劝业会的创办。

第一节　晚清至民国初年南京的商业区与商业街市

一、基础设施建设与商业区变迁

自晚清至民国初年，以现代化交通设施为主的基础设施建设是促进南京城近代转型的重要因素，包括码头、铁路、道路等。现代化基础设施建设加强了南京在长江中下游商业贸易中的地位，使下关地区逐渐形成新的商业区。

（一）码头建设

1864 年太平天国运动失败、清政府收复南京后，下关江岸地区建设起简易码头，时称"洋棚"和"棚厂"。[①] 洋棚与棚厂均非正规码头，仅有栈房供乘客候船，轮船则停在江心，通过小木划子接驳渡客。由于长江江面风急浪险，此种接驳方式极不安全，常发生溺水事故，遂引起重视。1882 年 10 月，两江总督兼南洋通商大臣左宗棠力主建设"功德船"[②]，为南京第一座轮船码头（图 2-1-1）。1895 年，两江总督兼南洋通商大臣张之洞又创办"接官厅码头"，为公用轮船码头。功德船和接官厅码头均为供船舶停靠的趸船式浮码头，即一种无动力装置的平底船，旅客可直接上下轮船，免去木划接驳的不便与危险。趸船码头的创建，为南京现代化港口建设之开始。

此后，20 世纪前 20 年，西方列强及中国政府相继在下关建设航运机构，包括英商怡和、太古、大阪码头，德国美最时码头以及津浦铁路局所建的飞鸿码头等。此外还有一些民营航运码头，如泰丰、泰昌、协和码头等，10 余处码头沿下关江岸边呈带状排布。

现代化码头的建设增强了南京在长江航线中的地位，带动了临江下关地区的商贸业、客运业的发展，与商业贸易相关的货品装卸、运输、报关、托运等业务得以兴起，也促进了商埠区的商业、餐旅、服务、金融等各项事业的发展。

（二）铁路建设

铁路建设是促进下关地区现代化发展的另一项重要因素，最早计划修筑的铁路是连接上海的沪宁线。1897 年，张之洞督署两江时力主修建沪宁铁路，但受英、中双方时局影响，铁路于 1905 年 3 月才正式动工，1908 年 7 月竣工，同年 12 月全路通车。沪宁线共计 5 段，全长 311.04 公里，

---

① 中共南京市下关区委员会，南京市下关区人民政府，南京大学文化与自然遗产研究所，贺云翱. 百年商埠：南京下关历史溯源. 南京：江苏美术出版社，2011：46-48.
② 当时，清政府不希望南京开放为通商口岸，十分忌讳使用"码头"二字，故称为"功德船"。

图 2-1-1 下关"功德船"码头

图片来源: 中共南京市下关区委员会, 南京市下关区人民政府, 南京大学文化与自然遗产研究所, 贺云翱. 百年商埠: 南京下关历史溯源[M]. 南京: 江苏美术出版社, 2011: 48。

图 2-1-2 沪宁铁路江宁车站

图片来源: 中共南京市下关区委员会, 南京市下关区人民政府, 南京大学文化与自然遗产研究所, 贺云翱. 百年商埠: 南京下关历史溯源[M]. 南京: 江苏美术出版社, 2011: 79。

连接上海至南京各地。[①] 其中, 沪宁铁路江宁车站设于下关惠民河以东、狮子山西北面, 带动了下关地区的发展 (图 2-1-2)。沪宁铁路竣工当年, 津浦铁路亦开工建设。1907 年 4 月, 袁世凯、张之洞电奏筹办津浦铁路, 翌年 6 月开工建设, 1911 年 10 月全段竣工并于次年通车。津浦铁路共计干路一条、支路三条, 干路自天津经济南、曲阜、徐州等地至南京浦口, 袤延 2 千余里。其中, 南京站设于下关对岸的浦口地区。1914 年, 津浦铁路局于浦口、下关间设置轮渡, 从而使津浦铁路同沪宁铁路相衔接, 便于津浦、沪宁两铁路乘客联运转车。[②]

沪宁、津浦铁路的通车营运不仅强化了下关在长江中下游地区的重要交通地位, 也促进了下关商贸区的繁荣和现代化发展, 时人云: "北有津浦、浦信, 南有沪宁、宁湘, 绾毂南北, 轮轨交通, (下关) 信为长江第一要埠。"[③]

如果说沪宁、津浦铁路的创办为下关新商业区的现代化发展提供了契机, 那么江宁城内铁路的建设, 则加强了城南旧区与江边的联系, 成为下关铁道枢纽至内城的通道。1907 年 9 月, 两江总督兼南洋通商大臣端方据 "南京城外下关为沪宁路首站, 商业日臻繁盛, 而城内地方辽阔往返需时, 于行旅出入货物转输诸多不便" 为由, "拟紧接车站筑一支路入城至城中为止", 即宁省铁路。[④] 铁路于 1907 年 11 月开工建设, 1909 年 1 月通车运营, 全长约 13.7 公里, 沿途共设 7 站, 包括江口站、下关站、三牌楼站、劝业会站、无量庵站 (即鼓楼站)、督署站 (即两江总督署) 和中正街站, 劝业会站乃为南洋劝业会专门修建, 后改名为丁家桥站。[⑤]

宁省铁路的创办既加强了下关商埠区与旧城的联系, 也促进了下关商埠区的繁荣。该路创办前, 自下关入城只能乘坐人力车、客运马车或徒步入城, 很不方便。例如, 1901 年 9 月至 1906 年

---

① 见: [民国] 铁道部铁道年鉴编纂委员会. 铁道年鉴 (第一卷). 上海: 汉文正楷印书局代印, 1933: 729, 731. 及周一凡. 洋务运动在下关. 南京史志, 1999 (1): 49-51.

② 见: [民国] 铁道部铁道年鉴编纂委员会. 铁道年鉴 (第一卷). 上海: 汉文正楷印书局代印, 1933: 685-686. 及中共南京市下关区委员会, 南京市下关区人民政府, 南京大学文化与自然遗产研究所, 贺云翱. 百年商埠: 南京下关历史溯源. 南京: 江苏美术出版社, 2011: 71.

③ 南京下关宜推广商场意见书. 江苏实业月志, 1920 (20): 15.

④ [民国] 铁道部铁道年鉴编纂委员会. 铁道年鉴 (第一卷). 上海: 汉文正楷印书局代印, 1933: 1190.

⑤ 见: [民国] 马超俊. 十年来之南京. 南京市政府秘书处编印, 1937: 50. 及 [清]《东方杂志》编辑我一, 浮邱, 冥飞, 等. 南洋劝业会游记 (附游览须知). 上海: 上海商务印书馆发行, 1910: 154.

7月间在江南水师学堂学习的周作人，若从下关前往城南消遣，往往先"步行到鼓楼"，再"雇车到夫子庙"。[①]宁省铁路开通后，每日往来28次，单程仅需30分钟[②]，大大缩短了自下关入城的时间。宁省铁路的创办也带动了站点周边商业街的发展，江口站位于大马路西端，下关站位于鲜鱼巷北端，使邓府巷、鲜鱼巷、永宁街等逐步发展为下关新兴的商业街市。

（三）道路、桥梁建设

该时期内，道路、桥梁等基础设施建设是促进下关地区现代化发展的另一项重要因素，包括江宁马路、惠民桥及海陵门等。1895年，张之洞力主改建了自碑亭巷出仪凤门至下关的碎石大道，时称"江宁马路"，为南京现代化道路建设的开端。该路经萨家湾、三牌楼、丁家桥，而至鼓楼，1901年延伸至贡院、大功坊及内桥，1903年又延伸至中正街连接汉西门，"垂柳夹道，迤逦而南"。[③]江宁马路纵贯江宁府城，加强了城南旧市区与江边码头的联系。自1895年建成启用，直至1929年中山大道竣工，江宁马路一直是下关入城的主要道路，有史料云："（江宁马路）乃下关至城南之唯一孔道也"[④]（图2-1-3）。

惠民桥是江宁马路入城的必经之路，该桥也是清末及民国初年惠民河上仅有的一座桥梁。惠民桥位于大马路南端，始建于1868年，当时为简易便桥，1895年改建为时起时落的洋式活桥。1920年，中国著名桥梁专家茅以升担任顾问，将惠民桥改造为钢筋混凝土桥，桥长57.4米、宽8.85米，为南京第一座钢筋混凝土结构桥。[⑤]自晚清至南京国民政府初期，惠民河上还陆续添建了多座桥梁，包括中山桥、惠民桥、铁路桥和龙江桥，方便了下关与旧城的交通联系。

民国初年，随着下关商埠日益繁荣、建成区域沿江呈带状发展，江宁马路过于拥堵、不敷使用。1914年3月，下关商埠局帮办金鼎提议开辟海陵门（1931年改称挹江门），并填平洼地、修筑马路。海陵门为单拱门，于1914年5月开工，次年3月竣工。海陵门及周边道路的建设，开辟了自下关入城的新的道路交通方式，一改仪凤门大街"时形拥挤"而商民须"绕道两三里之远"入城的窘境。[⑥]

随着现代化道路、桥梁等基础设施的建设，新的交通方式亦得以发展。至南京国民政府初期，南京已发展出多类自下关至城中、城南的机动车及非机动车交通方式，包括人力车、马车、"散雇汽车"（指一种出租型摩托车）、公共汽车等，形成以下关为起点的交通网络，加强了下关与旧城的多元化交通联系。[⑦]

二、商业街市与小型临街商业建筑

街市与小型临街商业建筑是明清南京城主要的商业空间形式，晚清至1927年之间，受西风东渐及政府的现代化改良措施的共同作用，旧城传统商业街道与临街商业建筑的空间形式亦有不同程度的发展。

---

① 周作人. 周作人文选·自传·知堂回想录. 北京：群众出版社，1998：68-104.
② [清]《东方杂志》编辑我一，浮邱，冥飞，等. 南洋劝业会游记（附游览须知）. 上海：上海商务印书馆发行，1910：154.
③ 见：[清末民初]金陵关税务司. 金陵关十年报告. 南京：南京出版社，2014：29. 及[民国]方继之. 新都游览指南（1929）. 南京：南京出版社，2014：63-64。
④ [民国]方继之. 新都游览指南（1929）. 南京：南京出版社，2014：63-64.
⑤ 中共南京市下关区委员会，南京市下关区人民政府，南京大学文化与自然遗产研究所，贺云翱. 百年商埠：南京下关历史溯源. 南京：江苏美术出版社，2011：89.
⑥ 下关商埠局帮办. 规划下关振兴商场之呈文. 中国实业杂志，1914（9）：6.
⑦ [民国]方继之. 新都游览指南（1929）. 南京：南京出版社，2014：38-62.

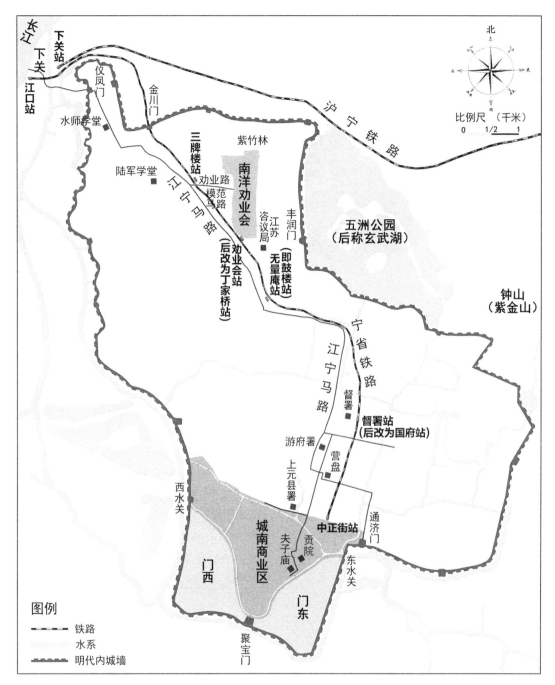

图2-1-3　晚清时期的南京江宁马路与宁省铁路

图片来源：笔者绘制。底图来源：[清]《东方杂志》编辑我一，浮邸，冥飞. 南洋劝业会游记（附游览须知）[M]. 上海：上海商务印书馆发行，1910。

（一）商业街市

晚清至民国初年，南京街市基本延续了传统的商业街道空间特征。旧城街市的宽度一般为4至6米，采用碎石路，两侧店铺鳞次栉比，店牌、招幌高高挂起。但是，由于政权更替、缺

图 2-1-4　南京旧城某商业街道之一　　　　　　　图 2-1-5　南京旧城某商业街道之二
图片来源：杜克大学图书馆藏．甘博摄影集（Sidney D.　图片来源：杜克大学图书馆藏．甘博摄影集（Sidney D.
Gamble Photographs）第一辑。　　　　　　　　　　Gamble Photographs）第一辑。

乏有效的市政管理措施，许多商民占道经营、违章加建，导致部分街道宽度狭小（图 2-1-4、图 2-1-5）。例如，城南地区重要的商业街南门大街仅宽 4.3 米，三山街宽约 4.9 米。一些商业街巷甚至不足 3 米，例如，黑廊巷仅 1.8 米，柳叶街仅 2.4 米，不仅行人拥堵，且难以通行机动车，十分不便。[①]

此外，随着南洋劝业会的创办，南京旧城城北地区得以发展，新建商业街道包括模范马路和劝业路（图 2-1-3）。该路东连劝业会西门、西接三牌楼，两侧店铺、市肆林立，为重要的商业及交通要道。道路路面为石子路，宽 12.2 米，可通行汽车、马车及其他各类传统人力车辆。[②] 道路两侧为统一规划建设的二层高的传统店铺，形成连栋式商业街。由此可见，晚清至 1927 年间，南京基本延续了传统商业街市空间特征，鲜有大规模、自上而下的商业街道改造与建设。

（二）小型临街商业建筑

晚清至 1927 年之间，旧式店铺依旧是南京小型临街商业建筑较为普遍的形式。旧式店铺指传统合院式住宅临街面辟为商店的房屋，建筑临街面往往较为窄小，内部空间或垂直于街道呈带形布局，或进一步向基地内部延展。一般的旧式店铺往往采用"重楼式"与"廊房式"相结合的建筑形式，临街店铺多为二层，山墙面垂直于街道，店铺与人行道间通过挑檐、挑台、底层后退等方式形成介于室内外的灰空间。传统店铺的广告手段包括各类招牌、幌子与店牌，既是传统店面的装饰要素，也具有提挈店铺售品类型的作用，如梁思成先生所言："也许因为玻璃缺乏，所为商品的广告

[①] 南京特别市各区道路现状调查表（民国十八年十月调查）．首都市政公报，1930（59，60）：无页码．
[②] 南京特别市各区道路现状调查表（民国十八年十月调查）．首都市政公报，1930（59，60）：无页码．

南
京
亨
达
利
门
面

民国十三年甲子十一
月初一日开幕, 地址
在城内黑廊大街

图 2-1-6　南京亨达利钟表行门面

图片来源: 南京日用工业品商业志编纂委员会. 南京日用工业品
商业志 [M]. 南京: 南京出版社, 1996: 339。

图 2-1-7　大彩霞街某店面

图片来源: 南京特别市工务局. 南京特别市工务局十六
年度年刊 [M]. 南京: 南京印书馆, 1928: 无页码。

法, 在古代的店面上, 从来没有利用窗子陈列的, 引起顾客注意的唯一方法, 乃在招牌和幌子。"[1]

　　晚清之际, 受西风东渐的影响, 南京还出现了另一类新式小型临街商业建筑, 即在店铺临街面装潢 "洋式门面" 的形式。新式 "市房" 平面一般采用江南地区传统住宅的合院式、天井院式格局, 临街店铺外立面则装潢各类西式门面, 如巴洛克式、装饰主义式、简化的古典式样、折中主义式等。由于市房多为砖木混合结构, 以山墙和木桁架组成承重体系, 故店面多为装饰样式, 而非承重墙体。在店铺栋外加建巴洛克式牌楼门的店铺最为常见, 如刘先觉在《中国近现代建筑艺术》一书中所言: "当时所谓的 '洋式门面' 多半都带有巴洛克建筑的装饰。"[2] 部分商人为炫耀财力, 往往追求富丽奢华的装饰形式, 巴洛克式风格正符合他们的这一喜好 (图 2-1-6、图 2-1-7)。但是, 近代早期, 南京西式店面还较为少见, 以南门大街、评事街、北门桥等为代表的传统商业街道依旧多为旧式店铺, 位于西风东渐前沿地的下关一带虽然出现了以圆拱窗、外廊式为特征的店面, 也较少见到西式店面。

　　无论是旧式店铺还是装潢了 "洋式门面" 的新式市房, 多采用天井院式的平面布局。晚清及民国初年, 随着南京人口的增长以及临街面地价的上升, 市房基地逐渐向纵深方向发展, 形成大量垂

---

① [民国] 梁思成, 刘致平. 建筑设计参考图集 (第三集: 店面). 北京: 中国营造学社发行, 故宫印刷所印刷, 1935: 1-8.
② 刘先觉. 中国近现代建筑艺术. 武汉: 湖北教育出版社, 2004: 53.

直于商业街道的狭长带状地块[1]，基地临街面面阔一般为 4 至 8 米，纵深可达 20 至 25 米。由于用地狭长且市房建筑间彼此毗连，为加强房屋采光和通风，多以一进一进的院落组织各功能房间。此外，还出现了以山墙面面向街道的单体建筑的狭长布局形式，屋面则设天窗来增加内部采光，也是一种适应于狭长地块的市房空间类型。

第二节　下关开埠与商埠现代化

自古以来，南京便是长江下游的河运枢纽、重要的商业中心以及中国东南地区的军事重镇，临江的下关一带则是南京的对外门户。1899 年正式开埠后，下关成为南京受西风东渐影响的前沿地，在中外力量的共同推动下，发展为南京城北地区新兴的商业中心，时有"铁路北通直、鲁、晋、豫及关东三省，航线由上海遍及五洲各国，外应寰球，无往不利"的美誉。[2] 辛亥革命后，受时局影响，下关逐渐走向衰落，政府与实业界人士虽然制定了一系列振兴商埠的措施，但未见起色。

一、下关地区的历史沿革与商业位势

（一）鸦片战争爆发前的下关

下关地区在传统南京城的军事设防及商业贸易中具有重要作用。三国东吴时期，下关便出现了用于军事用途的城建活动，即位于狮子山的军事城堡。明初洪武奠都应天，四方朝贡汇集京师，为下关地区的发展创造了契机。永乐帝北迁后，下关成为江南地区漕粮运输的重要中转站。清代时，政府实行闭关锁国政策，下关作为江南地区内向型经济的重要中转站，在长江中下游商业贸易中占据重要地位。

近代下关的空间格局始于明朝初年，洪武建城，设龙江关和龙江宝船厂，将狮子山等军事要隘扩入城内，又在城外设立市场，建造寺庙、道观、坛庙等建筑，并鼓励百姓迁居下关。这些措施使下关一改原先的荒芜面貌，京师与下关间的仪凤门外形成商业街市。清代的下关是三汊河至上元门地区的沿江地带的统称。清朝初年，在上新河和龙江关设立关卡，负责检查来往船只并征税，因上新河在龙江关上游，称上关，后发展为长江流域的木材集散中心；[3] 龙江关在其下游，故称下关，主要负责征收本地区商贩的各种税收，如交易税、地皮税、船税等。

明清之际，下关地区的繁荣源自其特殊的史地特征，一方面，下关靠近外秦淮河入江口，在明代自南向北的贸易流向中以及清代江南地区的内向型商品贸易中占据重要地位；另一方面，下关与浦口隔江相望，这一带的扬子江"江水深宽""外洋极大"，是长江航线上的重要深水港埠，成为长江沿线河、海商贸运输的重要节点。这些优势既是下关地区繁荣的有利条件，也成为鸦片战争后西方列强垂涎于南京开埠通商的重要原因。[4]

---

① 带状地块（Strip-plot）指细长状的矩形基地，短边朝向街道，向垂直于道路的纵深方向发展。见：［英］康泽恩（M. R. G. Conzen）. 城镇平面格局分析：诺森伯兰郡安尼克案例研究. 宋峰，许立言，侯安阳，张洁，王洁晶，译. 谷凯，曹娟，邓浩，校. 北京：中国建筑工业出版社，2011：134.

② ［民国］方继之. 新都游览指南（1929）. 南京：南京出版社，2014：3.

③ 吴传钧. 南京上新河的木市：长江中下游木材集散的中心. 地理，1949，6（2-4）：40.

④ ［清］梁廷楠，邵循正. 夷氛闻记. 北京：中华书局，1959：117.

（二）1858 至 1899 年的下关

由于下关地区在中国传统江河贸易中的重要地位，遭到西方列强的觊觎。1858 年，清政府与英、法两国签订中英《天津条约》和中法《天津条约》，中英条约规定长江各口均对英开放通商，中法条约则明确规定将南京、琼州、潮州、台湾、淡水、登州六口列为开放口岸。然而，南京城在 1853 至 1864 年间被太平军占领，故条约未能实施。1864 年 7 月，湘军曾国荃部攻破天京，对南京城市商业、建筑及市民生活造成严重破坏。直至 20 世纪初期，南京城北、城西依旧十分萧条，尽是人迹罕至的荒凉地带。[①]

由于南京城在兵燹中遭到严重摧残，使前来照会清政府开埠的外国公使望而却步，为两江执政者自主经营下关创造了契机。自 1864 至 1899 年的 35 年间，先后担任两江总督兼南洋大臣的曾国藩、李鸿章、刘坤一、左宗棠、曾国荃、张之洞等士绅，携"师夷长技"的洋务运动之风，发展了军事工业、通信与交通、新式学堂等设施，开启了下关地区的现代化篇章。

这一时期，下关地区的民族工商业亦有所发展。1894 年甲午中日战争后，清政府为增加税收以偿付巨额赔款，放宽了民间办厂的限制。此后，民族资本在下关一带建立了胜昌机器厂、协昌机器厂、永泰昌机器厂、永兴翻砂厂等工业企业。至 20 世纪末期，下关一改战火后的荒凉景象，形成了初步繁荣的局面。

（三）1899 至 1911 年前后的下关

随着下关及南京城市面恢复，西方列强开始重新计划在下关设埠通商。1898 年，西方列强向清政府提出修改长江通商章程，之后签署了"修改长江通商章程十条"。1899 年 2 月 21 日，设立金陵关，5 月 1 日，金陵海关开关，标志着南京正式成为对外贸易口岸。[②]1904 年，时任两江总督兼南洋大臣的周馥进一步明确了商埠界域，即"以惠民河以西，沿长江岸长五华里，宽一华里左右地带，为外国人开设洋行，设立码头货栈之地"（图 2-2-1）。1905 年，周馥又奏设商埠局，由该局自置督办，办理商埠一切建设事宜。[③]

下关开埠后，大量洋人在下关地区购置地产经营洋行、货栈、工厂，设立教堂，著名的大型企业有和记洋行、美孚火油公司、德士古煤油公司等。1913 年 8 月，英国合众冷藏公司创始人、英商威斯特兄弟（William and Edmund Vestey）拆除下关宝塔桥一带的"保国庵"，建造了大型肉类联合加工企业"和记洋行"。该厂随着第一次世界大战期间协约国军队对于蛋、肉制品的大量需求得以迅速发展，在江苏、安徽、河南等地均建立起"外庄"[④]，专营蛋、肉原料买办。至 1922 年，和记洋行新式厂房建造完毕，已具备大型轻工业企业的生产规模，成为当时南京唯一的现代化轻工业大厂。[⑤]

---

① 见：洪均．湘军屠城考论．光明日报，2008-3-23，第 7 版．及中共南京市下关区委员会，南京市下关区人民政府，南京大学文化与自然遗产研究所，贺云翱．百年商埠：南京下关历史溯源．南京：江苏美术出版社，2011：42-45．

② 南京市人民政府研究室，陈胜利，茅家琦．南京经济史（上）．北京：中国农业科技出版社，1996：257．

③ 中共南京市下关区委员会，南京市下关区人民政府，南京大学文化与自然遗产研究所，贺云翱．百年商埠：南京下关历史溯源．南京：江苏美术出版社，2011：54，63．

④ "外庄"指专门负责原材料买办的机构，包括"总庄"、"分庄"和"支庄"。总庄设在大型城市或者交通中心，分庄设在县城或集镇，支庄一般为农副产品的集散地．

⑤ 孙昱晨．南京和记洋行的历史及保护策略研究．南京：东南大学，2016：8-11．

如果说洋务运动及下关开埠为近代下关的发展创造了契机，推动了近代下关走向繁荣，那么 1908 至 1910 年间南洋劝业会的筹备与创办则加速了这一繁荣进程，体现在与展品输运、商旅消费等相关的基础设施建设。南洋劝业会的展品运输主要依靠下关地区的陆运及江运，"或由火车，或由轮舶，或由民舟，雾集云屯，靡不由下关转达会场"。[①] 劝业会事务所在下关江口车站东首和沪宁车站西首分设两处堆栈，方便货品运抵会场。劝业会的创办也带动了南京城内、城外餐旅食宿业的发展，不仅位于下关的旅店为住客提供抵达会场的车马，一些城内的旅店也采取相应措施便利商旅赴会观览，例如，位于大行宫的"万福楼旅馆"便派专人在码头、车站迎宾接客，"雅意并派妥夥在下关轮船火车恭迎，无分昼夜到埠，均当悉心照料"。[②]

晚清之际，随着基础设施建设及商业贸易的发展，商埠区逐渐突破 1904 年由周馥所划定的开埠范围，跨惠民河向东发展。沪宁、宁省铁路车站均设于护城河以北、惠民河以东的区域，由站台入城的道路沿线区域得以发展。而下关电厂向南至三汊河一带，则主要为田圩，较为荒芜，仅东侧的商埠街和惠民河西岸有所发展。

至辛亥革命爆发之前，下关方圆十数里的地区洋行、商铺林立，民商大量增多，大小中外行栈、商店、民众达 3000 余户，时人称其为"华洋交涉之区、商务总汇之处"。

（四）1911 至 1927 年前后的下关

1911 年辛亥革命爆发后，受国内、国际时局变化的影响，下关商埠的发展趋于缓慢。清末及民国初年，南京经历了两次重要战争，即 1911 年 11 月至 12 月间辛亥革命的"南京光复"战和 1913 年 7 月至 9 月间"二次革命"（又称"癸丑之役"）的"南京战役"。其中，以癸丑之役对南京城市破坏最为严重[③]，使下关商埠局被焚烧殆尽，大马路、二马路、鲜鱼巷等著名商业街几成焦土。[④]

战事之后，下关面临残破不堪、用地权属混乱等问题[⑤]，各项事业亟待振兴。1914 年 3 月 1 日，下关重设商埠局，由金鼎任帮办，起先直辖于"巡按使"，后"自为其政"，专司筹备经费及下关范围内的道路擘画和相关市政建设。下关的重建工作主要包括扩大商埠区面积、建设道路交通等基础设施、重划土地并明确产权、治安管理等项。[⑥]

下关商埠区展界是首要问题。随着商业日臻繁盛，原商埠区用地不敷使用，加之原场地内河渠、沟塘、城濠及低洼田地占去大半，可建设土地较少。[⑦] 基于此，商埠局将商埠范围东西拓宽半里，东界遂扩展至南京府城墙外；南北向展长 2 里，南界达三汊河，北界扩至宝塔桥河，并将和记洋行囊括在内（图 2-2-1）。此后，商埠局又开展了以改善交通为主的基础设施建设，包括另辟城

---

① 南洋劝业会观会指南. 见：鲍永安，苏克勤. 南洋劝业会文汇. 上海：上海交通大学出版社，2010：117.
② [清] 刘靖夫等. 南京暨南洋劝业会指南. 南京：南京金陵大学堂总发行，上海：上海华美书局印刷，1910：52.
③ [民国] 陈乃勋，杜福堃. 新京备乘. 南京：北京清秘阁南京分店发行，1932：61-62.
④ 一份《北伐军焚掠南京城》的报告记载："洋房、民房平均约计焚毁一千七八百家，损失财产甚巨，实难预计。……各国商店被焚者，为数甚伙，是何牌号、何种营业，现为一篇瓦砾之场。……大马路、二马路商铺烧毁十之八九，鲜鱼巷至豆腐巷、龙江桥等处商铺被焚最惨，所留零星破屋。"见：[民国] 胡联灏，周家泉. 北伐军焚掠南京城. 收录于章伯锋，李宗一. 北洋军阀（第二卷）. 武汉：武汉出版社，1990：347-350.
⑤ 南京下关商埠之善后. 华侨杂志，1913（2）：53-54.
⑥ 下关商埠局帮办. 规划下关振兴商埠之呈文. 中国实业杂志，1914（9）：5-7.
⑦ 下关商埠局帮办. 规划下关振兴商埠之呈文. 中国实业杂志，1914（9）：6.

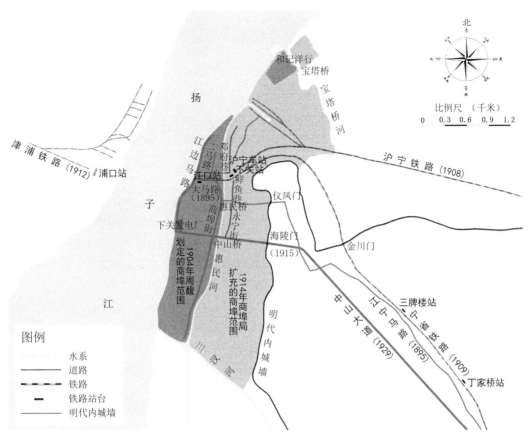

图 2-2-1　下关商埠区位、交通及商业位势分析图

图片来源：笔者绘制。底图来源：南京特别市土地局. 首都城市图（1929）. 京华印书馆代印，1929。

门、填垫河濠和修筑马路等，既加强了商埠区拓展地段同旧府城的联系，也为商旅提供了便利的经营条件，促进了商业贸易的发展。

　　但是，商埠局的一系列举措并未使下关恢复往昔的繁荣。至 20 世纪 10 年代末、20 年代初，下关商业生意寥落、贫民麕集，沦为汇集大量低端旅宿和娱乐业的"淫赌之场"。1920 年，商埠局制定分区制的《南京北城区发展计划》，一方面拟增设沿江的码头与工业区，另一方面则希望统筹发展下关与旧城城北地区。同年，江苏实业界人士还提出了带有改良意味的"南京下关宜推广商场意见书"，试图着重发展仓储业与工业，以加强下关贸易中转港口的地位。[1] 但是，这些规划与措施均未能实施，下关地区也未能重现繁荣。

　　20 世纪初下关地区的建设体现了自上而下的规划策略，他们试图以基础设施建设引领商埠区的扩容，并加强下关与南京旧城区的联系。实业界的建议则体现了民间对于发展现代化工业及港口中转贸易的诉求。但是，这些策略均忽视了清末民初下关地区赖以繁荣的基础，即西方国家对长江航线开埠通商的需求。1914 至 1918 年间，欧洲爆发第一次世界大战，帝国主义列强无暇东顾。1916 年，北洋政府向同盟国宣战，导致以美最时洋行为代表的德商企业被作为"敌产"没收。不

---

① 南京下关宜推广商场意见书. 江苏实业月志，1920（20）：15—18.

仅如此，下关在国内贸易中的中转港口地位也有所下降，大量西北地区的土产或经轮船，或转火车，直接运至无锡、上海一带，"过门不入"。[1]这些因素均导致 20 世纪 10 至 20 年代下关商埠区的没落。

二、下关的商业街市与新商业建筑类型

19 世纪末 20 世纪初，随着下关商埠的繁荣与现代化发展，新建了多处商业街市，包括江边马路、大马路、商埠街等，还发展出多种新的商业建筑类型，例如洋行、办馆、西式餐旅业等。

（一）下关的商业街市

下关的繁荣伴随着商业区自长江岸边向东部城垣方向发展的趋势。民国初年，下关商埠大致形成了一定区划，以惠民桥及其西岸商埠街为界，其西面主要为英、法、德、日等国外商所办商铺，东侧延伸至仪凤门外，主要为"贫民贸易"，民国初年时有铺户 200 余家。[2]自 19 世纪后半叶至1927 年南京国民政府定都南京，集中体现商埠区阶段性发展特征的著名商业街道为江边马路、大马路和商埠街（图 2-2-2）。

1. 江边马路

江边马路是下关长江岸边的交通要道，也是近代下关最早繁荣起来的商业街市（图 2-2-3、图 2-2-4）。太平天国时期，在下关鲜鱼巷北端设"天海关"[3]，作为征税机构，于 1861 年开放同洋人间的贸易。随着港埠商贸活动的恢复，中国人也重归下关，建屋经营。商业建筑多平行于江岸呈带形排列，与江岸间则留有足够的卸货空间，屋后则设各类院落。

至 1927 年南京国民政府定都南京，江边马路联系各码头，是下关地区最重要的南北向干道。其中，以大马路以北至江口段最为繁盛。根据 1929 年 10 月由南京特别市工务局编制的《南京特别市各区道路现状调查表》，江边马路南至中山路、北至澄平码头，沿路西侧为港口码头，东侧有大马路、石营盘和北安里等支路，道路全长约 1271.9 米，宽约 13.1 米，路面为石子路，可容纳各种机动车和非机动车。[4]

2. 大马路

大马路始建于 1895 年，随着外国商旅设店经商，遂成为繁华的商业街市。1907 年，完成拓宽。清末及民国初年，大马路容纳了众多政府部门和公司机构，如金陵海关、江苏省邮务管理局、民生实业公司南京分公司、三北轮船公司南京分公司等，还有各类中外商人经营的商业建筑，如各类洋货店、商行、酒肆、茶楼、旅馆等（图 2-2-5）。具有代表性的商业建筑为金陵大旅社，根据历史照片和航片图可知，该建筑为三层高的复合型商业建筑，采用外廊式风格，底层为商铺、二、三层为旅店（图 2-2-6）。南京国民政府初期，石片铺筑而成的大马路全长约 500 米，路宽达 8.2 米[5]，成为

---

① 南京下关宜推广商场意见书. 江苏实业月志，1920（20）：15.

② ［民国］胡联瀛，周家泉. 北伐军焚掠南京城. 见：章伯锋，李宗一. 北洋军阀（第二卷）. 武汉：武汉出版社，1990：347。

③ 中共南京市下关区委员会，南京市下关区人民政府，南京大学文化与自然遗产研究所，贺云翱. 百年商埠：南京下关历史溯源. 南京：江苏美术出版社，2011：42.

④ 南京特别市各区道路现状调查表（民国十八年十月调查）. 首都市政公报，1930（59，60）：无页码.

⑤ 南京特别市各区道路现状调查表（民国十八年十月调查）. 首都市政公报，1930（59，60）：无页码.

图 2-2-2　下关商埠区航片图

图片来源：笔者绘制。底图来源：美国国会图书馆藏. 1929 年南京航拍图（Aircraft Squadrons, Nanking, 1929）。

南京城北最繁华的街市之一，时有"南有夫子庙，北有大马路"的美誉。[①]

3. 商埠街

下关开埠后，商埠建成区向东部惠民河一带扩展带动了商埠街的繁荣（图 2-2-7）。商埠街位于惠民河西侧，与河岸平行，北起惠民桥与大马路连通，南至中山桥与中山路相交。因 1905 年周

---

① 南京市下关区政协学习文史委员会，南京市下关区文化局、旅游局、档案局，南京市下关区地方志编纂办公室. 下关民国建筑遗存与纪事. 南京：南京爱德印刷有限公司，2010：10.

图 2-2-3　下关江边马路

图片来源：中共南京市下关区委员会，南京市下关区人民政府，南京大学文化与自然遗产研究所，贺云翱. 百年商埠：南京下关历史溯源 [M]. 南京：江苏美术出版社，2011：134。

图 2-2-4　下关浜堤（照片远处为江边马路）

图片来源：伍联德，梁得所，明耀五，陈炳洪. 中国大观：图画年鉴 [M]. 上海：良友图书印刷有限公司，1930：156。

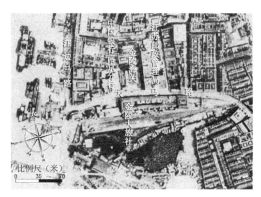

图 2-2-5　下关大马路西段航片图

图片来源：笔者截绘. 底图来源：美国国会图书馆藏. 1929 年南京航拍图（Aircraft Squadrons, Nanking, 1929）。

图 2-2-6　下关大马路（照片正中为中国银行南京分行，右侧为金陵大旅社）

图片来源：网络：http://imgsrc.baidu.com/forum/pic/item/e1c950f082025aaf93452c75fbedab64024f1a76.jpg。

覆奏设的下关商埠局位于该路北端，故也称为"商埠局街"。[①] 端方督署两江期间，实行以工代赈的政策，令"流民"疏通惠民河和三汊河，使惠民河自惠民桥至江口一带航行通畅，船只可以顺三汊河、外秦淮河达于府城南门，惠民河遂有"小江"的美誉（图 2-2-8）。惠民河的疏浚促进了河道沿线商业贸易的繁荣，商埠街沿河道向南延伸，称美孚栈街和宝善街。

　　商埠街两侧多为戏院、酒楼、旅馆、浴室等娱乐消费设施，是"洋人贵族享乐消遣之地"。[②] 1901 年，刚抵达南京的周作人曾看到："桥（惠民桥）的这边有一道横街，道路很狭，有各种街铺，最后至江天阁可以吃茶远眺。"[③] 迨至南京国民政府初年，商埠街全长约 518.2 米，宽 6.7 米，为石片路面，可行驶各类摩托车、马车和人力车。[④]

① ［民国］方继之. 新都游览指南（1929）. 南京：南京出版社，2014.
② 中共南京市下关区委员会，南京市下关区人民政府，南京大学文化与自然遗产研究所，贺云翱. 百年商埠：南京下关历史溯源. 南京：江苏美术出版社，2011：138.
③ 周作人. 周作人文选·自传·知堂回想录. 北京：群众出版社，1998：68-69，78.
④ 南京特别市各区道路现状调查表（民国十八年十月调查）. 首都市政公报，1930（59，60）：无页码.

图 2-2-7　下关商埠街

图片来源：中共南京市下关区委员会，南京市下关区人民政府，南京大学文化与自然遗产研究所，贺云翱. 百年商埠：南京下关历史溯源［M］. 南京：江苏美术出版社，2011：140。

图 2-2-8　下关惠民河西岸洋房（照片为自中山桥北望，远端为惠民桥）

图片来源：中共南京市下关区委员会，南京市下关区人民政府，南京大学文化与自然遗产研究所，贺云翱. 百年商埠：南京下关历史溯源［M］. 南京：江苏美术出版社，2011：110。

（二）下关商埠的新商业设施类型

1."洋行"及"办馆"

"洋行"指西方列强在中国开办的各种企业。下关开埠后，各国洋行、公司接踵而至，纷纷在下关地区设立行号，经销香烟、肥皂、火油、洋烛和火柴等"五洋"商品，此外还有各类洋纱、洋布、洋糖、洋伞、洋松等。[①] 这些洋行主要集中于惠民河以西的繁华街市内，如江边马路、大马路和二马路等。

伴随着西方国家在华的经济侵略，一种具有中介性质的职业——"买办"出现。买办是帮助西方人解决语言隔阂、制度两歧、商情互异、货币不同等商贸困难的中间商。[②] 有的买办还会协助外商经营"办馆"，即为洋人代办货物的洋货店。周作人抵达下关时，便见到了专办食物的办馆，他们还购买了"摩尔登糖"和"一种成听的普通方块饼干"等外国食品。[③]

2. 餐旅业

伴随着下关商埠铁路、水运贸易的繁荣，餐旅业亦得以发展。大量商家在下关开设旅馆、餐饮等商业设施。在 1910 年《南京暨南洋劝业会指南》的食宿推荐中，24 家客栈中有 11 家位于下关，8 家西餐馆中有 2 家设在下关，18 家茶寮中有 7 家位于下关[④]，足见下关地区繁荣的餐旅业景象。至南京国民政府初期，下关旅馆业依旧繁荣，根据 1929 年的《新都游览指南》记载，下关共有旅馆 32 家，其中江口和大马路一带最多，各有 6 家，其次为二马路的 4 家，时人记载："南京著名之旅舍，大都在下关江口、大马路、二马路，及城内中正街、大行宫、状元境一带。"[⑤]

① 曹学思. 南京之木竹市况. 中华农学会报，1922，3（4）：42-48.
② 汪熙. 关于买办和买办制度. 近代史研究，1980（2）：171-172.
③ 周作人. 周作人文选·自传·知堂回想录. 北京：群众出版社，1998：78.
④ 裕隆旅馆广告. 见：［清］刘靖夫等. 南京暨南洋劝业会指南. 南京：南京金陵大学堂总发行，上海：上海华美书局印刷，1910：37.
⑤ ［民国］方继之. 新都游览指南（1929）. 南京：南京出版社，2014：121.

图 2-2-9 下关旅馆广告（南京大观楼、裕隆旅馆、The Imperial Hotel 及 Bridge Hotel）

图片来源：笔者拼绘。图片来源：[清] 刘靖夫，等. 南京暨南洋劝业会指南 [M]. 南京：南京金陵大学堂总发行，上海：上海华美书局印刷，1910. 及 Liu Ching-Fu. Guide to Nanking and the Nangyang Exposition [M]. Nanking: The University of Nanking Magazine, 2010。

下关旅馆根据经营者和店内装修、设施的不同，有西式旅馆和中式客栈之分（图 2-2-9）。西式旅馆有裕隆旅馆、德商帝国旅馆和英商旅馆等，中式旅店有南京大观楼、江南第一楼、金陵旅馆等。按照房间规格和价位，又分为四类，由每日 2 角、4 角到 2 元不等。各大型旅店均备有酒菜，如裕隆旅馆"备中西大菜以及各种美酒小吃，无不周全"。[①]

第三节 清末新政与南洋劝业会

南洋劝业会是清末新政时期官商阶层在南京合办的一次全国规模的博览会[②]，1910 年 6 月 5 日开幕，1910 年 11 月 29 日闭幕，历时半年，每日约四、五百人到场参观。[③] 南洋劝业会时称"南洋第一次劝业会"，"南洋"指两江总督兼任的南洋通商大臣所掌管的江、浙、闽、粤、内江各通商口岸，同时兼有鼓励南洋诸岛华商回国投资、发展实业之意。"劝业"一词出自《史记·货殖列传》"各劝其业，乐其事"之句，"劝"意为努力从事，"劝业会"即为以赛会的形式鼓励工商业的发展。南洋劝业会汇集了全国各地新政以来在工商业方面的发展成果，通过商业市肆的空间形式向晚清社会示范性地展示现代化城市与建筑的面貌。

一、南洋劝业会的缘起与筹备

庚子国变之后，清政府出于挽救时局、维系满清王朝的考虑，决定实行新政。1901 年 1 月 28

---

① [清] 刘靖夫等. 南京暨南洋劝业会指南. 南京：南京金陵大学堂总发行，上海：上海华美书局印刷，1910：38-39.

② 南洋劝业会为一次全国规模的博览会，但因会场内设有第一、第二参考馆，分别陈列德、美、日、英四国出品，故 John E. Findling 将南洋劝业会（NAN-YANG CH'UAN-YEN HUI, or NANKING SOUTH SEAS EXHIBITION）收录于 "Historical Dictionary of World's Fairs and Exhibitions"（《世界博览会历史辞典》）一书中。见：John E. Findling, Kimberly D. Pelle. Historical Dictionary of World's Fairs and Expositions, 1851-1988. Connecticut: Greenwood Press, 1990: 3.

③ 何家伟.《申报》与南洋劝业会. 史学月刊，2006（5）：126.

日，太后慈禧以光绪帝名义发布新政诏书，标志着清末新政的开始。1905年7月16日，清政府颁布上谕，任命镇国公载泽、户部侍郎戴鸿慈、湖南巡抚端方等五大臣出洋考察宪政。回国后，以端方为代表的改革派开始提倡效仿英德或日本，实行三权分立、责权相维、上下分权的君主立宪政体。1906年9月1日，清政府下诏，正式宣布预备立宪，并于1908年颁布《钦定宪法大纲》和《九年预备立宪逐年筹备事宜清单》。

"五大臣"之一的端方（1861至1911年）就是南洋劝业会的倡办者。端方字午桥，号匋斋，谥忠敏，托忒克氏，满洲正白旗人。他一生历仕南北，是清末政坛中一位眼界宽、思想深、能力强的改革家，历任农工商总局督办、陕西按察使、陕西布政署巡抚、湖北巡抚兼署湖广总督、江苏巡抚兼署两江总督、湖南巡抚、钦命出洋考察宪政大臣、两江总督兼南洋通商大臣、直隶总督兼北洋通商大臣、渝汉铁路督办、四川总督等要职，被严复称为"近时之贤督抚"[1]，是清末满族权贵中最有才干和作为的封疆大吏。

南洋劝业会的举办与端方督署两江期间致力改革、推行新政是分不开的。端方出洋考察宪政归国后，于1906年10月离京南下，督署两江，自此至1909年7月调任直隶总督，他在两江地方改革中落实其新政思想，包括实施地方自治、整改新军与创建新式警察、改良社会风俗、发展新式教育、建立民族工商业企业等方面。兴办南洋劝业会体现出端方对发展民族工商业的重视。出洋考察归国后，端方便有仿效西方举办博览会的想法，而两江总督兼南洋通商大臣的职务为其实现这一抱负提供了便利，"臣前年奉使欧美，察其农工商业之盛，无不由比赛激劝而来。自莅两江任后，时就兢焉以仿行赛会为急务。"[2]

劝业会的成功举办也得力于陈琪、张人骏等主办者的践行和江苏绅商的鼎力支持。端方的得力干将陈琪（1878至1925年）是南洋劝业会的主要发起人。陈琪字兰熏，是我国近代博览事业的奠基者和开创者之一，也是我国博览事业的研究者、实践者和集大成者，著有《环球日记》《新大陆圣路易博览会游记》和《中国参与巴拿马博览会纪实》等。[3]陈琪天资聪慧，18岁参加秀才考试名列第一，后考入江南陆师学堂学习，因精通外语，毕业后多次出洋考察，其中包括1901年奉两江总督之命赴日本考察军事，1903年奉湖南巡抚俞廉三之调前往湖南襄办武备学堂并再度赴日考察军事，1904年奉湖南巡抚赵尔巽之名赴美参加圣路易斯万国博览会，负责组织湖南参赛物品事宜，并在会后绕道欧洲，在德国考察陆军，又游历了英、法、比等国并参观比利时列日博览会。1905年，陈琪作为参赞随行五大臣出洋考察宪政，期间参观意大利米兰万国博览会，归国后，升为道员，后由端方奏调赴任南京参办新政。南洋劝业会筹备期间，陈任南洋劝业会坐办，主持南洋劝业会事务所，专门负责具体筹办事宜，包括前往上海总商会洽谈商股认股、制定南洋劝业会策划与实施草案等。[4]

1908年4月，端方札饬陈琪在紫竹林山前西偏设立植物赛会院。筹备过程中，陈琪发现"若专办植物赛会院，考察种植，研究农学，其有益于国民已属不浅，然于劝工兴商，未能普及"，于是上书端提出创办工商品博览会，"输入国民之智识，又不独植物之一端，实能普及于工商居民，

① 王栻编. 严复集. 北京：中华书局，1986：736.
② 端方. 筹办南洋劝业会折. 见：[清]端方. 端忠敏公奏稿：卷十三. 收录于沈云龙. 近代中国史料丛刊第十辑. 台北：文海出版社，1966：1570.
③ 鲍永安，苏克勤，余洁宇. 南洋劝业会图说. 上海：上海交通大学出版社，2010：32-35.
④ 谢辉，林芳. 陈琪与近代中国博览会事业. 北京：国家图书馆出版社，2009：60-74.

夫工与商以及庶民实维持国家之原体也"。[①] 陈琪在上书中还指出在江宁举办赛会的三点可行性，即"地势之合宜""交通之便捷"以及"物产之富饶"，阐释如下：

兹拟就江南公园界内附近一带，购地六百亩，建筑会场，择于三十五年三月，先开国内博览会，以六个月为率，合农工商品蔚成巨观，而分建农业院、工艺院、美术院、教育院、军器博物院，万寿宫、人类馆、水产馆、各省官物陈列所、南洋各岛埠陈列所、劝业场、牲畜场、万牲园，以备参考之模型，藉资公园之点缀。所谓会场成则公园立，而金陵城北之兴盛克日可待。此地势之合宜者一；

南洋扼长江之要，上溯湘鄂，下达苏沪，轮帆所指，克期可至。今则沪宁铁路已通，省城轨道又将告竣，且与公园内之马路直接毗连，信乎物品之运输无往不利。此交通之便捷者二；

至若物产种类，尤难枚举，如本省之织绒绸缎，苏杭之纱罗线绉，震泽之丝绢，通州之花布，扬州之漆器，宜兴之陶器，温州之竹器、皮货，广州之镂银刻牙，景镇之瓷器，又如淮南北之盐，皖南北之茶，汉汾之酿酒，洪江之榨油，阳江之革器，闽省之雕刻器，永州之铜锡器，九江之银器，宿迁之玻璃器，类皆最著之工艺。新进之商业倘能广为搜罗，比较美恶，恶者去之，美者效之，精益求精，自能争胜而犹不止此。此物产之富饶者三；

有此三者，开办赛会正其时矣。[②]

端方批示指出："中国风气虽渐开通，工艺程度尚浅，自宜仿照日本办法，先专就国内物品罗列比赛。江南地大物博，轮轴交通，商务之繁为各省冠，现在城内开辟公园，地势空旷，组织会场最为合宜。兴商劝工，实以此举为紧要关键。"[③] 由是，南洋劝业会的筹备工作正式开展（图 2-1-3）。

南洋劝业会的另一位重要承办人为继任端方担任两江总督兼南洋通商大臣及南洋劝业会正会长的张人骏（1846 至 1927 年）。张人骏字千里，一字健庵，号安圃，自号湛存。张人骏为清末名宦，一生历仕南北，历官同治、光绪、宣统三朝，曾任广西按察使，广东、山东布政使，山东、河南、广东、山西巡抚，两广总督等要职。1909 年 6 月，张人骏调任两江总督兼南洋通商大臣，并担任南洋劝业会正会长，接替端方总筹会务事宜。劝业会筹备期间，张人骏于 1909 年从地方财政中拨银 20 万两在南京西华门外旗下街（今西华巷南段）建立官办电灯厂，定名为"金陵电灯官厂"，为中国近代第一家官办发电厂，成为南京现代化电力企业发展之始。[④]

二、南洋劝业会的布局与建筑

（一）会场布局

由于南京城北地区荒地较多，南洋劝业会会场择址于城北紫竹林一带，四周"东抵易家巷，南抵丁家桥，西抵将军庙口，北抵公园"，是"宽约二里、长八九里"的椭圆形场地（图 2-3-1），

---

① 陈琪. 候补道陈琪为创办博览会事上江督书. 申报，1908-4-21，第二张第二版.
② 陈琪. 候补道陈琪为创办博览会事上江督书. 申报，1908-4-21，第二张第二版.
③ 端方. 候补道陈琪为创办博览会事上江督书：江督批. 申报，1908-4-21，第二张第二版.
④ 叶扬兵. 清末江苏水电厂的考订. 学海，1999（5）：128.

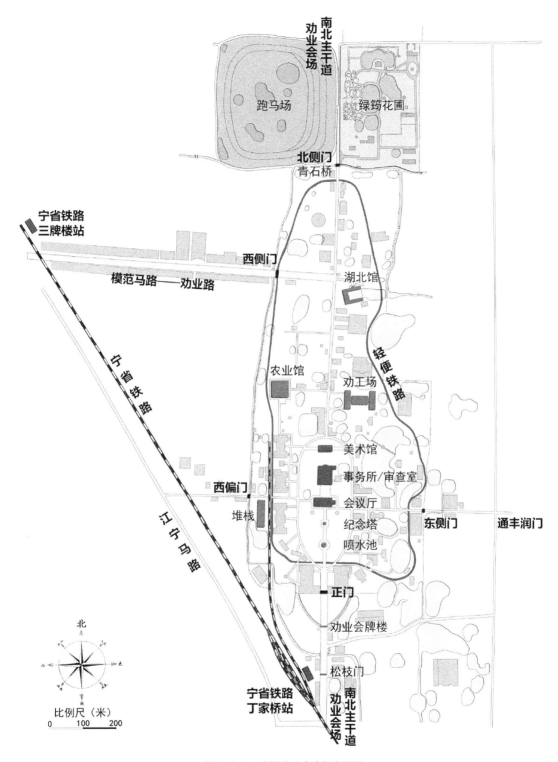

图 2-3-1　南洋劝业会会场布局图

图片来源：笔者绘制。根据：南洋劝业会场图. 上海：上海商务印书馆印行，1910。

面积达七百余亩。[1]会场整体布局受到宁省铁路的影响，体现在入口位置、道路规划等各方面。铁路位于会场西侧，自西北向东南经过会场，并与会场南北向主干道相交于丁家桥车站。自丁家桥车站至三牌楼车站的垂线距离约为 1.3 公里，两站间的区域也成为劝业会的核心场区。三牌楼站向东辟建模范马路和劝业路，两侧市肆林立，丁家桥站向北至劝业会正门的道路两侧也是遍布商业建筑，成为南京最早的基于公共交通站台发展起来的站前商业街，类似于日本的"缘日空间"——即经由序幕性的商业空间抵达展览的目的地。[2]这两条道路分别导向劝业会的两个主入口，即南侧正门和西侧次门，形成主要的游览流线。此外，会场还设有丰润路东侧门、将军庙西侧偏门以及青石桥马路北侧门，各主要入口均有新式警察和军队分别驻防，共同维护会场治安与秩序（图 2-3-1）。

会场南北向主干道由丁家桥车站南侧陈家巷延伸至绿筠花圃北缘，贯穿会场南北，长约 2 公里，形成劝业会场的空间轴线。自丁家桥车站始，向北为三道门——一门松枝门仿欧洲凯旋门形式，二门为中国传统三间三楼式牌楼，三门为正门，采用西方建筑形式。继而向北为椭圆形广场，依次布置喷泉、纪念塔和音乐亭，其后为三栋主要建筑——公议厅、审查室和美术馆，构成中轴线的主要序列。三栋建筑南向主立面均为对称式构图，审查室坐北朝南，公议厅、美术馆则为东西向布局，主入口朝西。环绕椭圆形广场为主要场馆，包括 9 栋本馆和 2 栋省馆，除京畿馆和暨南馆外，主入口均指向椭圆形广场，不同于中国古代以"面南为尊"为特征的院落布局思想（图 2-3-1）。

美术馆往北则"二途相合，成一直径"[3]，劝工场和农业馆分列东西，为主办方所建建筑中唯二的两栋中国式样建筑。按照我国古代"以左为尊"的方位义，位于东面、体现兴商思想的劝工场在地位上要高于农业馆，体现了中国封建社会的农本商末观向重商惠工观的转变以及主办方对振兴工商的期待。继而向北，道路两侧布置其他场馆、商业及游览设施，中轴线末端则为绿筠花圃和跑马场。

（二）主要建筑

南洋劝业会所有展品按类型和出品地分门别类陈列于各场馆中，包括本馆 13 个、省馆 14 个，以及 3 个特别馆、4 个专门实业馆和 1 个饮食出品所。本馆集中分布于会场中心椭圆形广场东西两侧，展品以两江地区出品为主，由两江总督署主办或代办。省馆散布于会场南北中轴线以东，为各省自建，由各省出品协会负责筹办，展出各省赛品，内地 18 省有 16 省均单建或合建场馆[4]，足见主办方筹备得当，共襄盛举。

本馆及各主要建筑由英资通和洋行（Atkinson & Dallas Architects and Civil Engineers

---

① 南洋劝业会观会指南：第三节 会场之大观．见：鲍永安，苏克勤．南洋劝业会文汇．上海：上海交通大学出版社，2010：111。

② "缘日"日文为庙会之意，"缘日空间"为日本庙会的特有空间，即经由序幕性的商业空间抵达展览目的地。"逢传统的'缘日'时寺院入口处自然形成了商店，这个空间日本称为'缘日空间'。这里构成了进入寺院的空间序列，也是百姓娱乐的场所之一。"见：青木信夫，徐苏斌．清末天津劝业场与近代城市空间．收录于建筑理论·历史文库编委会．建筑理论·历史文库第 1 辑．北京：中国建筑工业出版社，2010：158。

③ 裘士雄．关于鲁迅和"南洋劝业会"的一则新史料．鲁迅研究动态，1986（5）：37.

④ 清末内地 18 省包括直隶省、江苏省、安徽省、山西省、山东省、河南省、陕西省、甘肃省、浙江省、江西省、湖北省、湖南省、四川省、福建省、广东省、广西省、云南省和贵州省。南洋劝业会中，广西省和甘肃省未设置别馆。

Ltd.）设计，景观由 N. C. Huang 设计。[1] 通和洋行为苏格兰建筑师事务所[2]，成立于 1898 年，是 20 世纪初期活跃于上海和天津的著名建筑师事务所。通和洋行在中国具有丰富的执业经验，其项目覆盖了商业、居住、工业等多种建筑类型。在南洋劝业会之前，他们设计了大北电报公司大楼、礼查饭店、业广有限公司大楼等重要建筑。其作品受到 20 世纪西方历史主义建筑思潮的影响，例如，大北电报公司大楼为法国晚期文艺复兴式，礼查饭店为新古典主义的巴洛克风格，业广有限公司大楼为新古典主义和英国安妮女王建筑风格的结合等。他们也有对中国传统建筑风格的实践，如被中国海关任命设计的 1904 年圣路易斯博览会中国场馆和其内的全部木制构筑物。在中国长期的执业经历以及对西方历史主义建筑的实践经验，促使通和洋行获得南洋劝业会建筑设计的机会。[3]

笔者推测南洋劝业会景观设计师 Mr. N. C. Huang 为工程科科长黄席珍（字慕德[4]）。根据 1910 年 4 月的《远东评论：工程、商贸与金融》记载，"（南洋劝业会）建筑设计由上海的英资通和洋行（Messrs. Atkinson and Dallas）负责，园林则由 Mr. N. C. Huang 设计，后者曾跟随南洋劝业会坐办陈琪统制参观了在美国举办的博览会（包括 1904 年圣路易斯博览会）。"[5] 根据陈琪在南洋劝业会前的经历，他两次赴美，第一次是 1904 年由湖南巡抚赵尔巽委任参加圣路易斯博览会并负责湖南赛品陈设事宜，会后游历了美国芝加哥、克利夫兰、华盛顿、纽约等城市，之后又游历了欧洲国家。第二次是随端方等人出洋考察宪政。Mr. N. C. Huang 的陪同参观应指陈琪的第一次赴美游历。根据陈琪的《环游日记》记载，他在 1904 圣路易斯博览会结识"江南私费学生"黄席珍，并"约同料理湖南官物数日"，此时黄席珍已在美留学四年。博览会后，陈琪和黄席珍同去芝加哥"调查商业"，共计五日，包括参观锯板厂、宰屠所、各类商店等，后经印第安纳、圣路易到达克利夫兰，参观"必利亚大学"博物馆、锯石厂、磨面厂、商店与劝业场等。[6] 另外，根据《南洋第一次劝业会事务所筹备期内办事规则》记载，事务所设文牍科、调查科、建筑科、庶务科四科，建筑科负责"一关于购地及打样事项；二关于估计投标事项；三关于监视工程事项；四关于造具、建筑、图表事项"。[7] 而《南洋劝业会事务所暨董事会领导及成员名单》中记述，事务所设庶务科、编纂科、出品科、审查科、工程科和外事科共六科。[8] 故推测工程科即为建筑科，专司购置场地、会场规划、项目招标、监督工程等事宜，而工程科科长黄席珍负责会场景观设计的可能性比较大。

南洋劝业会的承办者热衷于"各国新式"建筑风格，为通和洋行创造了展示西方建筑风格的舞台（图 2-3-2）。建筑群以白色为主色调，被称为"白色之城"（White City）——除一栋红砖砌

① 关于南洋劝业会主要建筑的建筑师和景观设计师可见：The Nanyang Exhibition: China's First Great National Show. in William Crozier. The Far-Eastern Review: Engineering, Commerce, Finance, 1910, Vol 6-11: 503-506. 以及 China's First World's Fair. in Albert Shaw. American Review of Reviews. 1910, Vol. 41: 692.
② 1840 至 1980 年苏格兰建筑师名录。见：http://www.scottisharchitects.org.uk/architect_full.php?id=202154。
③ 陈勐，周琦. "导民兴业"与近代博览空间——南洋劝业会布局与空间研究. 世界建筑, 2021（11）：76-81.
④ 地方行政官一览表. 见：[清] 刘靖夫等. 南京暨南洋劝业会指南. 南京：南京金陵大学堂总发行，上海：上海华美书局印刷，1910：7.
⑤ The Nanyang Exhibition: China's First Great National Show, 收录于 William Crozier. The Far-Eastern Review: Engineering, Commerce, Finance, 1910, Vol 6-11: 503-506.
⑥ [清] 陈琪. 环游日记. 见：陈渔光，苏克勤，陈泓，苏克勤，陈泓. 中国近代早期博览会之父：陈琪文集. 南京：江苏文艺出版社，2012：1-45.
⑦ 南洋第一次劝业会事务所筹备期内办事规则. 东方杂志, 1909, 6（4）：5-6.
⑧ 陈琪. 南洋劝业会事务所暨董事会领导及成员名单. 见：鲍永安，苏克勤. 南洋劝业会文汇. 上海：上海交通大学出版社，2010：74-75.

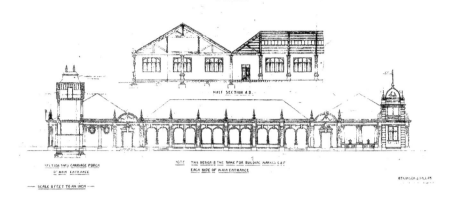

图 2-3-2　教育馆及工艺馆立面和剖面图

图片来源：劝业会旬报，1909（1），无页码。

筑的佐治亚风格的建筑外，所有由通和洋行设计的其余 25 栋建筑均为白色。[1]"白色之城"的概念最早出现在 1893 年芝加哥万国博览会中，会场建筑统一采用白色和新古典主义建筑风格，以"庄重性""对称性"和"纪念性"为特征。"白色之城"的另一个解释源自夜间亮化设计，会场内广泛应用街灯，使林荫大道和建筑物在夜晚熠熠生辉。[2]

三、"市场化"的空间特征

　　南洋劝业会的空间布局具有"市场化"特点，体现了主办方对博览会空间类型的认知以及民间借助劝业会获利的思想。西方博览会的空间类型源自"市场"（Market），与中国传统"市"具有相似的功能和空间义。因此，近代国人往往将博览会视为"庙市""集市"，出洋赴赛的商人将博览会视为与"内地庙会市集"相似，"列摊待售"。曾任宪政考察大臣的汪大燮便提到："近则各省商家间有自愿购备物品前往会场者，然每以中国集期庙会之思想，希图博取一时之小利。"[3]

① John E. Findling, Kimberly D. Pelle. Historical Dictionary of World's Fairs and Expositions, 1851–1988. Connecticut: Greenwood Press, 1990: 213–214.

② John E. Findling, Kimberly D. Pelle. Historical Dictionary of World's Fairs and Expositions, 1851–1988. Connecticut: Greenwood Press, 1990: 124–126.

③ 汪大燮. 前出使英国大臣汪咨农工商部论办理赛会事宜文. 东方杂志，1907，4（9）：87–90.

张人骏在《南洋劝业会正会长开会词》上指出了南洋劝业会的形制：

是会仿东、西洋各国之国内博览会而设，亦即我国古者以工事列肆，以贸易立市，今乃合肆与市而为一，取通商、惠工、务材、训农诸端，征聚名物，荟萃于一时一地，使吾国人参观互证，知所从违用，收集思广益之效也。①

"合肆与市而为一"体现了劝业会承办者对博览会建筑空间的理解，即以观览、娱乐为导向的人的体验性和以盈利为目的的商业性相结合所形成的公共空间。这种"市肆"观也导致南洋劝业会场并没有明确的分区规划，《南洋第一次劝业协赞会章程草案》中提到："劝业会会场各种馆、院除由劝业会事务所设备建筑外，会场东南隅有隙地口（原文空缺）亩，专备组立本会各省认建各省别馆。"②该草案并没有严格实施，湖南馆、湖北馆、东三省馆等5个省馆均建在会场东北隅，其他设施则以"填空补实"的方式分布，这导致各种功能类型的建筑物，如展陈性的本馆、省馆和专门实业馆，娱乐性的戏院、动物园、照相馆等，消费性的商店、茶馆、菜馆等，以及各种服务性配套设施均杂糅并置。

"市"的布局观也体现了劝业会承办者希望通过地租、房租获得收益的办会理念。早在《候补道陈琪为创办博览会事上江督书》和《劝兴南洋劝业会演说辞》中，陈琪便提出将地租和房租作为收益来源。在1909年10月的董事特别招待会上，将"招徕商店"作为接下来筹备工作的五点决议之一。③实际筹备中，为鼓励中外各地出品人踊跃赴会，规定"凡各国官厅及臣民，其出品专为参考而来者，本馆概不取租赁费"④，各省别馆租金"每方丈每月收租价一元以表欢迎"⑤，后各省出品协会因"办会亏累"，"联名禀请豁免，不得不通融批准"。⑥因此，实际地租、房租收益来源主要为招徕自民间的商业设施，这也导致会场内外食宿价格昂贵，《东方杂志》记载："会场附近之饮食、居住，莫不昂贵，同是物也，陡倍其价。"⑦会场内外商业设施主要分布于场北、劝业路和丁家桥口。据《南洋劝业会观会指南》记载："会场内外分设商店，皆系本会所招徕，将为南京城北开辟市面之预备。现在本会租地建设商店，计有数百处，一大宗商店在劝业路两旁，自三牌楼至董家桥不下百有余家，皆系沪商开设，一在丁家桥口租地建设商店四五家，亦系沪商开设。一在场北一带，如湖南美术工艺商店及醴陵磁业公司分店、江西磁业公司分店等，不一而足也。"⑧民间积极参与开办商铺，也体现了民间的实用主义态度，即借劝业会之机广增销路、扩大市场并牟取利益。

四、劝工场："市易之建设"

除展陈竞赛外，南洋劝业会还出现了新的商业建筑类型——百货商场的前身以及与之功能相

① 张人骏. 南洋劝业会正会长开会词. 申报，1910-6-7，第二张后幅第二版.
② 南洋第一次劝业协赞会章程草案. 见：鲍永安，苏克勤. 南洋劝业会文汇. 上海：上海交通大学出版社，2010：61。
③ 鲍永安，苏克勤. 南洋劝业会文汇. 上海：上海交通大学出版社，2010：241.
④ 南洋劝业会事务所详订本会会场内参考馆规则. 大公报，1909-10-3，第二张第四版.
⑤ 南洋劝业会事务所拟定各省于会场内建设别馆规则. 大公报. 1909-10-4，第二张第四版.
⑥ 两江总督张人骏奏南洋劝业会期满闭会情形等摺. 商务官报，1910（25）：5-6.
⑦ ［清］《东方杂志》编辑我一，浮邱，冥飞，等. 南洋劝业会游记（附游览须知）. 上海：上海商务印书馆发行，1910：1.
⑧ 南洋劝业会观会指南：第三节 会场之大观. 见：鲍永安，苏克勤. 南洋劝业会文汇. 上海：上海交通大学出版社，2010：114。

图 2-3-3　在建中的劝工场

图片来源：The Nanyang Exhibition: China's First Great National Show. in William Crozier. The Far-Eastern Review: Engineering, Commerce, Finance [J] . 1910, Vol 6-11: 506。

图 2-3-4　劝工场

图片来源：鲍永安，苏克勤，余洁宇. 南洋劝业会图说 [M]. 上海：上海交通大学出版社，2010：212。

适应的建筑空间，即位于会场东北隅的劝工场（图 2-3-3、图 2-3-4）。该建筑为木结构，平面为工字形，南北翼为两层，中间连接体为一层。建筑风格采用中国传统式样，为传统歇山顶形式，在主办方所建建筑中独树一帜，应有宣扬国货、激励民族工商业发展的意图。劝工场兼顾展示与销售的同时，更倾向于后者。它是会场内率先建造的建筑物，于 1909 年农历三月奠基，最初的功能定义为"宁属物产会陈列之所"[1]，但最后的功能定位不仅局限于展陈，而主要用作贩卖。《南洋劝业会观会指南》中将劝工场定义为"市易之建设"，"专为各处出品赴会转售而设"。[2]《南洋劝业会场图》中也有记述："惟劝工场之物品可以随时购买，颇便游客。"[3] 物品也不仅限于宁属物产，承租

---

① 南洋第一次劝业会事务所筹备进行案. 东方杂志，1909，6（4）：7.

② 南洋劝业会观会指南：第四节 各馆暨各重要之建设. 见：鲍永安，苏克勤. 南洋劝业会文汇. 上海：上海交通大学出版社，2010：114.

③ 南洋劝业会场图. 上海：上海商务印书馆印行，1910.

商号来自全国各地，包括四川、直隶、广东、福建等地公司。用途的改变源自避免与展馆功能重复，东道主展品按类别划分陈列于各两江本馆中，按地区划分的省馆则陈列各省展品，因此劝工场专做销售性机构。例如，上海商务印书馆的展品主要在教育馆中展出，并在劝工场内租赁了两间店铺，设商务印书馆售书处，用以销售其出版的图书。

日本学者初田亨的研究表明，百货商场的前身为商品陈列所和劝业会。[①] 笔者认为南洋劝业会的劝工场已经具备经营日用百货品的大型商场的雏形，原因有三。一是劝工场在会场内属于相对独立的商业机构，它也是会场内由官方兴建的规模最大的盈利性建筑，有独立的管理机构，不受事务所诸多规章的限制。在劝工场及其他商店购买的商品，只需在劝工场经理或各商店经理处取得"搬出证"就可将商品带离会场。而各本馆和省馆的展品，除非卖品外，需通过定购购买。展会期内，只有经过劝业会事务所的许可，在"买约所"获得"搬出证"，才可以带出会场。

二是劝工场已经具备了经营日用百货品的大型商场的功能特征和与之相适应的建筑空间。劝工场共有78间房间[②]，除本场经理处招待室和本场经理处办公室外，其余76间均由各商号承租，部分大公司如上海商务印书馆、四川裕川公司等，承租两间甚至多间房间。劝工场按照承租人的身份是否为劝业会出品人，将租金分为两种，出品人享有租金方面的优惠政策。

三是劝工场内所售商品包括了与日常生活相关的各类商品。服装类如纺织品、成衣、鞋靴等；日用品如百货店、肥皂、杂货店、卷烟、化妆品等；文化艺术类如书画、玉石、古玩铺，各类漆器、陶器、图书，乐器等。在同一栋建筑内销售各种不同类型的商品，被视为百货商场的重要特征之一。[③]

本章小结

自晚清至民国初年，南京商业空间的变迁体现了开明士绅的自主探索和西风东渐两方面的影响。由于湘军破城时对南京城的严重破坏，使外国公使望而却步，为开明士绅的自主性探索提供了契机。在洋务运动的推动下，南京建设了许多现代化基础设施，成为近代南京城工业化的开端。清末新政时期，南洋劝业会的召开是伴随城市、社会发展的商业空间近代转型的集中体现。南洋劝业会不仅展陈了中国各地大量的工业、商业、教育、农业、艺术品等部类的出品，还以其"市场化"的整体布局及商业空间建设表达了主办者的现代化图景和劝工兴商、推动民族工商业发展的决心。

由于南京城在太平兵燹后秩序恢复，西方列强重新计划设埠通商。下关正式开埠后，各国洋行、公司纷至沓来，纷纷在下关地区设立行号和办馆。下关惠民河以西的江边马路、大马路、二马路、商埠街等发展为繁华街市。各种西方建筑形式与风格开始在下关和南京城北地区的商业建筑中出现，装饰有西式店面的临街商业市房成为具有代表性的小型商业建筑类型。

辛亥革命以后，因时局动荡、战火频仍，实业人士虽然提出了一些商业区建设和改良的方案，但均未能实施，商业空间发展进程缓慢。

① 徐苏斌. 20世纪初开埠城市天津的日本受容：以考工厂（商品陈列所）及劝业会场为例. 见：张利民. 城市史研究（第30辑）. 天津：社会科学文献出版社，2014：188-203.
② ［清］《东方杂志》编辑我一，浮邱，冥飞，等. 南洋劝业会游记（附游览须知）. 上海：上海商务印书馆发行，1910：10-13.
③ Michael B. Miller. The Bon Marche: Bourgeois Culture and the Department Store, 1869—1920. Princeton: Princeton University Press, 1994: 50.

第三章

南京国民政府时期的新商业区计划、旧城商业街区改造及商业建筑（1927 至 1937 年）

1927 年 4 月，南京国民政府定都南京，同年 5 月，成立南京特别市政府，自此至 1937 年抗日战争全面爆发的十年间为南京城市建设的"黄金时期"。在此期间，南京城市人口激增，现代化工业、交通业、电讯业、邮电业等基础设施均在此期间奠定基础，城市商业日趋繁荣。南京国民政府颁布《首都计划》之后，还陆续颁布了多项商业区发展计划，城中新街口、城南太平路和建康路等地形成现代化的商业街市。此外，在国货运动的推动下，南京出现了大型商品展陈机构、"集团售品组织"、百货公司等大规模的商业建筑，体现了商业空间的现代化发展。

本章探讨南京国民政府时期都市建设计划引导下的商业空间改造、国货运动导向下的商业建设以及菜场等政府主导的民生类商业建设。

第一节　南京国民政府时期南京的商业概况及商业建设

一、社会及商业概况

南京国民政府时期，城市人口增长迅速。1927 年，南京城市人口为 36.05 万，到抗日战争全面爆发前的 1937 年 3 月，人口达到 101.97 万。[1] 城市人口主要以非直接生产性人口为主，根据 1934 年 6 月的《首都居民职业分类统计表》统计，有业人员占城市总人口的 67.18%，其中非生产性人口占总人口的 48.85%，接近一半。[2] 根据 1936 年 7 月的调查结果，农业、工业人口仅占总人口的 4.16% 和 6.09%。[3] 社会财富主要集中于党、政、军、警、商等阶层的上层人士手中，在 1934 年的调查中，上述人员共计约 4.6 万余人，占用私有小汽车达到 1378 辆。[4]

这十年间，随着基础设施建设及人口增长，南京城市工业亦发展迅速。根据 1934 年国民政府建设委员会经济调查所的调查，全市工厂共计 847 家，涉及 21 个行业，资本总额达 1084.7 万元，其中，自 1927 至 1934 年的 7 年间，市内新建各类工厂 567 家，平均每年 81 家。这一时期，工业结构也发生了重大变化，体现在三个方面。首先，以绸缎业为代表的传统手工业急剧衰落；其次，重工业比轻工业发达；最后，轻工业行业内部结构发生变化，砖瓦、营造、印刷业得到突飞猛进的发展，食品工业亦呈现出一定的发展趋势。[5]

南京国民政府"黄金十年"建设期间，南京城市人口的迅速增长和人口结构特征，以及工业结构中所体现出的行业特点，均反映出近代南京城作为典型的消费型城市的特点，这也是该时期南京城市商业迅速发展的重要原因。

南京城市商业的发展特征体现在新的商业行业的发展以及与城市生活消费及城市建设相关的商业行业的扩大。新的商业行业主要指体现现代工业文明特征的商业行业的出现与发展。根据 1934 年 12 月建设委员会经济调查所的调查，南京商店共有 18303 家，合于营业税登记标准者有

① 见：[民国]马超俊. 十年来之南京. 南京市政府秘书处编印，1937：4. 及 [民国]南京市政府秘书处统计室编制. 二十四年度南京市政府行政统计报告. 南京：南京市政府秘书处发行，南京胡开明印刷所印刷，1937：20.

② [民国]叶楚伧，柳诒徵，王焕镳. 首都志（上）. 上海：正中书局印行，1947：502.

③ [民国]南京市政府秘书处统计室. 二十四年度南京市政府行政统计报告. 南京：南京市政府秘书处发行，南京胡开明印刷所印刷，1937：29.

④ 朱翔. 南京中央商场创办始末. 中国高新技术企业，2008（21）：196.

⑤ 南京市人民政府研究室，陈胜利，茅家琦. 南京经济史（上）. 北京：中国农业科技出版社，1996：322-325.

13003 家。[1] 各商业行业按照"分业条例"划分为 96 业，分类细致，可谓覆盖了与生产、生活及服务业相关的方方面面。[2] 对比 1934 年的商业行业分类与 1910 年的实业行业分类可知[3]，新型商业行业主要包括三类，即五金业、电工电料业和洋油业。以电工电料业为例，1927 年之后，该业随着南京路灯照明业和住居用电的发展以及城市居民电器使用的增多而发展起来。1933 年，南京已有电料商店 38 家。[4]1936 年前后，无线电广播的发展促进了无线电商品的营销，早期的无线电商铺主要在建康路、中山路和夫子庙等处，销售矿石收音机、耳机等。[5]

与城市生活消费相关的商业行业的扩大体现在日用百货业、书店业等商业行业的发展。根据 1934 年 12 月建设委员会经济调查所的调查，南京共有 18303 家商店，全年营业总额达到 7234 万元，其中，洋广杂货业商店数量最多，达到 1881 家，营业额位居第二，占 652.5 万余元，仅次于粮食钱米业的 721.7 万余元。[6] 这一时期，书店业的发展体现在书店的增多、兼营出版业的大型书局的发展、经营商品种类的扩大等方面。[7] 书店所经营的图书类别主要分为 4 种，包括本馆出版书籍、各书局书籍、古书及旧书，一些书店还兼售文具、纸张、科学仪器、运动用器具、学校用品等。此外，大型书局也兼营印刷业和出版业，包括 5 家总部设于上海的南京分店及 3 家南京本地书店。[8]1934 年，南京还出现了专门的"南京女子书店"[9]，足见这一时期书店业的繁荣景象。

与城市建设相关的商业行业主要体现在建筑材料业和营造业的发展。以木材业为例，1922 年 1 月，《中华农学会报》中一篇"南京之木竹市况"记载："本省木材缺乏，大半由外省运搬而来……赣皖两省，每年输入南京城者约数百万元，其他福建浙江等省每年输入亦不下数百万元。由此转运他方者，其数必数倍于自兹。"[10]1927 年之后，国产木材销量扩张的同时，美商、英商经营的洋松亦进入南京市场。南京江边的上新河地区由于位于长江中游木材产区和长江下游木材消费区的转折点上，成为木材集散中心。自民国元年至 1934 年，上新河木商发展至 84 户，每年进出量达白银 50 万两。其他同城市建设相关的建材业、营造业亦发展迅速。1931 年，南京有营造厂 480 家，1933 年，五金业商号达到 117 家，砖瓦、水泥、砂石商店共计 224 家。[11]

此外，南京党、政、军、警、商等各阶层人士的增加也促进了娱乐、餐饮、旅宿等行业的发展。根据 1936 年 6 月南京市政府秘书处统计室的调查，南京共有公共游乐场所 94 处，其中，露天公共娱乐场所 24 处，包括说书和杂耍娱乐，室内公共娱乐场所 70 处，包括电影、传统戏剧、

① 京市工商各业调查. 时事汇报，1934（1）：27.
② ［民国］叶楚伧，柳诒徵，王焕镳. 首都志（上）. 上海：正中书局印行，1947：1059-1066.
③ 1910 年 4 月出版的《南京暨南洋劝业会指南》记载，南京实业行业分为 41 类。见：［清］刘靖夫，等. 南京暨南洋劝业会指南. 南京：南京金陵大学堂总发行，上海：上海华美书局印刷，1910：3.
④ ［民国］叶楚伧，柳诒徵，王焕镳. 首都志（上）. 上海：正中书局印行，1947：1059-1066.
⑤ 南京市人民政府研究室，陈胜利，茅家琦. 南京经济史（上）. 北京：中国农业科技出版社，1996：332.
⑥ 京市工商各业调查. 时事汇报，1934（1）：27.
⑦ 南京书店业调查. 时事汇报，1934（1）：27.
⑧ 兼营出版业的书店中，有 5 家为总部设于上海的大型书店的南京分店，包括商务印书馆、中华书局、世界书局、开明书局和共和书局，还有三家为南京本地的书店，包括军用图书社、拔提书店和正中书局。见：南京书店业调查. 时事汇报，1934（1）：27.
⑨ 南京女子书店. 中华日报新年特刊，1934.
⑩ 曹学思. 南京之木竹市况. 中华农学会报，1922，3（4）：42-48.
⑪ 南京市人民政府研究室编，陈胜利，茅家琦. 南京经济史（上）. 北京：中国农业科技出版社，1996：333.

游艺场等。① 根据 1934 年 12 月建设委员会经济调查所的调查，南京酒菜馆达 1151 家，仅次于洋广杂货业商号数量。② 1934 年，全市旅馆共计 363 家，网点人员 4273 人，主要集中于下关商埠区的车站、码头周边地区，以及大行宫、洪武路、夫子庙等城中、城南商业区内。③

国民政府"黄金十年"建设期间，南京新的商业行业以及与城市生活消费及城市建设相关的商业行业均得以发展。但是，在传统城市经济中占据重要地位的部分传统行业却走向衰落，其代表为丝织业。根据 1937 年 5 月的《南京缎锦业调查报告》记载，1936 年南京缎业商号或机户仅有 54 个，从业工人 2800 人，织机数 700 台，同鼎盛时期道咸年间的 16000 张机、64000 名机工相比，可见衰落之速。④ 此外，同生活资料商品交易的繁荣相比，生产资料类商业行业则较为低迷，主要包括两方面原因：一方面，南京近代工业不发达，生产设备简陋，没有对生产资料的大量需求；另一方面，南京生产资料类商品产量甚少，既无需求又无供给，生产资料类商品交易自难以发展。⑤

二、商业街区及商业建设概况

（一）商业区的变迁与商业街市发展概况

南京国民政府时期，伴随着城市现代化的发展以及城市人口的增长，城市建成区域不断扩张，城北地区逐渐繁荣起来，旧城的主要商业街道相继完成现代化改造，各个区域形成不同规模的商业中心。1927 年以前，南京城延续传统肌理，市民生活集中的区域包括自鼓楼以南至城墙的区域和下关地区。1927 年之后，各级政府机构先后颁布多项都市计划，包括 1927 年南京特别市工务局编制的"民国十六年度首都城市建筑计划"、1929 年 12 月由首都建设委员会制定的《首都计划》、1931 年 1 月南京市政府颁布的"下关第一工商业区"计划等。这些都市计划中均包含自上而下的开辟新商业区的内容，但因各种政治及经济原因，集中设置的新商业区计划均未能实现。然而，新街口至鼓楼一带由于便利的交通条件以及自上而下的引导与推动，逐渐发展为现代化的新商业区。与之相对应，政府以道路改造、市政设施建设为主的改良性措施促进了传统商业街区的现代化改良，20 世纪 30 年代中叶，南京旧城城南、城中、城北均出现了不同规模与档次的"市中心"，商业生活十分繁荣。

某种程度上，商铺数量可以反映出南京各主要市民聚居区的商业繁荣程度。根据 1935 年的南京各区商铺店号数量的统计数据，南京共有普通商店 14410 家，特税免征商店 2000 余家。商店主要集中于城南旧商业区以及城中新街口一带，按数量排序，分别为"夫子庙、奇望街一带"的 2825 家、"大行宫、洪武街一带"的 2758 家、"太平路、白下路一带"的 2343 家、"汉中路、明瓦廊、大王府巷一带"的 2150 家以及"中华路、雨花路一带"的 2140 家，共计 12216 家，占总数的 91.1%。城外下关以及城北丁家桥、三牌楼地区紧随其后，分别为 1102 家和 843 家

---

① ［民国］南京市政府秘书处统计室. 二十四年度南京市政府行政统计报告. 南京：南京市政府秘书处发行，南京胡开明印刷所印刷，1937：105.
② 南京市工商各业调查. 时事汇报，1934（1）：27.
③ 南京市人民政府研究室，陈胜利，茅家琦. 南京经济史（上）. 北京：中国农业科技出版社，1996：335.
④ ［民国］国民经济建设运动委员会总会. 南京绸缎业调查报告. 国民经济建设运动委员会总会发行，1937：1.
⑤ 南京市人民政府研究室，陈胜利，茅家琦. 南京经济史（上）. 北京：中国农业科技出版社，1996：336.

（表3-1-1）。[①] 城北地区的商业虽然尚不发达，但商铺数量已接近下关商埠区，一改晚清之际城北地区四望荒芜的局面。

南京市商店家数分区统计表[②]　　　　　　　　　表 3-1-1

区别	家数	备注
第一区	2758	大行宫、洪武街一带
第二区	2343	太平路、白下路一带
第三区	2825	夫子庙、奇望街一带
第四区	2140	中华路、雨花路一带
第五区	2150	汉中路、明瓦廊、大王府巷一带
第六区	843	丁家桥、三牌楼一带
第七区	1102	下关一带
第八区	249	浦口一带
合计	14410	内有不合于营业税登记商店五千余家，有特税免征商店二千家未列入

如果说商铺数量反映了商业区的大小与繁荣程度，那地价则体现了各商业区的档次与规模。根据 1937 年南京市政府秘书处统计室编制的"1928 至 1935 年南京市中心地点历年地价涨落比较表"（表3-1-2），主要的"市中心"包括 10 处，分别为新街口、太平路北段（前花牌楼）、中华路中段（前三山街）、中华路北段（前府东街）、夫子庙、唱经楼和鱼市街、大方巷和山西路、傅厚岗、三牌楼以及下关大马路。除唱经楼和鱼市街、大方巷和山西路、傅厚岗三处位于城北外，其余均属民国初年较为繁华的商业区内，而这三处也是历年平均地价最低者，反映了城北地区商业在城市中仍显落寞。新的商业区新街口地区以及改造后的老城南主要商业街道平均地价最高，反映出这些商业街道档次与规模较高。

1928 至 1935 年南京市中心地点历年地价涨落比较表[③]　　　　表 3-1-2

地名 ＼ 年份 地价（元）	1928	1929	1930	1931	1932	1933	1934	1935	平均地价
新街口	60	150	400	700	400	280	520	500	376.25
太平路北段（前花牌楼）	50	100	150	480	300	350	450	480	295
中华路中段（前三山街）	200	250	420	500	300	350	400	400	352.5
中华路北段（前府东街）	80	120	200	350	300	420	500	350	290
夫子庙	80	100	120	150	130	100	120	180	122.5

① ［民国］柳治徵，等. 江苏省首都志（一）. 成交出版社有限公司印行，1935：1105.
② ［民国］柳治徵，等. 江苏省首都志（一）. 成交出版社有限公司印行，1935：1105.
③ ［民国］南京市政府秘书处统计室. 二十四年度南京市政府行政统计报告. 南京：南京市政府秘书处发行，南京胡开明印刷所印刷，1937：154.

地名 \ 地价（元） \ 年份	1928	1929	1930	1931	1932	1933	1934	1935	平均地价
唱经楼、鱼市街	50	70	80	100	180	150	125	250	125.625
大方巷、山西路	15	20	25	36	44	50	45	50	35.625
傅厚岗	20	21	22	40	40	42	50	70	38.125
三牌楼	14	20	22	29	42	36	50	55	33.5
下关大马路	140	160	200	200	180	160	180	200	177.5

　　通过地价线形图的整体走势看，由于受到 1931 至 1934 年间资本主义世界经济危机的影响，南京各主要商业区的地价均有较大幅度的浮动（图 3-1-1）。总体而言，除城北三地外，其他各处地价均有不同程度的跌幅。1932 至 1934 年间，各处地价渐次回涨。具体来说，城北三地、城中的唱经楼和鱼市街、下关大马路以及夫子庙地区的地价较为平稳，仅唱经楼和鱼市街在 1934 年后翻了一番，涨幅较大。城南地区的太平路、中华路以及新街口新商业区整体地价最高，其涨落趋势也最为明显，自 1928 至 1931 年间整体呈现快速上升趋势，1931 至 1932 年间则迅速下跌，新街口地区的下降趋势延续至 1933 年，可见经济危机对于南京高档商业地产的影响。

　　南京城市商业中心的地价浮动反映了这一时期南京城市商业形态的分化。在西方资本主义经济危机的影响下，中国的民族金融业与工商业企业受到较大冲击，以新街口、太平路和中华路为代表的新商业区及改造后的商业街区均出现较大幅度的地价跌落，体现了金融资本与民族工商业资本在这些地区的汇聚，在城市中占据高位的商业形态。相反，以城北三地为代表的商业街区则无甚变化，傅厚岗商业街区甚至呈现平稳增长的态势。通过这一截然不同的趋势可见，城北三地呈现出低位的商业形态特征，主要聚集了满足周边居民生活的日常性消费设施，多为以家庭手工业和自给自足的小农经济为主导的传统商业，在经济危机的浪潮中受到的冲击较小。由于第一住宅区的建设及第四住宅区的规划，傅厚岗地区的地价甚至获得一定程度的增长。

（二）商业建筑发展概况

　　南京国民政府时期，伴随着商业区与商业街道的变迁与改造，商业建筑亦迎来了发展契机，体现在集中型商业设施的出现与发展、市房建筑的大量建设等方面。

　　集中型商业设施的大量出现与发展是这一时期南京商业建筑现代化的主要特征，体现在国货运动导向下的商业展销设施、大型商场及百货公司、大型菜场等。在首都建设潮流及国货运动的推动下，南京的永久性商业展销设施继续发展，体现现代性特征的大型卖场——"集团售品组织"与百货公司开始登上历史舞台。1929 年 9 月 9 日，由国民政府工商部创办的国货陈列馆开幕，并附设国货商场，为南京国民政府时期首栋集商品展示、销售为一体的大型商业设施。1934 年 10 月 10 日，由南京市政府发起、官商合办的南京国货公司开业，为现知南京第一所大型百货公司企业。1936 年 1 月 12 日，由国民党元老张静江发起，得到政、商各界名流响应并面向民间集资创办的中央商场开业，为抗日战争全面爆发前南京规模最大的综合型商场。中央商场以出租型商铺为主要经营特征，以室内步行商业街为主要的空间特征，对以后南京大型商场的发展具有重要影响。

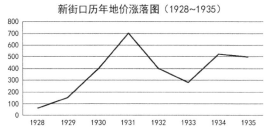

新街口历年地价涨落图（1928~1935）

太平路历年地价涨落图（1928~1935）

太平路北段（前花牌楼）

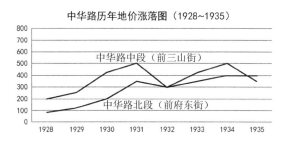

中华路历年地价涨落图（1928~1935）

中华路中段（前三山街）

中华路北段（前府东街）

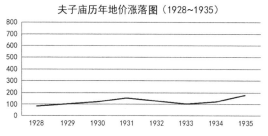

夫子庙历年地价涨落图（1928~1935）

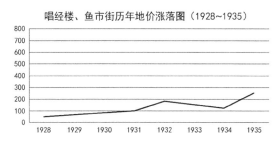

唱经楼、鱼市街历年地价涨落图（1928~1935）

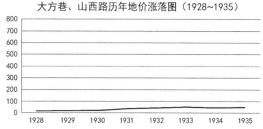

大方巷、山西路历年地价涨落图（1928~1935）

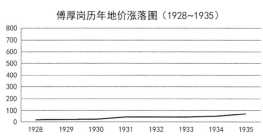

傅厚岗历年地价涨落图（1928~1935）

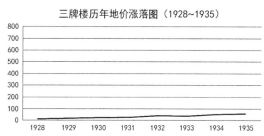

三牌楼历年地价涨落图（1928~1935）

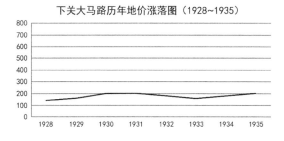

下关大马路历年地价涨落图（1928~1935）

注：横轴坐标为年份，纵轴坐标为每平方米地价（单位：元）

图 3-1-1　南京繁华区域历年地价涨落比较线形图
（1928—1935）

图片来源：笔者绘制。数据来源：南京市政府秘书处统计室．二十四年度南京市政府行政统计报告［R］．南京：南京市政府秘书处发行，南京胡开明印刷所印刷，1937：154。

另一类主要的集中型商业建筑类型为大型菜场，包括公营类和私营类菜场。菜场是南京国民政府力主创办的民生类商业设施类型，至抗日战争全面爆发前，南京共有市有菜场6座，包括丁家桥菜场、中华路菜场、八府塘菜场、科巷菜场、杨家花园菜场和同仁街菜场；私有菜场5座，包括鱼市大街菜场、程阁老巷菜场、彩霞街菜场、明瓦廊（临时）菜场和孝陵卫菜场。这些菜场建筑以木结构为主，形成一体化的室内空间，既方便空间组织，也利于集中管理，从而在社会卫生、治安管理等方面实现现代化改良的目的。

商业街道两侧的市房建筑是另一类主要的商业建筑类型。南京国民政府时期，随着以中山大道、太平路、建康路、中华路为代表的新的商业街道的开辟和旧城商业街道的拓宽改造，市房类型建筑开始大规模兴建。[①] 从功能业态角度，大量市房建筑均容纳了居住功能，如传统"店屋式"市房既是商人的营业店铺，也作为住宅之用。也有许多富裕商人、规模化经营的公司于其他地方另营住宅，市房内的居住用房则主要作为员工宿舍，供店员使用。[②] 从空间形式角度，南京的市房建筑一般为合院式、天井院式的建筑组团，呈现出向垂直于道路的纵深方向发展的狭长地形特征。市房建筑面阔一般为4至8米，进深则达到15米甚至20米以上[③]，形成单一的线形空间序列。各市房山墙面彼此毗连，形成连株式店铺街。此外，市房的店面形式趋于西方化和多样化，不再拘泥于传统建筑形式，西式店面、中西合璧式店面成为一种流行风尚。从历史照片中可见，在太平路、中山东路、中华路等最为繁华的商业街市中，甚至出现了包含巴洛克式、装饰主义式、国际式等建筑风格的统一的西式店面街，形成了规整的、由连株式市房店面组成的现代化商业界面（图3-1-2、图3-1-3）。

---

① 1937年抗日战争全面爆发，南京沦陷后，临街商业建筑成为日军主要劫掠和破坏的对象，绝大多数市房建筑毁于战火，仅可从部分档案史料及图像中窥见当时的市房建筑形貌。

② 林逸民在《都市计划与南京》一文中谈道："迩来大家庭之制度日渐废除，小家庭之组织日渐发达，又往昔从事商业之辈，多在店中居住，现则人民生活，逐渐改良，业商者流，已多另营住宅。"见：林逸民. 都市计划与南京. 首都建设，1929（1）：9. 南京国民政府地方自治指导委员会主任尚其煦提出以增加市房楼层来营造更多的居住空间，从而解决南京住宅"房荒"的问题，暗示了下店上宅式市房的合理性并摹绘了该类市房建筑的空间图景，如他所言："南京市住宅既属恐慌，这以商店铺面居住的情形，当更厉害！……若平面狭小时，则增加楼层，务须有店员的居住室。"见：尚其煦. 南京市政谈片（续完）. 时事月报，1933，8（3）：204。

③ 在幸免于日军战火的太平路30号宛有祥所有市房及太平路329号孙爱梅所有的市房建筑图纸中可见，前者为二层市房，采用砖木结构，面阔7.52米，进深17.60米，建筑面积约为260平方米；后者由四层正屋和屋后的一层仓库组成，面阔5.91米，进深19.88米，建筑面积253.22平方米。见：南京市档案馆藏.《关于林太一请求改筑太平路三十号家屋》，1943年9月3日，档案号：10020041424（00）0013. 及南京市档案馆藏. 高桥美三郎：《关于太平路三二九号家屋使用许可证》，1943年12月2日，档案号：10020041424（00）0016。

图 3-1-2　中华路商业街影像	图 3-1-3　中华门环城马路照片
图片来源：南京市地方志编纂委员会. 南京建置志 [M]. 深圳：海天出版社，1999：239。	图片来源：南京市政府秘书处. 新南京 [M]. 南京：南京共和书局，1933。

第二节　南京国民政府时期的新商业区计划

南京旧城商业区人烟稠密、屋宇拥挤、道路窄狭，无法满足现代化社会生活的需要，而且旧区改造面临阻力甚多。[①] 因此，自孙中山《实业计划》以降，特别是南京国民政府定鼎南京后，在官方都市建设计划及相关知名建筑师关于城市改造的提议中均有关于辟建新商业区的考虑。

一、《首都计划》前的商业区计划

（一）孙中山《实业计划》之南京新商业区

1918 年，孙中山在《实业计划》中针对南京及浦口提出了"激进的"新商业区改造方案[②]，他提议"削去下关全市"，将南京码头移至米子洲（今江心洲）与南京外郭之间，"如是则可以作成一泊船坞，以容航洋巨舶"，泊船坞与南京城间的上新河一带"旷地"，则可辟设为"工商业总汇之区"。孙中山认为此规划的优点在于两点：一方面，米子洲以东、南京府城墙以西的地区，面积广袤，可发展为"工商业总汇之区"，而"商业兴隆之后"，米子洲也可成为城市的一部分；另一方面，该地区距离南京城南住宅区较近，与下关相比，具备商业发展的区位优势。[③]

《实业计划》中关于"工商业总汇之区"的选址体现出城市向西发展的规划图景，以及在城市建成区之外另立新城的规划理想。这一计划无法充分利用晚清以来城市现代化改造的相关基础设施，在实施方面缺乏足够的可行性。

---

① 吕彦直. 规划首都都市区图案大纲草案. 首都建设，1929（1）：27.
② 王俊雄. 国民政府时期南京首都计划之研究. 台南：成功大学，2002：77.
③［民国］孙中山. 实业计划. 见：孙中山，牧之，方新，守义. 建国方略. 沈阳：辽宁人民出版社，1994：146.

（二）1928年南京特别市工务局《首都城市建筑计划》之工商业区计划

1927年4月，南京特别市政府成立，刘纪文[①]任首任市长，同年5月创立工务局。当时，南京城市建设百废待兴，"道路狭窄，不便交通"，"建筑参差，难分区治"。城南地区"商市逼仄"，城北则"荒土毗联"，城东、城西也是"零落散漫，不村不市"。[②]因此，工务局创立伊始便开始筹划南京城市规划与建设。

1928年5月，工务局发布《首都城市建筑计划》，由工务局设计科马轶群、李宗侃、唐英、徐百揆和濮良筹设计。该计划将南京城划分为行政、工商业、学校、住宅四区。其中，行政区位于旧府城东北、南洋劝业会及绿筠花圃旧址，西达鼓楼至仪凤门的干路，东达旧府城城墙；学校区位于旧府城东南，由明故宫旧址及南沿洪武门外的24000余亩地组成；工商业区位于沿江地带，自北向南呈带状分布；住宅区计划包括旧城改造和新区建设两方面，旧区指以渐进式更新为主的城南一带，新区则拟向城周四郊拓展，并以北至狮子山，南面包括五台山、莫愁湖等地，东西界行政区与工商业区的区域作为模范住宅区。[③]这些新的功能区域环拱北起鼓楼、南至中华门的繁华旧城区，体现了现代主义的分区制规划特征。

工商业区计划由李宗侃[④]设计，以下关三汊河为界，南面为工业区，北面为商业区（图3-2-1）。规划方案采用棋盘式加放射形布局，街区尺度在100至250米之间。商业区又以惠民河划分为西面的商务办公区和东岸的商贸区，商务办公区包括公司、银行、邮政总局、公安局等，视觉与交通中心为交易所，建筑面江而设，前有广场。商贸区包括各类百货公司，北面靠近沪宁车站处划为旅馆区，区内中央设国家戏院，面向惠民河，遥对西岸的交易所，其后为总商会，形成该区的视觉与

---

① 刘纪文（1890至1957年），原名兆铭，字兆铭，广东东莞人。1910年加入中国同盟会，1912年赴日本东京志成学校留学，1914年7月中华革命党在东京成立，任总务部干事，1917年夏毕业返国，历任广东军政府财政部佥事、广东省金库监理、广州市审计处处长、陆军部军需司司长、广东大本营审计局局长监理金库长、大本营军需处处长等职务。1923年由广东省政府委派赴欧洲考察第一次世界大战后经济状况，并于伦敦经济研究学院研究两年、入剑桥大学研究一年，后又奉派赴欧美考察市政。1926年回国，历任广东省省务会议委员兼农工厅厅长、国民革命军总司令部军需处处长等职务。1927年4月南京国民政府成立后，任南京市市长，9月随蒋介石赴日，11月回国后，历任国民革命军经理处处长、南京特别市市长、首都建设委员会委员兼秘书长、广州市市长及国民党第三、四、五、六届中央执行委员等要职。见：徐友春主编.民国人物大辞典.石家庄：河北人民出版社，1991：1433.刘纪文为国民政府蒋介石系重要人物，于1927年5月至8月间首次出任南京市市长，1928年7月至1930年4月间再次出任南京市市长，并担任负责首都计划的"首都建设委员会"秘书长，为参与制定《首都计划》的关键人物之一.见：王俊雄.国民政府时期南京首都计划之研究.台南：成功大学，2002：58.）.
② 马轶群，李宗侃，唐英，徐百揆，濮良筹，等.首都城市建筑计划.道路月刊，1928，23（2，3）：6.
③ 马轶群，李宗侃，唐英，徐百揆，濮良筹，等.首都城市建筑计划.道路月刊，1928，23（2，3）：6-11.
④ 李宗侃（1901至1972年），字叔陶，出身于名门世家，祖父李鸿藻为晚清同治年间的军机大臣，叔父李石曾是"国民党四大元老"之一。李宗侃1912年入中国留法预备学堂，后赴法国巴黎建筑专门学校主修建筑工程，并受西方现代建筑的熏陶。南京国民政府时期，李宗侃先后担任南京市工务局设计科技士、工务局技正、建设委员会会计统一委员会委员、建设首都道路工程处副处长、建设首都委员会常务委员等职务。李宗侃也是一名著名的建筑师，代表作品有西湖博览会建筑设计（1928至1929，建成）、国立中央大学生物馆（1929，建成）、国民大会堂方案修改和施工督造（1936，建成）等。见：汪晓茜.大匠筑迹：民国时代的南京职业建筑师.南京：东南大学出版社，2014：113-117.及南京特别市市政府委令（中华民国十七年一月四日）.市政公报，1928，8（24）：1.及王俊雄.国民政府时期南京首都计划之研究.台南：成功大学，2002：128，137，附录一.

64　第三章　南京国民政府时期的新商业区计划、旧城商业街区改造及商业建筑（1927至1937年）

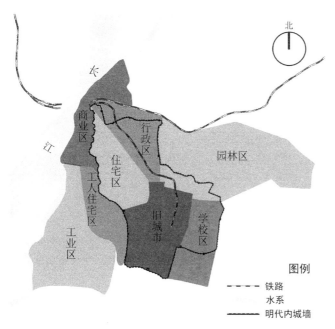

图 3-2-1　南京市区规划图

图片来源：[民国] 南京特别市工务局. 南京特别市工务局十六年度年刊 [M]. 南京：南京印书馆，1928：无页码。

图 3-2-2　首都建筑计划图之一　工业区与商业区

图片来源：[民国] 南京特别市工务局. 南京特别市工务局十六年度年刊 [M]. 南京：南京印书馆，1928：无页码。

交通核心。惠民河两岸则设滨河公园，"将来浅草平铺，嘉树森列，亦增美趣"（图 3-2-2）。[①]

《首都城市建筑计划》将工商业区设于下关地区，主要源自三方面原因。首先，下关地区水陆交通汇集，为南京城的对外门户，在此建立商业区有竖立繁荣的现代化新都形象之意。其次，南京作为南京国民政府和市政府所在地，商业区设在偏于一隅的江边，为塑造瑰丽雄壮的政治型城市提供了可能。最后，南京国民政府初立，首都建设百废待兴，利用下关地区既有设施加以改造，不失为经济之举。但是，该计划颁布不久，孙科负责的"国都设计技术专员办事处"成立，与"首都建设委员会"及市政府相关部门争夺都市计划的决策权，《首都城市建筑计划》也因权力更迭未能实施。

二、《首都计划》中的商业区计划

1928 年 9 月，孙科回到南京，10 月 19 日，被任命为铁道部长。[②] 同年 11 月，"国都设计技术专员办事处"成立，由孙科负责，林逸民任处长兼技正，并特聘美国人墨菲（Henry K. Murphy）、古力治（Ernest P. Goodnich）为顾问。[③] 由是，孙科取得南京城市规划的主导角色，开始着手制定南京都市计划。1928 年 12 月，由蒋介石、刘纪文主持的"首都建设委员会"成立，介入南京都市计划的制定。1929 年 12 月，国民政府颁布《首都计划》。此后，直至 1937 年抗日战争全面爆发，

---

① 马轶群，李宗侃，唐英，徐百揆，濮良筹，等. 首都城市建筑计划. 道路月刊，1928，23（2，3）：7.
② 郭廷以. 中华民国史事日志（第二册）. 台北："中央研究院近代史研究所"，1984：398-399.
③ 首都近事：孙科设计国都建设. 兴华，1928，25（48）：34.

南京国民政府先后颁布多项关于南京都市建设方面的计划。[①]《首都计划》是近代中国最早出现的都市计划之一，就其内容而言，兼具现代城市规划与城市设计导则的特征，是一部关于首都南京的城市空间改造计划。[②]

（一）1929年《道路系统之规划》中的商业街区与街道

道路系统规划是首都建设计划的首要环节，如吕彦直所言："首都计划之根本在道路，则筹设道路，自为先务。"[③]南京特别市政府成立之际，城市延续传统肌理，路向混乱、交通拥堵，鼓楼以北"几无道路可言"，鼓楼以南则"路向不定，路幅狭小，完全是些陋巷"。商业街市更是窄小逼仄、市面杂乱，花牌楼、三山街、府东街等著名商业街仅有几尺宽，江宁马路亦不过4米多宽，"商店林立的街衢，在其垂直于地平三面，没有一面是整齐的"。[④]

首都建设委员会成立后，开始着手南京城市道路规划。1929年10月，发表《首都道路系统之规划》，后收录在《首都计划》"道路系统之规划"篇章中，并附"道路系统图"。[⑤]该计划提出道路规划分为"新辟者"和"旧有者"，前者"可以随意规划，了无障碍"，后者宜"因其固有，加以改良"。规划依据路幅宽度及承载车辆类型将城厢内道路分为干道（23米）、次要道路（12至22米）、环城大道、林荫大道（36米）、内街（6米）及后巷6种。干道是连贯各重要地点的主要道路，各区内均有干道贯通。次要道路指每一区域内互相贯通之道路，包括零售商业区道路（22米）、新住宅区道路（18米）和旧住宅区道路（12米）。[⑥]

道路系统规划还引入了基于机动车尺度建立的、现代化城市的"街区"概念，并以之作为土地划分和道路组织的依据。该规划指出，街区尺度应综合考量机动车速率和信号灯转变时间而定，以400米为理想街区尺度——当时机动车在干路行驶的速率约为每小时40公里，考虑到交通阻碍则一般为每小时32千米，通过400米长的街区需要45秒，这也是红绿灯转变的最适当时间。[⑦]这种以边长为400米的矩形为基本街区单元的规划方案也符合南京旧城的现状。自鼓楼向南直达城墙的旧城道路多数或由南至北向、或由西南至东北向，再横贯以东西向道路，所划分的街区尺度均较大，街区平均面积约为16500平方米。而且，南北向街道长度普遍大于东西向宽度，房屋院落用地一般为东西向的狭长矩形，垂直于南北向道路排布，从而保证居住空间的自然采光和通风需求。因此，旧城肌理基本符合道路规划原则，可以采用固有改良的方式。

旧城商业街区则被纳入道路规划后的街区尺度范畴。该规划规定，商业区道路应正向布置、形成完整矩形街区，从而保证商店设施的合理布局。零售商业区道路宽度为22米，中间12米为公路，两侧各5米为人行道，人行道宽度则依据400米街区单元的人流量估算拟定。此外，还设立了一种半步行化的商业街，即"内街"，指不拓宽现有道路，改造为仅容纳人力车、行人和货物装

① 此处"南京都市建设计划"指1929至1937年间南京国民政府"几种正式公布的计划"，包括"南京城厢内的道路系统""土地分区使用"和"中央政治区计划"等，共同构成了"国民政府时期南京首都计划的主要内容"。见：王俊雄.国民政府时期南京首都计划之研究.台南：成功大学，2002：1.

② 王俊雄.国民政府时期南京首都计划之研究.台南：成功大学，2002：1.

③ 吕彦直.规划首都都市区图案大纲草案.首都建设，1929（1）：27.

④ 尚其煦.南京市政谈片（上）.时事月报，1933，8（2）：112.

⑤ 由于《首都计划》中原附"道路系统图"已遗失，现仅能从"城内分区图"中窥见大致面貌。

⑥ 首都道路系统之规划.首都建设，1929（1）：4-14.

⑦ 首都道路系统之规划.首都建设，1929（1）：6-7.

卸的街道，在街道两端分设竖石柱二条，相距 1.5 米，以阻止汽车行驶。[①]

（二）分区制与新商业区选址

都市计划采用现代主义的分区制规划原则。根据 1929 年 10 月林逸民撰写的《都市计划与南京》一文，南京城被划分为工业、商业、住宅、教育、行政、农林等功能区。工业区位于浦口及下关三汊河一带，其中浦口侧重"大工业、滋扰工业之用"；商业区位于明故宫一带，拟建造"旅馆、戏院并各种商店"；行政区分中央政治区和市行政区，前者"以紫金山南麓为最宜"，后者"宜在大钟亭、五台山附近"；住宅区分四类，高等住宅区在玄武湖东北一带及城西北之山地，中等住宅区在紫竹林一带，工人住宅区位于城西，与工业区接近，机关职员住宅区位于紫金山南麓，拟辟中央政治区东西两旁，还有"前赴汤山之路线"，沿线拟建筑别墅。[②]

根据林逸民的论述，择址辟建新商业区主要因为既有城南商业区的商业规模不足，无法满足将来南京人口、交通及商务发展的新需求，这也基本代表了孙科的观点。在《都市计划与南京》一文发表同期，孙科将《拟选择紫金山南麓为中央政治区域计划书》上呈国民政府，提出中央政治区应位于紫金山之南麓，而商业区则位于明故宫一带。[③]

孙科、林逸民等人之所以选定明故宫区域为新商业区，盖因四个原因。首先，孙科认为随着中山大道的竣工，南京城未来会向东发展，这也是他主张中央政治区设于紫金山南麓、商业区设于明故宫地区的重要原因，"考南京发展趋势，实向东方，居民中心，将又必在其地"。[④] 其次，基于现代主义"交通先行"的城市规划思想，在都市计划中应首先考虑城市客运总站的位置。南京作为国民政府首都，除既有的津浦、京沪线外，将来还会修筑京湘、京粤等线，南京将成为全国铁路交通的"总汇之区"。根据铁道部工作人员的测量与研究，确定客运总站位于南京城东部，以方便各方联络。加之建造总站所需用地面积较大，而明故宫地区本属"公产荒地"，不仅利于土地征收，具备较强的可实施性，将来随着商业繁荣，带动地价，也可增加政府收入，"于交通经济，两得其宜也"。[⑤] 因此，孙科笃定地认为，火车总站最宜建于明故宫之北，而总站之南最宜作为新商业区。

此外，在明故宫附近设立商业区也是孙科、林逸民等人在权衡行政区、住宅区及商业区选址后的结果。基于对南京史地形貌的综合考量，沿长江上游发展工业区已得到前述李宗侃、吕彦直、舒巴德等人的共识，余下较集中的可开发用地包括紫金山南麓、明故宫东北和城北紫竹林地区。紫竹林一带靠近下关门户且地势平坦，更宜作为住宅区；而紫金山南麓位于"总理陵墓之南，瞻仰至易，观感所及"[⑥]，以之作为中央政治区，具有强化孙科之于国民政府正统地位的政治意义。而明故宫地区"南接旧有市尘，北联新辟区域，东面更与紫金山毗连"[⑦]，可谓位于新城、旧区交汇之处，适宜于作为新商业区。

这一分区制规划很大程度上与蒋介石、刘纪文等人的计划相悖，矛盾主要体现在明故宫一带的用途厘定上。早在 1928 年 9 月至 10 月间，蒋介石、刘纪文等人便已决定将中央政治区设在明故宫，具体范围包括"东至朝阳门，西至西边门，南则扩至城外教场村双桥门为止，北至明故宫之后

---

① 首都道路系统之规划. 首都建设，1929（1）：9-13.
② 林逸民. 都市计划与南京. 首都建设，1929（1）：3-20.
③ 孙科. 拟选择紫金山南麓为中央政治区域计划书. 首都建设，1929（1）：1-4.
④ 孙科. 拟选择紫金山南麓为中央政治区域计划书. 首都建设，1929（1）：3-4.
⑤ 林逸民. 都市计划与南京. 首都建设，1929（1）：9.
⑥ 孙科. 拟选择紫金山南麓为中央政治区域计划书. 首都建设，1929（1）：3-4.
⑦ 孙谋，夏全绶，沈祖伟. 审查首都道路系统计划之意见书其四. 首都建设，1929（2）：35.

宰门为止"。[1]1929 年 11 月，首都建设委员会顾问舒巴德认为，商业区建设一方面在于利用旧有设施，将城南和下关的现有商业区通过城市干道连通；另一方面则应依托港口向长江上游发展，而不宜在城东另辟商业区。[2] 首都工务局审查专员陈和甫、张剑鸣和马轶群持有类似的观点。他们认为大商业区（即趸售商业区）应具水陆交通之便并与工业区联系方便，小商业区（即零售商业区）则须靠近住宅区。明故宫地区不仅与城北、城西之拟辟住宅区联络不便，而且与浦口、下关三汊河工业区"悬隔"甚远，不具备发展商业区的条件。[3] 将介石主持的首都建设委员会与孙科等人在中央政治区选址问题上的分歧也为此后《首都计划》的修订埋下了伏笔。

（三）《首都计划》之商业区计划

1929 年 12 月，南京国民政府颁布《首都计划》，基本体现了此前国都设计技术专员办事处和首都建设委员会工作成果的汇总。《首都计划》之"首都分区条例草案"篇指出商业区分为三种，包括小商业区、批发趸栈商业区和大商业区。[4] 基于孙科、林逸民等人的现代化商业图景，大商业区确定为明故宫一带，北邻宫城后宰门附近的火车总站。独特的区位条件与现代功能分区布局的关系，使明故宫的商业定位不同于"趸售商业区"和"零售商业区"——前者应位于水陆交通便捷且与工业区联系紧密的地区，后者则应靠近住宅区——而是呈现出一种具有西方现代社会大生产特征的，由大型百货公司、戏院、旅馆等组成的大型消费场所。此外，明故宫地区紧邻拟定的位于紫金山南麓的中央政治区和机关住宅区，高档消费场所的设置想必主要服务于这些机关要员。

新商业区位于明故宫宫城后宰门附近的火车总站以南，向南与原皇城中轴线相连并于承天门处与中山路正交，划出一块十字形公园，又向南延伸，止于光华门（原正阳门），符合舒巴德所谓之"南向大规模车站及旷场"。[5] 十字形公园限定出四块商业区，北界大约在外青溪、明故宫宫城城墙附近，西界杨吴城壕，东至南京府城墙，南至承天门附近，并有一条自东北向西南的道路与内秦淮河"林荫大道"相连通。四块商业区统一采用正南、正北的棋盘格式布局，街区基本单元为 320 米长、100 米宽的矩形，并设四条斜向道路由对角线方向穿过，符合"道路系统规划"中关于新商业区的规定。

为实现对商业区及商业设施建设的制度化管理，《首都计划》设立了第一和第二商业区，前者指小商业区，后者包括大商业区和批发趸栈商业区。根据《首都计划》之"城内分区图"所示，第一商业区面积较少，主要集中在中山路自鼓楼至挹江门段以东至旧府城墙的范围内，以平行于中山北路的带状商业为主，尚有部分商业呈线形和点状分布。此外，中山路自鼓楼至新街口段西侧尚有三段商业区，由百步坡向南，包括高家酒店与管家桥、大丰富巷等地（图 3-2-3）。

相较而言，第二商业区分布较广，所占比重也较大。根据布局形态可以分为面形区域与线形街域两种。面形区域指基本商业街区单元组成的商业区，包括拟建新商业区和旧城商业区两部分，前者为明故宫新商业区，后者即"三山聚宝连通济"的城南传统商业区——南界内秦淮河两岸达于镇淮桥，北界东吴运渎及内青溪自内桥至淮清桥段，东、西边界达于东、西水关，其间道路纵横，并向门西、门东地区渗透，包括了三山街、南门大街、贡院前街等传统商业街。

① 王俊雄. 国民政府时期南京首都计划之研究. 台南：成功大学，2002：212-213.
② 舒巴德. 审查首都道路系统计划之意见书. 首都建设，1929（2）：28.
③ 陈和甫，张剑鸣，马轶群. 审查首都道路系统计划之意见书. 首都建设，1929（2）：30.
④［民国］国都设计技术专员办事处. 首都计划. 南京：南京出版社，2006：235.
⑤ 舒巴德. 首都建设及交通计划书. 唐英译. 首都建设，1929（1）：16.

北
东
西
南
东
南

图例
第一商业区
第二商业区
明代内城墙

图 3-2-3 《首都计划》之城内分区及第一、第二商业区

图片来源：笔者改绘。原图来源：国都设计技术专员办事处编. 首都计划 [M]. 南京：南京出版社，2006：第 56 图。

　　线形街域指商业街道，城北部分主要集中于中山路两侧，自下关经挹江门入城达于鼓楼，此外还有狮子山南麓兴中门大街及盐仓大街两侧。城中、城南部分分布较广，主要包括：中山路与计划辟建的汉中路、中正路形成十字形，中央设街心广场；东面拟改造拓宽珠江路、碑亭巷、太平路、白下路等街道；位于太平路北端，由国民政府前狮子巷、利济巷、中山路和碑亭巷所围合的区域，以及街心广场东北丹凤街、鱼市街和故衣廊所形成的商业街区。此外，府城墙外也有第二商业区的划定，包括浦口港，拟辟建的新商埠区、下关惠民河以东至挹江门的区域以及市郊公路交叉点等。

"首都分区条例草案"篇制定了关于第一商业区、第二商业区的设计导则,对建筑业态类型以及商业建筑的高度、格局、院落及建筑密度等相关技术指标做了相应规定。[①] 导则中关于建筑业态的规定十分宽泛,第二商业区包含了第一商业区的所有业态。宽泛性还体现在涵盖了各类非商业属性设施,包括公共建筑如图书馆、博物馆等,公教设施如学校、庙宇、教堂等,文娱设施如公园、游戏场、运动场等,住宅建筑含第一、第二、第三住宅区的所有许可项目。第二商业区的专属业态主要表现为公共娱乐设施如戏园、影戏院、公众会堂等的设置,以及非第一、第二工业区范畴内并对环境影响较小的工业设施。

《首都计划》关于商业区业态的宽泛性规定使其基本容纳了除重工业、政府权力机构以外的所有业态形式,这种宽泛而又形式化的内容对于自上而下的商业区业态规划和形态控制并没有实质性、制度化的约束作用与导向作用,在一定程度上仅能作为旧城商业街区固有改良的参照,使人不得不怀疑计划制定者的初衷——新商业区选址与规划并不是《首都计划》之分区计划的核心内容,以明故宫地区作为新商业区并强化紫金山南麓作为中央政治区的合理性,以之与蒋介石、刘纪文所提出的明故宫中央政治区相抗衡才是孙科、林逸民等人的目的。

三、《首都计划》后关于商业区的计划

1929 年底《首都计划》颁布后,国都设计技术专员办事处被裁撤,之后《首都计划》历经多次变更较大的修订,争议核心为中央政治区区位及规划,商业区地点也调整至下关一带。由于国内时局动荡,首都建设委员会及南京市政府人事屡生更替,加之政府财政拮据,下关新商业区计划未能实施。

(一)《首都计划》的修订及商业区分区计划的调整

《首都计划》颁布后,南京国民政府即刻裁撤国都设计技术专员办事处,另行成立规划机关。此后大致以 1933 年 4 月为界,分为"首都建设委员会时期"(1929 年 6 月至 1933 年 4 月)和"中央政治区土地规划委员会时期"(1933 年 5 月至 1937 年),前一时期内先后由刘纪文、魏道明和石瑛担任首都建设委员会秘书长。[②]

中央政治区地点是孙科系与蒋介石系争论的核心问题,而《首都计划》将中央政治区置于紫金山南麓并不能令蒋介石等人满意。1930 年 1 月 18 日,《首都计划》颁布仅一个月,南京国民政府又下发"训令",命令首都建设委员会将中央政治区地点改在明故宫,并尽快制订、公布城厢区域道路系统规划。[③] 因此,拟建之新商业区只得另行择址。1932 年前后,魏道明任南京市长期间,将下关惠民河一带划为工商业区,包括北至中山路、西达长江、东至府城墙、南邻三汊河的区域,又

---

① [民国] 国都设计技术专员办事处. 首都计划. 南京:南京出版社,2006:241-246.
② 1933 年 4 月首都建设委员会被裁撤前,共有三人担任过秘书长,包括刘纪文(1929 年 6 月至 1931 年 1 月 17 日)、魏道明(1931 年 1 月 17 日至 1932 年 4 月 30 日)和石瑛(1932 年 4 月 30 日至 1933 年 4 月 30 日)。而南京市长一职则先后有 5 人担任,包括刘纪文(1928 年至 1930 年 4 月 14 日)、魏道明(1930 年 4 月 14 日至 1932 年 1 月 6 日)、谷正伦(1932 年,代理)、石瑛(1932 年 3 月 24 日至 1935 年 3 月 27 日)和马超俊(1935 年 3 月 27 日至抗日战争全面爆发)。见:王俊雄. 国民政府时期南京首都计划之研究. 台南:成功大学,2002:206. 及蔡鸿源,孙必有. 民国期间南京市职官年表. 南京史志,1983(1):47-48.
③ 王俊雄. 国民政府时期南京首都计划之研究. 台南:成功大学,2002:222.

以惠民河为界，分为西面的"下关第一工商业区"和东面的"下关第二工商业区"。①

针对旧城的道路系统规划及商业区固有改良计划，相关行政部门又先后颁布数项法规图纸，包括：1930年3月8日首都建设委员会公布的"首都干路系统图"，1930年10月6日南京国民政府根据首都建设委员会提议公布的、由刘纪文拟定的"首都干路定名图"②，1933年1月24日由行政院修订颁布的"首都城内分区图"和《首都分区规则》等。③ 由于《首都计划》中关于南京道路的规划本就沿用自首都建设委员会制定的《首都道路系统之规划》，故在1930至1933年间的修订中更改较少。城北地区除在神策门西侧开辟中央门，并由该门到鼓楼间辟建一条南北向主干道与中山大道连通外，新街口往南的城中、城南地区基本沿袭旧制。而且1933年1月的"首都城内分区图"颁布之前，城南著名商业街道太平路、中华路等均已完成拓宽改造，白下路西段亦已完工④，道路两侧都市景观改造、建设工程均同步进行，商业市肆鳞次栉比，已经恢复了改造前的繁荣景象。由此可见，《首都计划》对于南京国民政府时期旧城商业街道的固有改良影响深远。

（二）下关"第一工商业区"计划

南京国民政府时期，作为城市对外门户的下关港埠一直被视为发展现代化工商业的主要区域。《首都计划》颁布前，沿长江上游发展工业区便得到李宗侃、吕彦直、舒巴德等规划人员的共识，在1927年底李宗侃、唐英等人设计的《首都城市建筑计划》中，工商业区以下关三汊河为界，其南面为工业区，北面为商业区，采用棋盘格加放射形布局。⑤《首都计划》中，以1904年周馥划定的下关商埠为中心，拟将下关地区改造扩建为现代化港口，并以浦口作为输运特种货物之用，具体包括：填平惠民河以东之水塘地，自和记洋行南面至惠民河北入口处建设四座大型码头，惠民河以东、中山路与京沪车站间为繁盛的商业区域，三汊河向南则为港口工人的居住区。⑥ 但是，由于《首都计划》的决策者专注于发展明故宫新商业区，故未对惠民河以东、中山路与京沪车站间的商业区做出进一步的规划与导则。

《首都计划》颁布后不久，因明故宫新商业区被强制划为中央政治区，新商业区只能另行择址。1931年，魏道明接管首都计划的相关工作后，便拟定开辟"下关第一工商业区"。1931年1月30日，南京市土地局布告下关九夹圩一带停止建筑买卖，同年2月，经首都建设委员会审查通过后，南京市政府立案开辟下关第一工商业区，范围为"中山路以南，惠民河以西，三汊河以北，长江东岸一带"，共计1100余亩。之后，制定了下关第一工商业区道路计划及初步建筑方案（图3-2-4），又经内政部

---

① 见：南京市档案馆藏. 工务局:《下关第一工商业区干路计划图案》，1930年11月1日，档案号：10010011405（00）0002. 及南京市档案馆藏. 工务局局长赵:《为拟具第二工商业区计划呈请转首建委审议及咨内政部核准（附图）》，1931年6月2日，档案号：10010030161（00）0001.

② 王俊雄. 国民政府时期南京首都计划之研究. 台南：成功大学，2002：228.

③ 1932年11月，首都建设委员会将《首都分区规则》和"首都城内分区图"呈请南京国民政府核定，后经行政院转内政部审议，略作修改后，于1933年1月24日公布"首都城内分区图"和《首都分区规则》。见：王俊雄. 国民政府时期南京首都计划之研究. 台南：成功大学，2002：250.

④［民国］马超俊. 十年来之南京. 南京市政府秘书处编印，1937：47.

⑤ 马轶群，李宗侃，唐英，徐百揆，濮良筹，等. 首都城市建筑计划. 道路月刊，1928，23（2，3）：7.

⑥［民国］国都设计技术专员办事处. 首都计划. 南京：南京出版社，2006：1-2.

图 3-2-4 拟第一工商业区干路图

图片来源：南京市档案馆藏．首都建设委员会：《第一工商业区计划图》，1932 年 5 月 21 日，
档案号：10010011405（00）0016。

核准公告征收土地，但因经费支绌未能即时征收，仅禁止该区域业户自由买卖建筑。[1]迨至石瑛接任南京市长兼首都建设委员会秘书长后，下关第一工商业区仍然停留在规划方案层面。1933 年 3 月，石瑛鉴于"禁止该处（下关第一工商业区划定区域内）业户自由卖买建筑……致该处业户蒙莫大之损失"，将原拟建设第一工商业区的区域划出一部分，准予自由买卖，包括"西至江边、东至与江边平行的第一条马路之东边线止"，除保留码头、道路等公用设施用地外，其余准予商人自由买卖、建造房屋。[2]

---

① 见：南京市档案馆藏．下关九夹圩业户代表：《准首都建委会函据佩呈为下关九夹圩第一工商业区请准自由建筑买卖案》，1933 年 4 月 29 日，档案号：10010030160（00）0014．及开辟下关第一工商业区案．首都市政公报，1931（78）：16-17。
② 南京市政府成立十周年纪念感言，见：［民国］南京市市政府秘书处编．新南京．南京：南京出版社，2013：39。

图 3-2-5　下关鸟瞰照片

图片来源：叶兆言，卢海鸣，韩文宁. 老照片·南京旧影［M］. 卢海鸣，王雪岩，编选. 南京：南京出版社，2012：286。

至抗日战争全面爆发前，下关第一工商业区计划始终未能实施（图 3-2-5）。根据 1937 年 6 月南京市政府秘书处出版的《十年来之南京》记载，商业区及工业区地点仍未确定，云："京市工商业地区，尚未划定，于市政设施及市民经营业务，均感不便，今后似宜从速划定。就地势论，工业区似宜置于下关下游八卦洲一带，以免煤烟污水，妨害市民卫生。商业区似宜置于下关上游，以期水陆交通便利。"[①] 由此可见，整个 20 世纪 30 年代，下关第一工商业区计划仅停留在方案阶段，未做进一步的详细规划与实践，这主要与政府的财政状况有关。南京市政府一直"财政竭蹶"[②]，《首都计划》颁布后，首都城市建设主要集中于民生类设施和权力机构建设，前者包括旧城商业街改造、新住宅区辟建、大型菜场以及相关的基础设施建设等，而后者范畴内争执数载的中央政治区计划都未能实现，更不用说新商业区的辟建了。

综上所述，南京国民政府定都南京后，开展了以现代主义功能分区制为导向的都市计划，并力图建设容纳大型戏院、旅馆、百货商店之类现代化商业设施的"大商业区"，从而塑造现代化"新都"形象。但是，由于国民政府内部矛盾以及财政问题，新商业区计划一直未能实施。

---

① 南京市政府成立十周年纪念感言，见：［民国］马超俊. 十年来之南京. 南京市政府秘书处编印，1937：5。
② 南京市档案馆藏. 下关九夹圩业户代表：《准首都建委会函据佩呈为下关九夹圩第一工商业区请准自由建筑买卖案》，1933 年 4 月 29 日，档案号：10010030160（00）0014.

第三节　新商业区的开辟与旧城商业街道的改造

南京国民政府时期，实际完成的新商业区建设为新街口地区，该区域以银行和金融设施为主，还容纳了一些娱乐、百货业、餐旅建筑，形成复合型商业区。城南地区的旧城商业街区则伴随着现代化道路的开辟与改造，形成了新兴的商业街市，包括太平路、中山东路、建康路、中华路等商业街道。

一、新街口银行及商业区规划与建设

（一）新街口广场的辟建

新街口商业中心的形成源自南京国民政府初期的现代化道路规划以及作为道路交通枢纽的新街口广场的辟建。1929 年 5 月，中山大道第一期工程完工后，南京市长刘纪文便计划开辟新街口广场。1930 年 3 月首都建设委员会公布"首都干路系统图"，在《首都计划》的基础上计划开辟南北向的中央路，从而强化了以新街口、鼓楼为中心的"十字形"路网，而中山路与"子午线"交汇的新街口将成为新的道路交通中心。[①]

之后，辟建新街口广场计划便摆上日程。1930 年 6 月 3 日，南京市政府商议开辟新街口广场以"适应交通需要"，并规定广场宽为 100 米，设置警亭、铜像、环道、人行道等设施。在新街口处交汇的中山、子午、新汉等四条道路则遵照"首都干路系统图"的要求，辟为 40 米宽的干道。首期工程先行整理建筑、放宽距离新街口广场中心 150 米范围内的道路，并将相关图案函送首都建设委员会审议。[②]6 月 5 日，首都建设委员会以"新街口地方为中山路转角及子午路、大丰富巷、老米桥、糖坊桥等六路交会地点，车马往来，至为繁复，且为城市中心"为由，议决开辟新街口广场，采用直径为 100 米的圆形平面，所有原住户一次性拆迁，并根据房屋地价予以补偿。[③]1930 年 11 月 12 日，值孙中山 64 周年诞辰之日，新街口广场开工，次年 1 月竣工，历时三个月余。随后，南京市政府正式将新街口广场定名为"兴中广场"。[④] 新街口广场一经建成，便成为南京城中地区重要的交通枢纽，时人有言："东西、南北二正向交通可谓便利极矣。"[⑤]（图3-3-1、图3-3-2）

新街口广场平面采用外方内圆的形式。广场四缘为正方形，与东西向的汉中路、中山东路平行，同子午线上的中央路、中正路略呈一角度。正方形内部为相切的环形道路，路面宽 20 米，同四边主干道相连接，环形道路与方形平面相切所分隔出的四隅为人行道和草地。广场中央由环形道路围合成半径为 30 米的圆形街心花园，内部有三个同心圆，由内而外分别为半径 8 米的花台、宽 8 米的环形停车场以及最外围宽 9 米的环形绿化带（图3-3-3）。

[①] 尚其煦在《南京市政谈片》一文中谈道："新的路网，很显明的是以中山路、中华路、汉中路、太平路及子午线上的中央路、中正路为主干路线。"见：尚其煦. 南京市政谈片（上）. 时事月报，1933，8（2）：112.

[②] 第一一九次至一二〇次市政会议记录（民国十九年六月三日至六日）. 首都市政公报，1930（62）：1-4.

[③] 放宽新街口广场案. 首都市政公报，1930（64）：11-13.

[④] 据《首都市政公报》记载："'兴中'二字，一面以兴中会为吾国革命起源，具有历史价值，足资革命纪念；一面以该广场，适在中山、中正、汉中各路中心，建筑广场，期从中心发展，使四方兴盛，故定名为'兴中'云。"见：新街口广场定名兴中广场. 首都市政公报，1931（76）：10.

[⑤] 尚其煦. 南京市政谈片（上）. 时事月报，1933，8（2）：112.

图 3-3-1　兴中广场

图片来源：[民国] 南京市政府秘书处. 新南京 [M]. 南京：
南京共和书局，1933。

图 3-3-2　首都空中游览　新街口

图片来源：南京新街口 [J]. 良友，1936（116）：22。

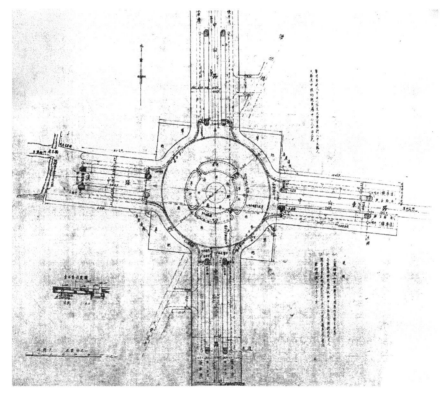

图 3-3-3　1930 年新街口广场设计图

图片来源：南京市城建档案馆藏。1947 年整修新街口广场图纸. 转引于：许念飞. 南京新街口街区形
态发展变迁研究 [D]. 南京：南京大学，2004：31。

（二）新街口银行、商业区的形成

新街口广场开工建设之际，政府便议定将该区域划作银行区。1930 年 11 月，南京市长魏道明
在南京市政府会议上提议将新街口广场四周作为银行区，"以兴新城市之市场"，并"限于五个月
以内开始建筑"。随后，工务局、土地局相关工作人员遵照办理，并于 1931 年 1 月将"银行区计
划"布告各银行业主一体知悉，拟于"一个月内先将建筑草图、计划书等呈送工务局审核，俟奉准

后再行设计建筑，以期整肃"①。

但是，自清末至南京国民政府初年，南京的金融中心一直位于下关，官办银行如交通银行、中国银行、江苏银行等，私立银行如上海商业储蓄银行、盐业银行、金城银行、大陆银行等均在下关设有分行。由是，各家银行虽在新街口置地，却迟迟不动工兴建。至1935年，新街口广场四周依旧较为空旷，除交通、聚兴诚两行竣工，国货银行正在施工外，多数银行领地后均未开工建设。1936至1937年间，中国国货银行、盐业银行、大陆银行、浙江兴业银行、邮政储金汇业局等公、私金融机构才陆续在新街口建设分支行、局新屋（表3-3-1、图3-3-4）。②至抗日战争全面爆发前，新街口银行区才初具规模，逐渐取代下关成为南京新的金融中心。但是，街区内尚有大量闲置的土地、池塘、低矮民宅等，道路两侧也未形成连续的街道界面（图3-3-5～图3-3-7）。

1937 南京市新街口银行区建筑一览表③　　　　　表3-3-1

银行名称	区位、门牌	建筑师	时间（营业）	建筑概况
交通银行南京分行	中山东路1号	缪苏骏（缪凯伯）	1935年	楼房1座、平房4间
聚兴诚银行南京分行	中山东路30号	李锦沛、李扬安	1933年	3层楼房1栋
上海银行	—	—	—	楼房6幢
浙江兴业银行南京分行	中山东路3号	李英年	1937年	楼房1座
南京邮政储汇业分局	新街口西南角	罗邦杰	1937年	楼房1座、平房2间
中南银行	—	—	—	楼房1座
盐业银行南京支行	中正路2号	庄俊、孙立己	1936年	楼房1座
大陆银行南京支行	中正路1号	罗邦杰	1936年	楼房1座、平房1座、汽车房1间
首都大厦（首都电厂创办，战前未建成）	新街口东北角	—	—	7层楼房1座
中国国货银行南京分行	中山路9号	奚福泉	1936年	6层楼房1栋

新街口银行区主要指环绕圆形广场的四围土地，其外沿则由南京市政府有意识地拓展为商店、游乐场建筑区。④至抗日战争全面爆发前，相继有世界大戏院、中央商场、中央游艺园及中央大舞

① 为新街口广场四围作银行中心区仰拟建于该区各银行业主依限将建筑图样等呈核由. 首都市政公报，1931（76）：4.
② 1935年第1卷《建设评论》记载："新街口银行区，年前经首都建设委员会划定，通饬本京各银行依期购领土地，如交通、大陆、国货、盐业、聚兴诚、浙江、兴业、上海、通商、邮政储金汇业总局，均购有基地，已建筑新厦，计交通、聚兴诚两行，国货银行，即将竣工，其余各行，亦在分别筹划兴筑中。此外该处毗连马路两旁空地，及旧有建筑，亦多在纷纷改造，预计明年六月底前，该处中心建筑，可望达到完全竣工之目的。"见：南京市府确立整个首都建设计划. 建设评论，1935（1）：17-18.
③ 笔者绘制。根据：[民国]南京市工务局编辑. 南京市工务报告. 南京：南京市工务局发行，南京新华印书馆印刷，1937：11-12. 及南京金融志编纂委员会，中国人民银行南京分行. 南京金融志资料专辑（二）：民国时期南京商办银行. 南京：南京金融志编辑室发行，南京：江苏省农科院印刷厂印刷，1994. 及[民国]联合征信所南京分所调查组. 南京金融业概览. 南京：南京联合征信南京分所发行，南京：大道印刷所印刷，1947. 及赖德霖，王浩娱，袁雪平，司春娟. 近代哲匠录——中国近代重要建筑师、建筑事务所名录. 北京：中国水利水电出版社，知识产权出版社，2006.
④ 南京市府确立整个首都建设计划. 建设评论，1935（1）：17-18.

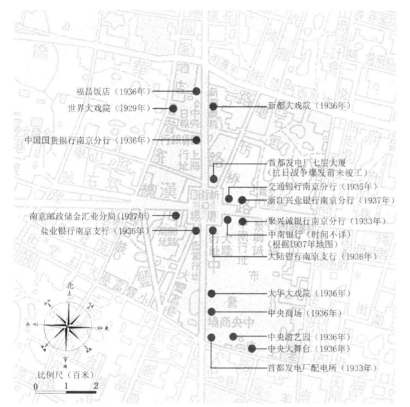

福昌饭店（1936年）
世界大戏院（1929年）
中国国货银行南京分行（1936年）

新都大戏院（1936年）

首都发电厂七层大厦
（抗日战争爆发前未竣工）
交通银行南京分行（1935年）
浙江兴业银行南京分行（1937年）

南京邮政储金汇业分局（1937年）
盐业银行南京支行（1936年）

聚兴诚银行南京分行（1933年）
中南银行（时间不详）
（根据1937年地图）
大陆银行南京支行（1936年）

大华大戏院（1936年）
中央商场（1936年）

中央游艺园（1936年）
中央大舞台（1936年）
首都发电厂配电所（1933年）

北

比例尺（百米）
0   1   2

图 3-3-4　南京新街口金融、
商业、娱乐设施分布图
图片来源：笔者绘制。

图 3-3-5　新街口鸟瞰
图片来源：http://s13.sinaimg.cn/large/001kfCE7gy6V2gr2LTebc&690。

图 3-3-6　中山东路街市影像（照片中央为交通银行　　　　图 3-3-7　中山路街市影像（照片道路右侧中间为
　　　　　　南京分行）　　　　　　　　　　　　　　　　　　　　　　新都大戏院）

图片来源：广播周报，1936（99）：19。　　　　　　　　　　图片来源：文藻月刊，1937，1（6）：无页码。

台、新都大戏院、大华大戏院、福昌饭店等娱乐、商业、餐旅设施竣工营业。其中，中央商场是南京国民政府时期最具影响力的综合型商场。根据笔者所绘之"南京新街口金融、商业、娱乐设施分布图"所示（图 3-3-4），1937 年以前，新街口地区的主要商业建设集中于东南片区，即中正路以东、中山东路以南的地块内。该地块呈现出向南、向东发展，与中华路、太平路等商业街道接轨的趋势。

　　在《首都计划》的新商业区计划付诸东流，下关工商业区计划始终未能实施的情况下，作为中山路与子午线交汇的现代化道路交通中心的新街口地区，因其特殊的交通优势，加之政府的"威逼"与"诱导"，发展为集金融、娱乐、商业等职能的现代化金融商业区，体现出执政者急于塑造现代化"新都"形象以及商人群体对于潜在经济利益的追逐。

　　新街口金融商业区的形成既受到经济利益的驱动，又具有较强的政治象征性。广场西南、东南片区的大面积土地均属李石曾、张静江等具有官僚化绅商身份的国民政府元老所有，中央商场便由这一利益团体集资创办。此外，该区域既位居孙中山先生的迎榇大道——中山大道的转折处，也处于刘纪文等人提议的中央路子午线与中山路的交汇处，具有较强的政治权力象征性。这很大程度上也源自他们的现代化"新都"图景——以银行、百货商场、电影院等体现发达资本主义国家经济特征的建筑类型展示现代化的都市面貌，以达到塑造"合法政府"形象的政治目的。

二、旧城商业街道的改造

（一）"都市计划"与旧城商业街的改造

　　南京国民政府时期，随着都市计划的导向和自上而下的推动，南京老城南地区的主要商业街道也渐次完成更新改造。南京城南旧城商业街道主要修筑于明初，初建时宽度为 10 至 15 米。但因管理不严，房屋侵占街道，至 1927 年前后，部分道路狭窄处仅有 5 米。[①] 旧城道路主要为石子砌成的路面，不仅凹凸不平，下雨天还满是沟洼。最繁盛的商业街道如花牌楼、府东街、三

[①]《首都道路系统之规划》记载："现在街道，常有一端，宽至 15 公尺，而相距不远，即仅得宽度五公尺者，故衣廊大街一路，尤为显著，因而房屋之界限，时呈参差不齐之象。"见：首都道路系统之规划. 首都建设，1929（1）：6。

山街、北门桥、夫子庙、东牌楼等处，更是窄小逼仄，交通拥堵，往来行人"肩摩踵接，拥挤不堪"。[1]

南京特别市政府成立后，便将旧城街道改造提上日程。1928年4月，狮子巷马路完工，为筑路工程的"试点工程"。[2]1929年5月，中山大道一期工程10米宽的快车道完工，成为连系下关与城中的重要交通干道。在道路工程进行的同时，城南旧区商业街道开始计划改造。1928年5月，《首都城市建筑计划》指出城南旧有商业区应以改造为主，云："佥以城南为现在商业之中心，而且房屋栉比，除规定一二干道外，拟听其自然改进，爰就其余各地积极计划。"[3]1929年《首都计划》也指出，自鼓楼以南直至城墙的旧城区内，屋宇鳞次栉比、道路纵横密布，应采用"因其固有、加以改良"的更新改造方式。[4]

1929年10月，南京特别市工务局设计科对市内各区道路现状进行了全面调查，包括路面状况、道路宽度与长度、承载车辆种类等项。调查指出，多数道路均为石子、石片路，损坏严重且难以容纳机动车辆，而著名的商业街道基本均被列入较高的更新改造等级。[5]例如，南门大街是出入中华门的交通要道，两侧商店林立。该路北起花市街，南达镇淮桥，长约518.2米，路面为石片路，宽度仅为约4.3米，主要承载人力车和单轮双把手车，汽车较少。黑廊街（后为升州路东段）西起坊口街、马巷街口，东达三山街，是出入水西门的重要街道，两侧商店林立。该路长约259.1米，路面为石片路，宽度仅为约3.7米，只能容纳人力车和小车，且路面损坏严重，亟待修理。[6]工务局设计科对道路状况的调研以及道路完损状况评定，对于《首都计划》中商业街道的划定以及决定路面整治和改造次序均具有重要意义。

截至1935年，南京的道路工程建设已颇具成效。根据《南京的道路建设》一文记载，最宽的城市道路已达到40米，最窄者也有3米宽，另有多处道路计划尚未动工。[7]商业街道的改造拓宽是道路工程中的重要一环，《首都计划》中划定为"第二商业区"的线形商业空间均渐次得到改造拓宽（图3-3-8），包括南北向的中山北路、中山路、中正路、中华路、太平路等（图3-3-9），以及东西向的珠江路、中山东路、汉中路、白下路、建康路、升州路等。道路基于"交通状况及重要程度"设定宽度[8]，根据南京市工务局编制的《南京市道路宽度分配标准详图》记载，商业区街道分为五种，包括30米、28米、24米、22米和18米，此外，最高标准的40米宽主干路[9]及部分

---

① 南京的道路建设. 道路月刊，1935，48（1）：19.

② [民国]南京特别市工务局. 南京特别市工务局十六年度年刊. 南京：南京印书馆，1928：46.

③ 马轶群，李宗侃，唐英，徐百揆，濮良筹，等. 首都城市建筑计划. 道路月刊，1928，23（2，3）：6.

④ [民国]国都设计技术专员办事处. 首都计划. 南京：南京出版社，2006：64.

⑤ 南京特别市工务局设计科不仅对各区道路现状进行了全面调查，还根据道路重要程度和是否亟待改造进行了分级"备考"，包括"首要""最要""急要""次要""不重要""无大关系""无关紧要"等7个等级，著名的商业街道均列入较高的更新改造等级。亟待修理的商业街道主要位于城中、城南商业区，例如，"首要"者有北门桥，"最要"者如三牌楼路、科巷、评事街、黑廊街、三山街、南门大街等，"急要"者如贡院前街、内桥、吉祥街、花牌楼、门帘桥等。见：南京特别市各区道路现状调查表（民国十八年十月调查）. 首都市政公报，1930（59，60）：无页码.

⑥ 南京特别市各区道路现状调查表（民国十八年十月调查）. 首都市政公报，1930（59，60）：无页码.

⑦ 南京的道路建设. 道路月刊，1935，48（1）：19.

⑧ 南京市道路根据"交通状况及重要程度"分配宽度，共分干路、次要路、内街三类12种。其中，干路宽度自12米至40米，次要路12米至24米，内街4米至8米。见：[民国]南京市工务局. 南京市工务报告. 南京：南京市工务局发行，南京新华印书馆印刷，1937：2.

⑨ 宽度达40米的主干道标准最高，被称为"交通最繁盛之道路"，仅有中山北路—中山路—中山东路、中正路、汉中路等5条。见：[民国]马超俊. 十年来之南京. 南京市政府秘书处编印，1937：59-61.

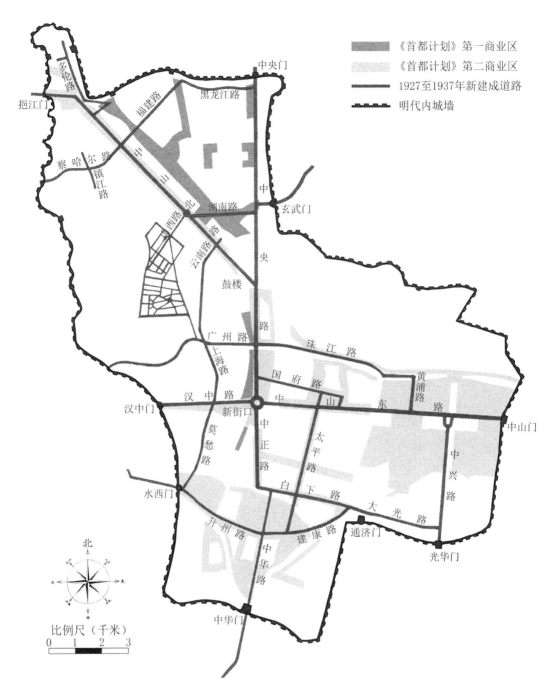

图 3-3-8　1937 年南京城区新建成道路与首都计划第一、第二商业区叠加图

图片来源：笔者绘制。底图来源：南京市工务局. 南京市工务报告 [M]. 南京：南京市工务局发行，南京新华印书馆印刷，1937：附图。

内街，也具备商业职能。多数著名商业街道均采用 28 米宽度，例如白下路、中华路、升州路、建康路等。这类商业街中间的行车道宽 18 米，具体划分为中央 10 米宽的柏油路面快车道和两侧各 4 米宽的弹石路面慢车道，两端外缘还有各 5 米宽的水泥人行道。

图 3-3-9　飞机俯瞰首都街市
（照片中部为青溪，右侧为拓宽后
的朱雀路）
图片来源：图画时报，1929
（604）：4。

（二）"建筑规则"与商业街市的空间形塑

旧城商业街道临街界面的空间形塑源自相关建筑法规的规范化约束。《首都计划》颁布后，南京市政府及首都建设委员会先后颁布了多项"建筑规则"，以规范道路开辟、改造后两侧的建筑形式与空间。1929 年 12 月，南京市政府通过《南京特别市新辟干路两旁建筑房屋规则》（简称《房屋规则》），主要针对中山路等"市区内新辟干路两旁建筑房屋"的规模与形式，规定了市房的建筑层数、各层层高、店面面宽、室内外高差等数值。[1] 基于《房屋规则》的管控措施，新辟干路两侧希望形成由层高统一的市房建筑组成的、与道路平行且整齐划一的连续商业界面。市房建筑规定面阔为 4 至 8 米，至少为 2 层，并对各层层高有具体规定。但是，《房屋规则》并未对土地整理、建筑进深、建筑密度等提出相应要求，道路两侧各用地范围较为凌乱，这也难以保证商业界面的完整性和连续性。

鉴于《房屋规则》对土地整理和建筑密度的忽视，1931 年 10 月，首都建设委员会发布《首都新辟道路两旁房屋建筑促进规则》（简称《房屋建筑促进规则》）[2]，翌年 6 月 4 日，南京市政府又公布《首都新辟道路两旁房屋建筑促进规则施行细则》（简称《施行细则》）[3]，以加强对新辟道路两侧用地的管控，塑造规整的商业界面。《房屋建筑促进规则》是为督促新辟道路两侧空地业主限期建造房屋的纲领性文件，并对《房屋规则》未涉及的内容，如市房用地范围、空地等做出相应规定。《施行细则》是补充《房屋建筑促进规则》并促进其实施的关于土地整理方面的法规性文件，以道

---

① 南京特别市新辟干路两旁建筑房屋规则（民国十八年十二月二十四日）. 首都市政公报，1930（51）：1-2.

② 首都新辟道路两旁房屋建筑促进规则（首都建设委员会第四十八次常务会议通过呈奉国民政府核准备案）. 首都市政公报，1931（98）：1-2.

③ 首都新辟道路两旁房屋建筑促进规则施行细则（民国二十一年六月四日公布）. 南京市政府公报，1932（109）：12-17.

路两旁土地"化零为整"、规则化用地形状为目的。基于该两项文件的规定，南京新辟道路两侧土地得以统一整理，形成宽度在 4 米以上、进深在 6 米以上的临街市房用地单元，为近代南京商业街市的整体性空间形塑奠定了基础。

1933 年 2 月，南京市政府公布《南京市工务局建筑规则》，同年 11 月，修编为《南京市建筑规则》（简称《建筑规则》），是针对南京建筑活动的管控条例。[①] 针对商用市房建筑，《建筑规则》增加了部分规范内容，并做出一些调整，主要体现在放宽建筑高度限制、增加建筑密度控制等方面。首先，市房建筑不得低于 2 层，且第一层高度不得低于 3.6 米，以上各层不得低于 3.2 米。其次，根据建筑层数规定了相应的建筑密度，即房屋层数越多，则建筑密度越小。最后，由于主要商业街市两侧临街进深 6 米的基地范围被规定为"全部作为建筑面积"，而对于由多栋房屋组成的组合型市房，各栋房屋又须"平均分配"空地，某种程度上决定了主要建筑必须临街而建，减少了前院出现的可能性，促使向道路纵深方向延展的天井院式、合院式市房建筑类型的发展。

1929 至 1933 年间，随着多项市政建筑规则的颁布，南京重要商业街道两侧出现了宽 4 米以上、进深 6 米以上的临街市房用地单元相互毗连组成的连栋式商业空间。市房临街面与道路平行，建筑在两层以上。自 1931 至 1937 年间，在相继完成拓宽改造的太平路、中华路、升州路、建康路等商业街道的历史照片中可知，南京著名街市均形成了统一的、由连栋式市房店面组成的商业界面（图 3-3-10~图 3-3-13）。

图 3-3-10　改造中的太平路
图片来源：南京市政府公报，1931（91）：无页码。

图 3-3-11　改造后的太平路
图片来源：南京市政府秘书处. 新南京［M］. 南京：南京共和书局，1933.

（三）照明设施与商业空间的现代化

现代化电灯照明设施是推动商业街道空间现代化的先决条件。南京的现代化电力事业开始于晚清，端方督署两江时便有电厂及电灯建设。然而至 20 世纪 20 年代中叶，电灯照明业仍不发达。根据 1926 年南京电灯厂的调查，城内及下关地区仅有路灯 1445 盏，每盏烛光约 25 支。南京国民政府成立后，调查表明"破坏失修"的路灯"随处皆是"，全城内外完好的路灯不过 1000 余盏，需修理更换的达到 541 盏。不仅道路照明严重不足，电路亦存在弊端，原公用电灯与住宅、商店

---

① 南京市档案馆藏. 市政府：《鸡鹅所建筑事项应归工务局审核发照指令知照由》，1936 年 12 月 8 日，档案号：10010011035（00）0015.

图 3-3-12　改造前的升州路　　　　　　　　图 3-3-13　拓宽后的升州路
图片来源：南京市工务局. 南京市工务报告 [M]. 南京：南　图片来源：南京市工务局. 南京市工务报告 [M]. 南京：南
京市工务局发行，南京新华印书馆印刷，1937。　　　　　　京市工务局发行，南京新华印书馆印刷，1937。

共用同一线路，启闭管理不便。此外，由于经费不足，电厂只能夜间发电。若与同期上海相比，更显示出南京电灯事业的落后。1927 年前后，上海特别市共有路灯 4243 盏，每盏烛光平均约 50 支。① 由此观之，南京的路灯建设有通盘计划的必要，线路、路灯数、烛光数等项均亟待改良提高。

　　1928 年初，中华民国建设委员会（简称建设委员会）成立后，接管原南京电灯公司业务，将其更名为"建设委员会首都电厂"，将路灯改造定为工作的重要一环。之后，为筹备奉安大典，首都电厂出资将自中山码头经中山路至中山陵墓前的迎榇大道装置路灯 200 余盏。② 同年 10 月，先后担任首都电厂厂长的鲍国宝与潘铭新联名提出通过改良路灯来改善机动车交通、促进道路安全并仿效西方发展夜间商业的举措。③ 由于不同类型道路对照明需求各异，该"计划"将南京道路分为甲乙丙丁共计四类，繁盛的商业街道属于乙类，次等商业街道属于丙类。因商业街两旁店铺均设灯箱，故商业街对路灯照明的需求不及甲种交通干道。

　　此后，政府开始制定具体的路灯改良工程实施方案。1930 年 2 月，南京市工务局编制"整理路灯计划"。1931 年 7 月，建设委员会又制定详细的路灯计划，并拟由南京市政府、建设委员会、首都警察厅各派一人，会同工务局局长、首都警察厅厅长，组织"路灯委员会"，通力写作负责审查、经费、指导、管理等工作。随后，路灯改良计划正式启动。自 1931 年 12 月至 1934 年 12 月间，首都电厂开展了 6 期路灯工程，共计安装路灯 4251 盏。截至抗日战争全面爆发前，南京共有路灯 7714 盏，基本实现了市区的路灯照明。④

　　道路两侧商家的入户接电也是形成昼夜繁荣的现代化商业街市的重要条件。建设委员会接管首都电厂后，便将市房、商铺接电列为一项重要工作。商户接电采用官商合办、公私共建的合作理念，将装灯工程外包给各施工单位，即"装灯商店"。各单位则向建设委员会注册并领取执照，

① 潘铭新，鲍国宝. 改良首都路灯计划. 建设（南京 1928），1928（1）：88-89.
② 京市路灯装置之回顾与前瞻. 南京市政府公报，1948，4（5）：118-120.
③《改良首都路灯计划》一文记载："故欧美各国道路光明之标准，莫不日渐提高，且多利用光亮整齐之路灯，以增进市场之商业，与城市之美观。"见：潘铭新，鲍国宝. 改良首都路灯计划. 建设（南京 1928），1928（1）：88.
④ 见：设置甲种街道路灯. 南京市政府公报，1930（53）：3. 及关于电气事业案（中华民国二十年七月二十三日）. 建设委员会公报，1931（18）：116-117. 及南京市历年装置路灯比较图. 南京市政府公报，1936（161）：无页码。

申请代办住户电气设施安装。至 1933 年，首都电厂已有注册装灯商店 25 家，遍布城中、城南、下关等繁华地区。[①] 至 20 世纪 30 年代中叶，众多繁华商业街的临街建筑均装设了各类照明设备，包括用于入口、橱窗、广告等处的各类壁灯、霓虹灯牌、灯箱设备等，营造出现代化夜间商业街市的空间体验。许多市房建筑均将店铺的夜间照明设施作为一项重要设计指标，例如，新都大戏院在正门处装置了高达 60 余尺的门灯柱，墙壁凹槽内还安装了暗灯，夜间"灯焰辉煌""照耀天半"。[②]

现代化商业街道的路灯架设以及临街店铺的电力设施使得繁华的商业街道形成灯火通明、入夜繁荣的景象。时人云："当时路灯之光，已普照市区，南至京芜路，北至燕子矶，东至孝陵卫，西至上新河，惜乎于二十六年十二月十三日，仍在大放光明中。"[③]

商业街市汇聚了入夜游憩、消遣的人们，承载着各式各样的活动，交织出一幅都市夜生活的图景（图 3-3-14、图 3-3-15）。1936 年 1 月，《夏夜的南京太平路》一文记载："高高下下的屋顶，霓虹灯的闪耀，五彩电灯到处放出白热的光，无线电依旧在放出嘈杂的声浪……沿途不景气大减价的旗帜，在霓虹灯下和五彩的电灯下飘摇着。"[④]商业街市通过现代化声、光、电设备营造出不同于传统商业街市的现代化空间体验。1937 年 2 月，《南京太平路夜景》一文便描绘了夜晚太平路商业街的繁华，云："电灯、霓虹灯，照得比白天还亮……每家店铺里送出嘈杂的无线电：扬州小调、苏滩、大鼓、梅兰芳、妹妹……靠这两排铺子的门前，是水门汀铺成的人行道，上面来来往往，挨挨挤挤……红绿交织的霓虹灯特别亮，照着玻璃柜里纸做的模特儿……"[⑤]

图 3-3-14　首都太平路之夜

图片来源：张览远摄. 汗血周刊，1936，7（12）：封面。

图 3-3-15　中山东路夜景

图片来源：南京特写，1937，1（4）：封面。

① 建设委员会首都电厂注册装灯商店表（民国二十二年二月一日）. 首都电厂月刊，1933（25）：5-6.
② 南京新都大戏院. 中国建筑，1936（25）：4.
③ 京市路灯装置之回顾与前瞻. 南京市政府公报，1948，4（5）：119.
④ 勿笑. 夏夜的南京太平路. 效实学生，1936（1）：2.
⑤ 张唯力. 南京太平路夜景. 新少年，1937，3（4）：79-81.

第四节　国货运动与南京的现代化商业设施

国货运动是近代中国以民族资产阶级为主体发动，由众多社会进步阶级、阶层参与的，以宣传和购用国货产品、推动国货产销、抵制洋货大量进口等作为途径，以发展中国民族经济为目的的爱国运动。近代中国的国货运动伴随着 1905 年爆发的反美爱国运动为发端，至 20 世纪 20 年代因新兴民族资本家阶层的崛起而达到高潮，20 世纪 20 年代末及 30 年代随着国民政府自上而下的推动而进一步得到发展。国货运动既是近代中国人民反抗外来侵略的一种经济手段，是近代中国人民反帝爱国运动的重要组成部分，也是国民政府促进国民经济建设的重要方式。[1]

南京国民政府成立后，随着由政府导向的国货运动的蔓延，南京出现了大型内街式商场建筑及具有西方现代百货公司特征的新型商业建筑，体现了统一化管理、规模化经营、定价销售等商业特征，以及与之相适应的集中型商业空间。

一、国货运动的背景及其发展

近代中国 20 世纪 20 年代蓬勃开展的、由民间发起的提倡国货运动以上海为前沿阵地。1920 年 8 月，上海总商会进行了"权力机构新旧更替的历史性改组"，由新兴民族资本家主导下的资本主义商业团体取代了介于官商之间的绅商领导团体。[2]此后，上海民族商业、工业资产阶级联合倡办了各类国货实业团体，如上海市民提倡国货会、上海国货工厂联合会、上海机制国货工厂联合会等。

民间的国货运动推动了政府对国货事业的重视。南京国民政府成立后，颁布七项新政策，第一项即为推动国货运动，并制定了宣传纲要通令全国一致提倡。[3]为规范国货原则与标准，南京国民政府工商部又于 1928 年 9 月颁布《中国国货暂订标准》，从资本来源、经营模式、原料来源和雇工等四个方面规定了具体的国货企业经营及国货产品生产原则。[4]

南京国民政府早期在京市及地方推动国货运动的重要举措是创办国货陈列馆及国货展览会。1928 年 2 月，孔祥熙出任国民政府工商部部长，6 月 1 日，国民政府决议在首都南京设工商部国货陈列馆，翌日公布《省区特别市国货陈列馆组织大纲》，规定各省区特别市在省区市政府所在地设国货陈列馆，由工商部国货陈列馆统一指导。[5]1928 年 11 月，工商部中华国货展览会在上海召开，历时两个月，时人称："出品已甚丰富，参观者络绎不绝。"[6]此后，全国各地先后创办永久性国货陈列馆，并开办各类国货展览会。[7]

20 世纪 30 年代中叶，国民政府自上而下的行政力量进一步推动了国货运动的发展。1934 年 2 月，国民政府发起"新生活运动"，鼓励社会生产是其重要目的之一。《新生活运动纲要》中明确规定衣料和建材宜使用国货，这也成为国货运动的纲领性规范。此后，有关部门颁布了一系列鼓励

---

① 潘君祥. 国货运动评价的若干问题. 见：潘君祥. 中国近代国货运动. 北京：中国文史出版社，1996：577。
② 上海总商会改组后，原有 33 名会董中有 31 人落选，由新兴民族资本家主导下的资本主义商业团体性质取代了绅商领导体制下的介于官商之间的社会身份。见：徐鼎新，钱小明. 上海总商会史（1902—1929）. 上海：上海社会科学院出版社，1991：244。
③ 吕竹. 国货运动与中国国货联营公司. 新世界，1946（12）：9.
④ 中国国货暂订标准（民国十七年九月二十二日部令公布）. 工商公报，1928，1（5）：10-11.
⑤ 省区特别市国货陈列馆组织大纲（民国十七年六月二日部令公布）. 工商公报，1928，1（2）：24.
⑥ 国货展览会开幕. 良友，1928（32）：7.
⑦ 吕竹. 国货运动与中国国货联营公司. 新世界，1946（12）：10-11.

国货生产的奖励办法，各级行政部门亦从不同方面鼓励、倡导使用国货，全国范围内掀起一股提倡国货的风潮。[1] 此后，国货运动伴随着国民政府执政方针向生产建设的转变而蓬勃开展。自1933至1935年间，蒋介石、国民政府行政院院长汪精卫等多次发表通电、演讲，宣称生产建设为之后的发展方向，并发起"国民经济建设运动"，于1936年6月成立国民经济建设运动委员会。新生活运动和国民经济建设运动代表了国民政府执政方针转向生产建设后在消费生活和经济建设两方面的需要，共同推动国货工商业企业发展和国货产品使用。[2]

国民政府的行政手段为国货运动创造了广泛的社会基础。自20世纪30年代中叶起，以地方和中央政府为主倡办的、具有西方百货公司性质的国货公司及大型国货商场登上历史舞台。1934年10月10日，由南京市政府发起、官商合办的南京国货公司开幕。1936年1月12日，由国民政府元老张静江等人发起、以"国货救国"为口号的中央商场开幕。1937年5月，由国民经济建设运动委员会领导联合国货产销协会、国货联办处同人共同发起创办的中国国货联合营业公司开业，并计划在全国各地添设17家新公司。随后，国货联营公司联合首都提倡国货人士发起创办首都中国国货有限公司。从地方政府倡办到国民政府联合各方力量经营监管，国货公司规模不断扩大，并向全国各地蔓延。

二、国货陈列馆：宣传国货的大本营

（一）工商部国货陈列馆及附设国货商场

国民政府定都南京后，为提倡国货、振兴实业，首先筹办工商部国货陈列馆。1928年6月，南京国民政府工商部颁布《国民政府工商部国货陈列馆规程》，规定附设售品部并于每年10月举行国货展览会。[3] 同年8月，工商部颁布《国民政府工商部国货陈列馆征集出品规则》和《国民政府工商部国货陈列馆售品规则》，面向全国征集出品，并规定每年征集出品一次，按类别分染织工业、化学工业、饮食工业、机电工业、手工制造、艺术出品、教育出品、医学出品、工业原料、其他商品等共计十大门类。[4] 所有出品按出品人要求分为"非卖品"和"售品"，前者在陈列一年后由原出品人持据领回，后者陈列一年后由本馆售品部照售品规则办理。售品部经营之商品包括本馆陈列品和厂家寄售品两种，按销售方法分为现售、约定和代办三类。[5] 经过一年多的筹备与征集出品工作，国货陈列馆于1929年9月开幕。国民政府各院部机关、工商界、民众团体代表等千余人出席了开幕礼。[6]

国货陈列馆及附设的国货商场位于南京城南淮清桥东北、东八府塘以南，南至今建康路，占地

---

① 蒋中正. 新生活运动纲要（附新生活须知）. 军事汇刊，1934（14）：1-15.
② 蒋中正. 国民经济建设运动之意义及其实施（民国二十四年双十节）. 国民经济建设，1936，1（1）：1-4.
③ 国民政府工商部国货陈列馆规程（民国十七年六月二日部令公布）. 工商公报，1928，1（2）：23.
④ 国货陈列馆所征集出品按类别分为10类，包括染织工业、化学工业、饮食工业、机电工业、手工制造、艺术出品、教育出品、医学出品、工业原料和其他商品。见：国民政府工商部国货陈列馆征集出品规则（民国十七年八月二十一日部令公布）. 工商公报，1928，1（4）：7.
⑤ 国民政府工商部国货陈列馆征集出品规则（民国十七年八月二十一日部令公布）. 工商公报，1928，1（4）：9-10.
⑥ 工商部国货陈列馆开幕. 商业杂志（上海），1929，4（9）：2.

图 3-4-1　南京工商部国货陈列馆航片图　　　　图 3-4-2　南京工商部国货陈列馆之前门

图片来源：笔者绘制。底图来源：美国国会图书馆藏．1929年南京航　图片来源：商业月报，1929，9（9）：无页码。
拍图（Aircraft Squadrons, Nanking, 1929）。

约21亩。[1] 场馆利用原有江宁织造府廨宇，"略事修葺""分类陈列展览"（图3-4-1）。[2] 国货陈列馆位于西侧，馆东部分房屋作为国货商场。建筑群为一处传统合院及园林空间，屋宇院落井然有序，东八府塘水面成为馆后的观赏内湖，景色优美。房屋均为南京地区传统的砖、木结构，采用砖石砌西式牌楼装饰陈列馆大门（图3-4-2）。合院和园林空间既成为参观者、消费者的游憩之地，也为举办国货展览会提供了场地。自国货陈列馆创办始，该馆举办了多次全国规模的国货展览会，成为国民政府提倡国货的"大本营"（图3-4-3）。

　　国货陈列馆附设的国货商场是南京国民政府时期最早出现且具备一定规模的经营百货的大型商场，时人称之为"集团售品组织"，即招徕商家在同一栋建筑内销售各类商品。馆方根据月租金的不同将所有铺面划分为甲、乙、丙三等，出租给各国货工厂和商店经营。馆方则制定相应的管理办法方便统一监管，包括严禁转让盘顶、统一划定货价等。[3] "定价销售"本是西方现代百货商场的重要经营特征，是一种提升商品交易效率的方式，这也体现了管理者的现代化经营理念。事实上，早在南洋劝业会的劝工场中便已出现了此类以商业内街和出租型店铺单元为特征的商业经营模式和商场空间。但是，原江宁织造府的传统递进式院落布局难以符合该类型建筑的空间需求。这种以传统建筑容纳现代化商业内容的"旧瓶装新酒"的形式，反映出时人在有限经济条件下的一种探索。

① 南京市档案馆．南京市社会局档案：《南京市国货陈列馆所属国货商场整理意见书》，1936年9月29日，档案号：10010010457（00）0073．

② 南京市档案馆．南京市社会局档案：《南京市国货陈列馆所属国货商场整理意见书》，1936年9月29日，档案号：10010010457（00）0073．

③ 1931年4月21日，实业部颁布《首都国货陈列馆附设商场营业规则》，规定："承租之工厂商店应划一货价，如故意高抬或低减价格经本馆警告三次仍不悛者停止其营业。"见：首都国货陈列馆附设商场营业规则．行政院公报，1931（247）：49。

图 3-4-3　实业部国货陈列馆国货展览

图片来源：国际现象画报，1933，2（7）：481。

国货商场初创之际也曾繁荣一时，根据 1936 年 9 月的《南京市国货陈列馆所属国货商场整理意见书》记载："此种集团售品组织，在当时首都尚属创见，故参加厂商，极形踊跃，营业情形，颇称发达。"[1]但好景不长，因市面不景气加之交通不便，商场经营困难。1934 年初，国货陈列馆长彭伯勋呈请将奇望街自上海银行至大中桥一段马路拓宽改造。此后，工务局率先开辟建康路自中正路至淮清桥西垣一段[2]，以改善商场周边交通环境，促进商场货品销路。即便如此，国货商场营业情况仍未见好转[3]，经营管理人员只得另寻他法。

（二）南京市国货陈列馆及附设国货商场改扩建方案

1936 年 3 月，国货陈列馆及附设国货商场移交首都市政府社会局接管，重组机构并改名为"南京市国货陈列馆"，由余思永任馆长，于 1936 年 7 月 10 日重新开放。首都市政府接管之际，国货

---

① 南京市档案馆藏．南京市社会局档案：《南京市国货陈列馆所属国货商场整理意见书》，1936 年 9 月 29 日，档案号：10010010457（00）0073．

② 南京市档案馆藏．工务局档案：《南京市工务局建筑建康路工事预算书》，1934 年 1 月 17 日，档案号：10010011227（00）0007．

③ 南京国货陈列馆商场去年营业状况．外部周刊，1935（56）：26．

陈列馆因其他展览会借用场地而关闭已久，附设商场更是经营惨淡，"场内厂商，仅余十数家，较之盛时，不及十分之一"，"营业清淡，朝不保暮，已不复具备商场之形式"。[1]当时，太平路商业街已改建完工，新街口随着中央商场的成立发展为新兴的、较为高档的商业中心，而夫子庙一带传统商业、游艺日臻繁盛，形成大众化商业业态，偏处一隅的国货商场均难以与之竞争，进一步加大了国货商场的经营难度。[2]

余思永接管国货陈列馆后，着手拟建新的国货商场。建筑方案遵循"提倡国货""繁荣市面"以及"救济中小商人"的设计原则，委托华盖、陈均霑及张谨农三家建筑事务所及建筑师设计，后张谨农的方案因"较为与上述原则及经济许可限度相适合"而被选中。[3]张谨农（1896至1963年）为江苏江都人，1922年6月毕业于（南京）河海工程专门学校，1928年7月任国民政府军事委员会营房设计处中校技师，1928年10月任中央陆军军官学校工程师，1928年12月至1929年3月任国民政府军政部军需署营造司上校技正，后担任中央军校物理教官及工程师、陆军大学和国府文官处工程师等职，1932年2月实业部登记在案，1933年10月技师登记在案。抗日战争全面爆发后，自营（南京）福华建筑师事务所，1947年5月在南京市工务局申请开业登记。代表作品有南京中央陆军军官学校（杨仁记营造厂，1928至1933年）、南京中山门外杨杰（军委会）钢骨水泥住宅（新复兴营造厂，1935年）、南京市国货陈列馆附属商场建筑方案（1936年）等。[4]

如今陈均霑与张谨农的方案图纸已经遗失，南京市档案馆尚存1936年5月华盖建筑事务所的方案，包括总平面图一张，国货商场平面图两张。该方案包括东侧的新建商场和西侧的陈列馆，均采用中轴对称的集中式布局，向南突出类似西式门廊的空间（图3-4-4）。国货商场建筑两层，主体部分进深6间，面阔11间，采用约5.4米见方的柱网，建筑面积为4665.5平方米。南面中央三间为主入口，两侧各突出两跨，分设次入口，一层作为书场，二层西间为食堂，东间为茶室。主入口外还设一陈列橱，参仿传统建筑照壁的形式，上覆雨篷，购物者由两侧引入，沿着建筑外墙曲折排列的陈列橱进入商场，增强了入口空间序列的体验性。正门位于楼梯平台下，入门为一方形大厅，继而向前，为东西向布置的行列式店铺内街。室内商业街呈环形展开，除四隅店铺占据两个柱网外，其余店铺单元均占据一个柱网。东北及西北各一间作为交通核，布置厕所及楼梯（图3-4-5）。

华盖建筑事务所体现西方新古典主义建筑布局特征的方案并未中标，原因可见诸之后根据张谨农方案所编制的《意见书》中。1936年9月，南京社会局上报市政府拟建新的国货商场，并附《南京市国货陈列馆所属国货商场整理意见书》（简称《意见书》），提出"商场组织与整理之原则"三点，即"商品平民化""商场大众化"和"商场游艺化"。[5]馆方将拟建国货商场定位为服务于城南居民的区域性、平民化、经营日用百货品的商场，以符合城南周边居民购买力，吸纳中小商人以及销售低廉的日用百货为经营方针。馆方还希望采用官商合办的形式，由市政府出资三分之一，其余部分通过地皮、建筑作为抵押来吸引金融资本投资，待借款偿清后，政府每年可通过出租商铺获

---

① 南京市档案馆藏．南京市社会局档案：《为据国货陈列馆呈送国货商场整理意见书及计划草图转呈鉴核示遵》，1936年9月29日，档案号：10010010457（00）0073.

② 南京市档案馆藏．南京市社会局档案：《南京市国货陈列馆所属国货商场整理意见书》，1936年9月29日，档案号：10010010457（00）0073.

③ 南京市档案馆藏．南京市社会局档案：《为据国货陈列馆呈送国货商场整理意见书及计划草图转呈鉴核示遵》，1936年9月29日，档案号：10010010457（00）0073.

④ 美国路易斯维尔大学（University of Louisville）赖德霖提供．

⑤ 南京市档案馆藏．南京市社会局档案：《为据国货陈列馆呈送国货商场整理意见书及计划草图转呈鉴核示遵》，1936年9月29日，档案号：10010010457（00）0073.

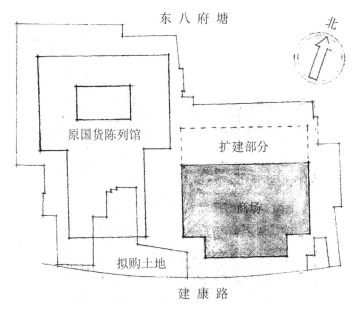

图 3-4-4 华盖建筑事务所之南京国货商场方案总平面图

图片来源：笔者改绘。原图来源：南京市档案馆藏. 南京市工务局档案:《南京国
货商场拟图》,1936 年 5 月 8 日，档案号：10010030480（00）0001。

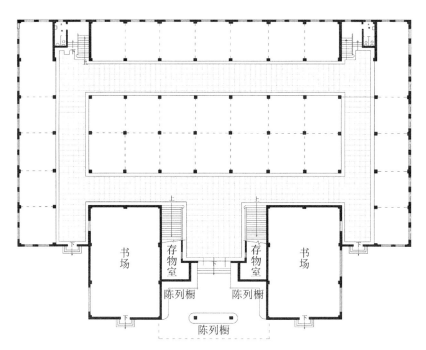

图 3-4-5 华盖建筑事务所之南京国货商场方案一层平面图

图片来源：笔者描绘。原图来源：南京市档案馆藏. 南京市工务局档案:《南京国货商场拟图》，
1936 年 5 月 8 日，档案号：10010030480（00）0001。

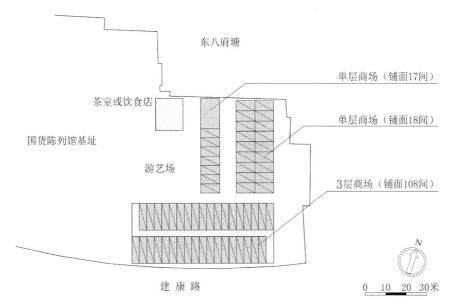

东八府塘

茶室或饮食店

国货陈列馆基址

游艺场

单层商场（铺面17间）

单层商场（铺面18间）

3层商场（铺面108间）

N

建康路

0　10　20　30米

图 3-4-6　张谨农之国货商场方案推测平面示意图

图片来源：笔者根据相关历史档案推测复原。档案来源：南京市档案馆藏. 南京市社会局档案：《南京市国货陈列馆所属国货商场整理意见书》，1936 年 9 月 29 日，档案号：10010010457（00）0073。

利。[1] 基于经济性与盈利性原则，拟建建筑不宜过于宏富，出租商铺的规格也不宜过高。

张谨农的方案集中体现了馆方的经营方针和盈利性原则，体现在空间的节约利用和多种类型的商铺形式等方面（图 3-4-6）。该方案采用上海蓬莱市场式的离散式布局，包括临街的 3 层商场和屋后的两座平房商场及茶室或饮食店一栋，总建筑面积为 7,082.4 平方米，空间利用率较高。临街商场为室内商业街式，平面南北长 20 米，东西宽 68 米，设铺位两排，中间为过道。铺位面宽 3.57 米，每层 36 间，共计 108 间。建筑采用平屋顶，屋面可作为室外茶座。楼后为两栋单层商场，东楼南北长 48 米、东西宽 18 米，设双排店铺，商铺面宽 4.8 米，共计 18 间。西楼南北长 49 米、东西宽 9 米，设单排铺位 7 间，每间面宽 4.3 米。平房商场西面为一矩形平房，东西宽 13 米、南北长 15 米，作为茶室或饮食店。所有平房之间的道路均上盖"铅丝玻璃棚"，形成西方拱廊街式的半室内购物空间。此外，楼房商场后、平房商场以西的大片隙地则拟建游艺场，包括剧场、书场、杂耍场和球场等，四周则杂莳花木，布置花园，"俾成为唯一之大众化休憩娱乐场所"。[2]

商场店铺数量与类型、商业空间的集约度是通过收取租金来获利的"集团售品组织"的重要评价指标。首先，新建商场的铺位数至少应不低于旧商场。根据《意见书》的记载推测，旧商场铺位数当在 100 家以上[3]，张谨农的方案有铺面 133 间，而华盖方案仅为 62 间，与旧商场规格相差过多。

---

[1] 南京市档案馆藏. 南京市社会局档案：《南京市国货陈列馆所属国货商场整理意见书》，1936 年 9 月 29 日，档案号：10010010457（00）0073.

[2] 南京市档案馆藏. 南京市社会局档案：《南京市国货陈列馆所属国货商场整理意见书》，1936 年 9 月 29 日，档案号：10010010457（00）0073.

[3] 南京市政府接管国货商场时，厂商"仅余十数家，较之盛时，不及十分之一"，据此推测旧商场铺位数当在 100 家以上。见：南京市档案馆藏. 南京市社会局档案：《南京市国货陈列馆所属国货商场整理意见书》，1936 年 9 月 29 日，档案号：10010010457（00）0073。

其次，张案共设置了三种垂直于步道的带状类型铺面单元，且租金根据区位价值而有所差异。[①] 这种带状铺面单元类似于商业市房的平面格局，便于商户进行自由装修，形成商店和仓储、宿舍前后并置的格局。与华盖方案的方形店铺单元平面相比，既方便出租和使用，也可获得更大的室内面积。最后，华盖方案设置了入口大厅、平行双合楼梯、宽阔步行道等服务空间，虽然提升了购物体验，但也导致商业空间的集约度不高，不符合馆方的实用性需求（表 3-4-1）。

张谨农方案与华盖建筑事务所方案相关指标对比　　　　　表 3-4-1

	张谨农方案	华盖建筑事务所方案
布局形式	离散式	集中式
建筑层数	3 层商场一座，其余为单层	2 层
建筑面积	7082.4 平方米	4665.5 平方米
功能业态	商业、茶室或饮食店、游艺场等	商业、书场、食堂、茶室等
标准店铺单元数量	133 间	62 间
标准店铺单元尺寸	9 米长，宽度分别为 3.57 米、4.3 米和 4.8 米	5.4 米见方
标准店铺单元面积	32.1 平方米、38.7 平方米和 43.2 平方米	29.2 平方米

1937 年上半年，国货商场改建计划获得南京市政府批准，拟采用官商合营的股份制公司组织形式，由政府拨款五分之一，其余以地产折价充作股本，面向国货厂家招募股款。馆方还计划之后改建国货陈列馆，将建康路发展为"国货区"。[②] 但是，该计划获准后不久抗日战争全面爆发，战乱局面使政府无暇顾及首都的商业建设。南京沦陷后，日军对南京的商业区进行了严重的破坏与焚烧，国货陈列馆作为政府性的国货倡导机构，自无法幸免，有史料记载："国货陈列馆房屋于事变时业已全部焚毁，仅剩余破碎瓦砾。"[③]

三、国货公司：政府导向的国货事业

20 世纪 30 年代中叶，伴随着国民政府对国货事业的进一步倡导，南京出现了体现现代化百货公司性质的商业机构，包括南京国货公司及其分公司、拟创办的首都中国国货公司等。

（一）南京国货公司的创办

1934 年，为响应"新生活运动"并推动国货事业发展，南京市政府发起创办南京国货公司，全称为"南京国货股份有限公司"。该公司采用官商合办的形式，先由南京市政府及所属各机关职员认股，其余则面向社会各界招募。[④]1934 年 10 月，南京国货公司开幕，首任董事长为时任南京

---

① 南京市档案馆藏. 南京市社会局档案：《南京市国货陈列馆所属国货商场整理意见书》，1936 年 9 月 29 日，档案号：10010010457（00）0073.
② 见：南京国货陈列馆计划扩充. 国货月刊（长沙），1937（48）：32. 及京国货厂商新式国货大商场. 国货月刊（长沙），1937（49，50）：56-57。
③ 南京市档案馆藏. 具呈人仇进，汤守愚等：《为遵章缴纳旗税承租旗产淮清桥国货陈列馆旧基暨八府塘塘地兴种并从事渔殖以利生产而维民生事由》，1941 年 7 月 31 日，档案号：10020041916（00）0014.
④ 马超俊. 南京近年之经济建设. 实业部月刊，1937，2（1）：189.

图 3-4-7　国货公司开幕日正门　　图 3-4-8　南京国货公司开幕日照片

图片来源: 外部周刊, 1934 (32): 无页码。　图片来源: 时代, 1934, 7 (1): 23。

市市长的石瑛。开幕当日, 众多国民政府要员到场祝贺。[1] 国货公司位于城南建康路, 建筑四层, 采用装饰主义风格 (图 3-4-7、图 3-4-8)。1937 年, 又于中山路 73 号创办分公司[2], 建筑主体三层, 中部塔楼高四层, 是一栋现代主义国际风格建筑。

南京国货公司已具备现代化百货公司的经营特点, 体现在统一进货、经销、定价销售等方面。在《首都国货导报》刊登的南京国货公司广告中称:"本公司实事求是, 一律实价出售, 不赠品, 不放盘, ……本公司向各省国货出品场厂, 直接采办, 应有尽有。"[3] 公司在上海设立"申庄", 专门负责进货以及与厂商接洽事宜。[4] 这种统一进货、销售的经营模式初具百货公司雏形, 体现了政府导向的国货事业的规模化发展。

南京国货公司开幕后, 营业状况较好[5], 虽难以与中央商场相媲美, 但也是南京远近闻名的大型商场。抗日战争全面爆发后, 南京国货公司被迫停业, 重要帐籍被携往重庆, 商品存货则临时装箱分存, 南京沦陷后被搜查占据, 损失无数。[6]

(二) 中国国货联营公司与首都中国国货公司的筹办

20 世纪 30 年代初, 中国国货商品的生产与经销主要由上海的金融和实业届团体推动。1932

---

① 参与首都国货公司开幕礼时之中央要人. 青岛画报, 1934 (7): 16.

② 南京市档案馆藏. 市社会局:《关于南京国货公司呈报复业一事的批文及该公司报告》, 1946 年 5 月 13 日, 档案号: 10030031633 (00) 0001.

③ 南京国货公司广告. 首都国货导报, 1935 (11): 尾页.

④ 京市府倡办的南京国货公司举行股东会. 首都国货导报, 1936 (24): 17-18.

⑤ 马超俊. 南京近年之经济建设. 实业部月刊, 1937, 2 (1): 189.

⑥ 南京国货公司常务董事会会议记录 (1946 年 1 月 6 日). 见: 南京市档案馆藏. 市社会局:《关于南京国货股份有限公司补正附件重新登记与该公司及经济部来往文件》, 1946 年 12 月 9 日, 档案号: 10030031633 (00) 0002。

年 8 月，时任中国银行总经理的张公权联络上海国货界人士成立中华国货产销合作协会（简称产销协会）。翌年 2 月，创办上海中国国货公司。同年 3 月，产销协会在上海成立国货介绍所，开展国货批发业务。1934 年，改组为中国国货公司和国货介绍所全国联合办事处（简称国货联办处）。此后的两年内，该团体在镇江、济南、重庆、广州等地创办 11 处中国国货公司，扩大了国货销路。[1]

上海国货界人士创办的国货团体秉承生产方、销售方及金融方三方合作原则，即银行放贷、国货工厂以货值做抵押、国货公司专营销售的合作方式。这种方式有助于三方互利共赢——国货工厂资本得以周转，银行放款有保障，国货公司则节省资本。但是，随着国货销路的拓展，一些国货名牌出现供不应求的情况，许多国货工厂要求改为现款交易，原寄售办法几近作废。至 1936 年春，各地国货公司货源出现严重困难。[2] 于是，国货联办处寄希望于借助政府力量调控国货供需市场，官商联办的国货事业开始登上历史舞台。

1936 年 10 月，国民经济建设运动委员会通过了设立中国国货联合营业股份有限公司（简称中国国货联营公司）的方案。该公司以官商合办、互利共谋为原则，以合作性事业来统筹国货市场的供求平衡。公司既承担货物代办、采购、批发、运输、销售等事宜，也负责监管国货产销机构、订定国货公司营业方针、评定国货品质、促进国货改良等事项。根据 1937 年 2 月国民政府行政院公布的《中国国货联营股份有限公司章程》，该公司为股份有限公司，由政府认股三分之一，全国各地国货工厂及国货公司认股三分之二。[3]

1937 年 5 月，由国民经济建设运动委员会领导，联合国货产销协会、国货联办处同人共同发起创办的中国国货联营公司开业。之后，该公司除积极充实各地已成立的 12 处国货公司外[4]，还计划添设新公司 17 家，按全年营业额分为甲、乙、丙、丁四等。[5] 南京拟筹设的新公司定为甲等，预计全年营业额在 70 万元以上。

中国国货联营公司成立后，首先筹设南京、武汉两处国货公司。1937 年 5 月前后，国货联营公司联合南京市政府及南京金融、工商各界国货人士发起创办首都中国国货有限公司（简称首都中国国货公司）。7 月，在筹备工作开展了两个月后，举行创立会，推定吴震修为董事长，聘寿墨卿任经理。[6] 随后，寿墨卿于新街口觅定公司店址，拟建六层大厦，并着手准备土建、装修、进货等事项，计划于 1937 年"双十节"正式开业。[7] 但是，因抗日战争全面爆发，筹办工作不得已停顿下来，已收齐的股本也全数返还。

---

① 寿墨卿. 参加提倡国货运动的片段回忆. 见：潘君祥. 中国近代国货运动. 北京：中国文史出版社，1996：299-302.
② 寿墨卿. 参加提倡国货运动的片段回忆. 见：潘君祥. 中国近代国货运动. 北京：中国文史出版社，1996：301-302.
③ 公布中国国货联合营业股份有限公司章程. 行政院公报，1937，2（6）：103-107.
④ 1937 年 5 月，全国各地已成立的 12 处国货公司包括：上海、郑州、长沙、温州、镇江、温州、济南、西京（西安）、徐州、重庆、昆明及广州. 见：国货联营公司在京举行创立会. 国货月刊（长沙），1937（48）：25.
⑤ 国货联营公司在京举行创立会. 国货月刊（长沙），1937（48）：25.
⑥ 首都创立国货公司. 国货月刊（长沙），1937（49，50）：56.
⑦ 首都中国国货公司概况. 中华国货产销协会每周汇报，1947，4（14）：第二版.

四、中央商场：抗日战争全面爆发前"南京唯一之大规模商场"

（一）中央商场的缘起与创办

中央商场是抗日战争全面爆发前南京规模最大、最为知名的大型国货商场，时人称之为"南京唯一之大规模商场"。[①]1934年春，国民政府元老、时任国民政府行政院建设委员会委员长的张静江[②]邀集国民政府中央要员李石曾、曾养甫等人，倡议在南京新街口中正路路东、淮海路路北创办一家大型商场。消息传出后，很快得到政、商、学等各界响应。随后，据"南京是首都，中央政府所在地，商场地址设在新街口，是全市中心位置"为由，取名中央商场，并于新街口华中营业公司租屋内设立筹备处，最初参与筹备者仅12人，不久扩大到30余人，推举曾养甫为筹备处负责人。[③]

商场筹备处成立后，遵照《公司法》规定，聘请法律和会计顾问，向南京市社会局办理申请注册手续，并在新街口东南侧购地20余亩作为商场基址。[④]1934年8月，筹备处以33位发起人名义在南京《中央日报》《中央时报》等大小报刊上连续刊登"创办中央商场缘起"一文，面向社会公开募股。全文如下：

创办中央商场缘起

顾亭林先生有言："国家兴亡，匹夫有责。"非责人人以执干戈卫社稷也，责以各应尽之责而已。我国贫弱至今日而极，破产之声甚嚣尘上，然环顾国中，仍惟舶来品是尚，衣必洋货，食必西餐，举凡日用诸品，莫不以服用外货为豪侈，每年入超数万万，近且布帛菽粟亦仰给于外人。如此者，不必敌国外患，即经济一端已足致我死命。故居今日而言，救国虽条理万端，要其切实易行者，则惟有提倡国货，提倡之道不在空言，贵能实行。同人等本"匹夫有责"之义，拟于首都中正路路东、淮海路路北，建筑中央商场，招商设肆，以推销本国国货及各省土产为目的。计需资本三十万元，每股百元，以三千股为足额。造端既巨，待款孔殷，爰为集腋之谋，敢作解囊之请，凡我同志，和兴乎来。

发起人：张静江　曾养甫　陈范有　茅以升
　　　　李石曾　朱有卿　朱伯涛　梁宗鼎
　　　　张澹如　张轶欧　吴琢之　潘哲人
　　　　陈体诚　萧缉亭　陈小田　姚挹之

---

① 寂寞"中正路"——南京将有中央商场.首都国货周报，1935（10）：17.

② 张静江是中央商场的主要发起人及联络人。张静江（1877—1950）谱名增澄，又名人杰，字静江，佛名饮光，又号卧禅，浙江吴兴南浔人。1902年，张静江以参赞身份随驻法公使出使法国，后创办中国通运公司，为同盟会提供革命经费；中华民国成立后，历任中华革命党财政部部长、中央执行委员、中央监察委员、南京国民政府建设委员会委员长、浙江省主席等职务；1950年，病逝于巴黎。张静江在近代实业界和政坛具有重要地位，既是20世纪初"江浙财团"的重要人物，也是国民政府元老，被誉为一位"多层面的、典型的早期资产阶级民族政治家、民主革命家、民族资本家或实业家的复合型人物"。见：潘荣琨，林牧夫著.中华第一奇人：张静江传.北京：中国文联出版社，2003.及徐友春主编.民国人物大辞典.石家庄：河北人民出版社，1991：899。

③ 后文洙.六秩春秋话沧桑：南京中央商场六十年（1936—1996）.南京：南京中央商场股份有限公司，1995：5.

④ 后文洙.六秩春秋话沧桑：南京中央商场六十年（1936—1996）.南京：南京中央商场股份有限公司，1995：5.

戴愧生　傅仲绂　张梦文　甘挹清

赵棣华　李玉轩　张子廉　唐景周

李润生　许秋帆　夏蔚如　吴震修

卞筱卿　韩渐宜　潘铭新　陈卓甫

高观四

筹备处地址　南京中正路正洪街华中公司内　　电话　二三二三二

　　　　　　　　　　　　　　　　　　　　　　　　　　二二二六六

法律顾问　汪赞熙大律师事务所长生祠七号　　电话　二二八一七

会计顾问　大公会计师事务所中正路正洪街　　电话　二二二六六 [①]

　　由张静江组织联络、登报发起成立中央商场的 30 余人既是筹备机构的主要人员，也是商场的主要股东。他们集资约 10 万元国币购置土地，并以该基地作为股本入股，占总股本 30 万元的三分之一，其余约 20 万元则面向社会招股。[②] 这一由政府官员联络各界名流迅速成立的社会团体便于资源共享，虽非以官方名义向社会招股募资，但发起人中有相当一部分为国民政府中央及地方官员，具有较高的社会影响力。这种名流认股、面向社会募资的筹备组织形式符合张静江一贯秉持的公私共建、官商合营的国家建设理念。

　　中央商场筹备处成立后，开始着手招股、筹建商场并颁布一系列管理条例。1934 年 9 月，上海华中营业公司南京分公司完成"房屋建筑草图"，与此同期，中央商场筹备处制定了《中央商场股份有限公司招股章程》《营业计划书草案》《管理方法》以及《首都中央商场股份有限公司章程草案》等文件，开始面向社会招股。[③] 至 1935 年春，筹备处已集资 14 余万元，正式组建中央商场董事会，设董事 9 人，公推曾养甫为董事长，卞筱卿、傅仲绂为常务董事，商场筹建工作迅速开展。1935 年 6 月，商场筹备处在南京、上海等地报刊刊登《创办中央商场宣言》，随后颁布《南京中央商场招租简章》和《中央商场营业规则》，开始面向工商各界招商设肆。[④]

　　中央商场建筑群基地位于新街口东南片区，三面临街，西邻中正路，南邻淮海路，东邻老王府后街，基地北侧经一条支街可达正洪街。工程拟分三期进行，一期除大型商场外，还包括游艺场、电影院和公共汽车站，计划于 1935 年底完工。二期包括商场扩建部分和旅馆，三期工程则根据情况另行设计（图 3-4-9）。[⑤]1935 年 4 月，商场一期正式开工，建筑由上海华中营业公司设计，上海仁昌营造厂包工承建（图 3-4-10）。同年 11 月，商场中部、北部均告完工，各承租商家开始着手门面装潢、店堂设计、商品备货等准备事项。1936 年 1 月 12 日上午 9 时，中央商场开业，门前"车水马龙"，商场内"人头济济"。[⑥] 当月 23 日，正值农历除夕夜，中央大舞台开幕，亦可谓宾客

---

① 南京图书馆藏.《南京中央商场创立一览》，MS/F721/8（1912—1949）-01-202，第 1-2 页. 及南京图书馆藏.《南京中央商场》，MS/F721/14（1912—1949）-01-201，无页码。

② 中央商场股份有限公司招股章程. 见：南京图书馆藏.《南京中央商场创立一览》，MS/F721/8（1912—1949）-01-202，第 4 页。

③ 南京图书馆藏.《南京中央商场创立一览》，MS/F721/8（1912—1949）-01-202。

④《创建中央商场宣言（民国廿四年六月）》《南京中央商场招租简章》《中央商场营业规则》等文件收录于南京图书馆藏.《南京中央商场》，MS/F721/14（1912—1949）-01-201，无页码。

⑤ 寂寞"中正路"——南京将有中央商场. 首都国货周报，1935（10）：17.

⑥ 见：寂寞"中正路"——南京将有中央商场. 首都国货周报，1935（10）：17-18. 及后文洙. 六秩春秋话沧桑：南京中央商场六十年（1936—1996）. 南京：南京中央商场股份有限公司，1995：7-14。

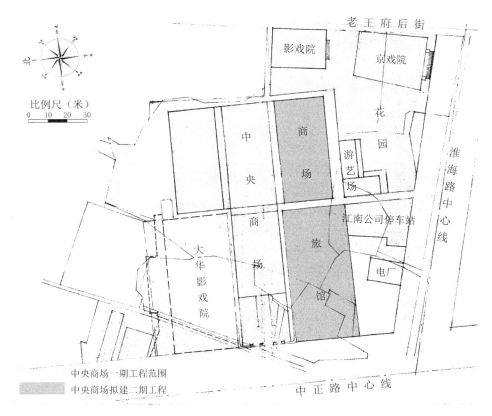

图 3-4-9 中央商场一期、二期工程分布图

图片来源：笔者改绘。原图来源：南京市档案馆藏．唐文青：《呈工务局为证明中央商场新建南部工程地质不坚基础已足载重》，1946 年 4 月 26 日，档案号：10030080850（00）0009。

图 3-4-10 在建中的中央商场

图片来源：良友，1936（113）：11。

云集、盛况空前。①

自创立伊始至 1937 年抗日战争全面爆发，是中央商场经营的"黄金时期"，"商场里表现着蓬勃的生气"。②进场商号从最初的 80 家发展到 90 余家，经营商品类别从 3000 余种发展到 5000 余种。一家来自上海的由 12 家工厂组成的"上海国货工厂联合营业所"，甚至租用了第二层前楼的全部 20 间店堂，销售来自 11 家工厂的产品。③由此可见当时中央商场包罗万象的商品类别和繁荣的商业景象。

中央商场是南京国民政府时期规模最大的经营百货的商场。④在知名度方面能够与其抗衡的仅有太平路的"大中国商场"，而中央商场属于高档商场，所经营商品如漆器、瓷器、罐头、雕刻等，均属较高规格的商品，同期的大中国商场、国货陈列馆附属商场等，则为经营低廉日用百货的低端商场。⑤笔者考证，大中国商场应位于太平路 311 号，即太平路与太平巷交叉口东南侧，该地块为带形用地，用地面积为 289.3 平方米，仅可容纳长约 24 米、进深约 12 米的房屋，体现了联排式市房特征，在规模上显然无法同中央商场相媲美。⑥而且，大中国商场于 1937 年 3 月 11 日晨发生重大火灾，"所有该商场上下楼房十六幢，及邻近忠义坊廿一间，均付一炬"，损失据传达到百万元以上。⑦

（二）中央商场的经营模式与功能业态

1. 组织、经营与管理模式

中央商场采用资本主义现代化股份制企业的组织形式，建立起由股东大会、董事会、监察人会组成的权力机构。股东大会分为每年举行一次的常年会和临时会，由全体股东组成，是非常设的最高权力机构，对公司重大决策进行商议表决。董事会为执行股东大会决议、经管公司内外事务的常设机构，每月闭会一次，设董事 9 至 11 人，候补董事三人，由股东大会选出。董事会互推董事长一人、常务董事三人。监察人会是考察公司经营状况并监督董事会决策的常设机构，每两个月召开一次，设监察人三人，候补监察人两人，均由股东大会选出。监察人得以列席董事会，但无表决权。⑧

董事会以下为负责经营管理日常事务的部门，设总经理和经理。下辖管理处，设主任一名，分管文书、总务、会计、广告等部门，并主持日常工作会议。管理处为商场实际行使财务、经租、营

---

① 逸梅. 中央大舞台之种种及张文琴梁韵秋之争. 十日戏剧，1937，1（2）：9.

② 今日首都（京行通讯）. 聚星月刊，1949，2（9）：12.

③ 赵子云. 中央商场变迁记. 见：南京政协网站.

④ 新建设. 良友，1936（113）：11.

⑤ 1936 年 9 月的《南京市国货陈列馆所属国货商场整理意见书》记载："类似国货商场之集团售品组织，如中央商场、大中国商场等，相继兴起，前者位于城内商业繁盛区域之太平路，后者则居于全市交通中心点之新街口，设备新颖，交通便利，于是上中流之顾客，几完全为其吸收以去。"见：南京市档案馆藏. 南京市社会局档案：《南京市国货陈列馆所属国货商场整理意见书》，1936 年 9 月 29 日，档案号：10010010457（00）0073.

⑥ 见：南京市档案馆藏.《关于枝光太郎承租四条巷文昌里一二二号池田清一承租太平路三一一号户房屋》，1944 年 7 月 11 日，档案号：10020041639（00）0003. 及南京市档案馆藏.《关于池田清一申请租用太平路三一一号房屋》，1944 年 9 月 22 日，档案号：10020041634（00）0008.

⑦ 国内劳工消息（民国二十六年三月份）. 国际劳工通讯，1937，4（4）：151.

⑧ 首都中央商场股份有限公司章程草案. 见：南京图书馆藏.《南京中央商场创立一览》，MS/F721/8（1912—1949）-01-202，第 13-16 页。

销等职能的机构，包括统筹承租商号经营业态、审查承租商号店面装修情况、规定商场营业时间、休假日期及减价活动日期、统一管控商场货币兑换价格、监管商店负责人及店员以及检查商场消防及卫生情况等。①

由此可见，中央商场股份有限公司实际为"大房东"，即负责择址、集资并建设商场空间，再以店铺的形式分类出租给其他百货店、工厂和商贩，依靠收取押租利息和出租租金来盈利。场方仅能在有限的范围内实施监督管理，包括统筹商业业态、安排送货代办服务、规定定价销售、统一营业时间等。首先，商场虽以经营日用品及百端国货为宗旨，但若某类业态申请登记者过多，场方会量情拒绝。场方还有权要求同一类型的商品营业者或合办经营，或分散经营，且经营方不得擅自变更。其次，场方设置了邮购服务，由送货处和代办处分管南京市内及其他城市顾客邮购货品。再次，场方明确规定各商家应遵照管理处公布的汇率标明价格、定价销售，不得有"减让虚加情事"。减价、促销活动亦须由管理处和各商家商议决定，不能擅自行动。② 在此基础上，各承租商家则具有店铺装修的自主权，包括门面、招牌、电灯等项均可按照各自需求和喜好进行设计。这一灵活规则既可提升各商家自主创造品牌文化的主观能动性，也可以促进多样化消费空间体验的营造。

中央商场场方制定了一系列现代化改良措施来维护公共场所秩序，体现在公共安全、公共卫生、店员培训等方面。为保障公共安全，场方明令禁止非餐饮业商家"砌灶炊爨"等危险行为，并规定危险性货物均须贮存于安稳坚固的箱罐中。商场内的清洁卫生也是体现现代化商场特征的重要一环。场方共设置了4处公共厕所，并命令禁止"吐痰""小便""跣足"等不雅行为。此外，场方还设立了店员训练班，来教导营业常识，提升店员的整体素质。③

综上所述，与国货陈列馆附属国货商场相似，中央商场也采用了"集团售品组织"式的商业经营模式。该模式是传统商业向现代化大型百货公司过渡的中间形态，体现了资本主义原始资本积累的过程阶段。中央商场的管理模式体现了现代化企业特征，其自上而下的带有社会改良意味的管理举措也是现代化城市改良理论在公共消费空间中的实践。

2. 商业业态与商品类别

中央商场的主要发起人均以实业救国为己任，因此，场内经营产品只限于国货。场方在《创办中央商场缘起》中便打出"以推销本国国货及各省土产为目的"的旗号，随后在《中央商场股份有限公司招股章程》中提出"提倡采办各省名产、推销国货、奖励生产"的宗旨，《管理方法》中又提出"凡日用货品以及各省著名土产均需完备"的要求。

了解所经营货品种类对于探究中央商场的商业定位和消费空间具有重要意义，有关国货品的分类可见诸当时国货展览会的出品规则中。1935年中，为筹备国货样品展览会，首都各界提倡国货委员会通过《征集国产样品规则》，将国货出品门类分为12类，包括矿产品类、染织工业类、化学工业类、机制品类、手工品类、教育用品类、艺术品类、饮食品类、医药品类、工业原料类、土

---

① 见：中央商场商店营业规则．收录于南京图书馆藏．《南京中央商场》，MS/F721/14（1912—1949）-01-201，无页码。及南京中央商场招租简章．收录于南京图书馆．《南京中央商场》，MS/F721/14（1912—1949）-01-201，无页码。

② 见：（中央商场）管理办法．收录于南京图书馆藏．《南京中央商场创立一览》，MS/F721/8（1912—1949）-01-202，第9页。及中央商场商店营业规则．收录于南京图书馆藏．《南京中央商场》，MS/F721/14（1912—1949）-01-201，无页码。

③ 中央商场商店营业规则．收录于南京图书馆藏．《南京中央商场》，MS/F721/14（1912—1949）-01-201，无页码。及管理办法．收录于 南京图书馆藏．《南京中央商场创立一览》，MS/F721/8（1912—1949）-01-202，第9页。

产类和其他商品类。① 日用百货商品的分类则可见诸同期上海的大型百货商场，例如，上海永安公司设置了 40 个商品部，可谓涵盖了与日常生活相关的所有门类。②

中央商场既与以展示、销售、推广国货为目的的国货展览会不同，规模上也无法与上海大型百货公司相比。根据商场开业时 80 家商户类别，可分为售品部类及服务业类。其中，售品部类包括12 种，即农艺品、教育品、饮食品、染织品、工艺品、日常品、化妆品、医药品、服饰品、五金品、机械品和家居品；服务业类包括三种，即金融业、理发业和餐饮业。售品部类以服饰品居多，达 19 家；其次为饮食品的 13 家、工艺品 11 家及日常品 9 家，染织品和五金品均为 6 家；再次为化妆品的三家和家居品两家，农艺品、教育品、医药品和机械品均各一家。服务业类以餐饮业为多，达到 5 家，金融业和理发业各一家。

综上所述，中央商场所经营的货品以国货日用百货品和服饰为主，同时兼营餐饮、娱乐和服务业，是一处集商业、服务业为一体的"一站式"综合性消费场所。

（三）中央商场的建筑空间与形式

1. 设计者：上海华中营业公司

根据所掌握史料，中央商场建筑方案包括两份，第一份设计于 1934 年 9 月，是中央商场筹备处为组建中央商场股份有限公司和面向社会招股而作；第二份设计于 1935 年 8 月，为最终的建成方案。两个方案图签一栏均注明设计者为上海华中营业公司。此外，另有学者认为建筑由高观四设计。③ 了解中央商场的建筑形式与空间首先要了解上海华中营业公司和高观四的背景。

上海华中营业公司（Shanghai Reality Co. Architects & Engineers）成立于 1926 年，由南浔张氏石铭、澹如、久香堂兄弟三人④及鄞县李孤帆联合顾宜孙、庾宗淮、朱耀廷、高观四、施求麟、王崇植、钱昌祚、邵逸舟、罗冠英等工程师合作创立。其中，张澹如任董事长，李孤帆、张石铭、高观四和庾宗淮四人为董事，张久香和朱有卿为监察人。该公司除在上海、天津和汉口设有三个营业所外，还在北京、济南、青岛、南京、无锡、杭州、南通、芜湖、九江、长沙、广州和香港等地设有代理处。⑤

上海华中营业公司下设四个部门，分别为房地产部、土木工程部、机械工程部和采矿冶金部。根据组织架构和主营业务情况可知，该公司是一家涵盖房地产咨询、投资、企划、买卖等，测绘、土建、室内装修等工程，机械工程，设备购买，采矿及冶金等业务的综合性工程单位。⑥ 主要工程师以工科留学归国人员为主，包括土木工程 5 人、机械工程 3 人以及采矿冶金 2 人。从主要工程师的专业

---

① 首都提倡国货会筹备国货样品展览. 首都国货周报，1935（10）：8.

② 上海永安公司的商品门类具体包括伙食、烟草、糖果、中瓷、西瓷、玻璃、烧青、五金、洋酒、茶叶、参燕、南货、文房、水瓶、化妆品、西药、毛巾、西装、毛衫、洋伞、丝袜、绸缎、皮货、新装、匹头、珠被、洋毡、相具、中鞋、西鞋、首饰、钟表、玩物、唱片、象牙、电器、家私、皮箱等。见：证交上市股票发行公司——上海永安股份有限公司纪要. 证券市场，1947（12）：14.

③ 刘先觉、王昕在《江苏近代建筑》一书中指出："建筑由高观四设计。"见：刘先觉，王昕. 江苏近代建筑. 南京：江苏科学技术出版社，2008：99. 后文洙在《六秩春秋话沧桑：南京中央商场六十年（1936—1996）》一书中也持相同观点："商场建筑设计由上海华中营业公司的资深建筑师高观四进行打样。"见：后文洙. 六秩春秋话沧桑：南京中央商场六十年（1936—1996）. 南京：南京中央商场股份有限公司，1995：7.

④ 上海华中营业公司的主要发起人与张静江关系密切，张石铭是张静江的堂兄，张澹如、张久香是他的亲兄弟。

⑤ 华中营业公司概况. 银行杂志，1926，3（19）：6-7.

⑥ 华中营业公司概况. 银行杂志，1926，3（19）：6-7.

背景可知，该公司主营土建工程，兼营机械、采矿、冶金等工程项目，建筑设计并非其主要业务。

高观四既是华中营业公司的董事、中央商场发起人之一，也是一位资深的土木工程师及建筑师，由其主持中央商场建筑设计可能性较大。高早年毕业于北洋大学，获土木工程学士，后在上海扬子建业公司任工程师，并参与了由陈范有设计的永济桥工程。其建筑设计代表作品为庐山大礼堂，该建筑于1935年动工，1937年建成，采用西方古典建筑构图，细部采用中式须弥座、额枋、斗栱等装饰，是早期中西合璧式建筑风格的代表作品。①

在中央商场之前，上海华中营业公司南京分公司已在南京设计了多处建筑，包括苏州旅京同乡会（1934）、上海银行宁海路市房（1934）等。苏州旅京同乡会为在南京的苏州商人所创办的会馆，该建筑中轴对称，中部主体三层，端部二层，采用砖石结构，以砖墙作为竖向承重构件，以钢筋混凝土梁板作为水平向构件。建筑为阶台式装饰主义风格，立面强调竖向形态，以装饰线条包裹窗及窗台，局部则饰以中式纹饰。苏州旅京同乡会在装饰主义构图中局部点缀中式元素的折中样式与中央商场临街楼栋有异曲同工之处（图3-4-11）。

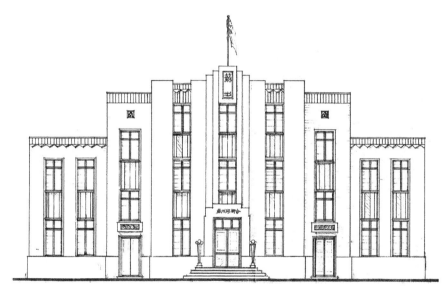

图3-4-11　苏州旅京同乡会建筑正立面图
图片来源：笔者处理图像。原图来源：南京市档案馆藏．南京市工务局：《苏州旅京同乡会建筑图纸》，1934年，档案号：10010030484。

2. 中央商场建筑群的空间形式

1934年9月，招股时期的建筑方案为集中式布局，商场平面顺应基地形态呈"之"字形，连接西侧的中正路和东侧的老王府后街，南北侧又引出街巷直达淮海路和正洪街。建筑主入口位于中正路中央，旅舍和戏院分列南北。建筑北面、南面分设次入口，北入口一侧设传统书场，是初期方案的一个特色。主入口处为四层高的、层层收小的西式塔楼，成为建筑群的视觉焦点，应作为场方办公之用。商场内以正交排列的、阡陌纵横的巷道组织购物流线，上盖玻璃天蓬，中央设摊架，分

---

① 见：吴熙祥．永济桥遗事．中国公路，2013（23）：134-140．及姚欣．浅谈庐山会议旧址的建筑特色．南方文物，2009（3）：160-161。

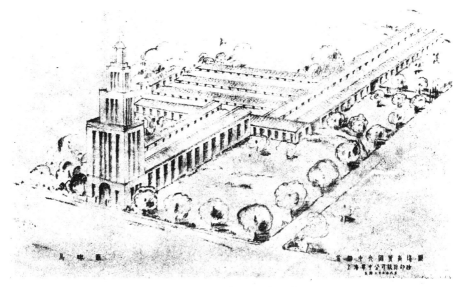

图 3-4-12　中央商场方案初稿效果图

图片来源：南京图书馆藏.《南京中央商场创立一览》，MS/F721/8（1912—1949）-01-202，无页码。

隔出两侧的步行空间。"街巷"两侧则为连续排列的、相对独立的店铺栋，包括二层高和一层半高两种，底层为营业空间，二层以上可作为店员居住、仓储等功能。方案共设二层高铺面 32 间，一层半铺面 125 间（图 3-4-12）。

中央商场初期方案除基地南侧或因产权原因保留一片不规则空地，街区东南角预留空地拟建高尔夫球场外，建筑体量将场地占满，建筑密度过高。而且入口处高耸的塔楼与主体建筑格格不入，尺度很不协调。中央商场建成方案由之前的集中式布局转变为离散式布局。根据 1935 年 8 月的建筑设计图，中央商场建筑群包括三部分，即大型商场、附属设施及中央游艺园。其中，附属部分和中央游艺园沿基地南侧淮海路及东侧老王府后街展开。附属部分位于淮海路和中正路路口东北角，包括样子间、首都电厂配电所和中央停车站。由停车站向东为中央游艺园，包括临淮海路的游艺场、京戏院（即中央大舞台）以及北侧的影戏院三部分，环绕中部的中央乐园及圆形喷水池形成向心式布局。游艺场和京戏院之间还有一大片集中设置的公共草坪，使淮海路上的行人可以观赏到喷水池（图 3-4-13、图 3-4-14）。

中央商场是建筑群的核心，位于基地正中。建筑主入口面向西侧的中正路，其北侧为大华大戏院，南侧空地为拟建的二期商场和旅馆。建筑主体部分二层，西侧临街为四层楼，总建筑面积约 7006 平方米。建筑采用钢筋混凝土框架结构，填充墙为砖砌，屋顶为双坡顶桁架式木屋架构造，上覆瓦面。建筑立面为装饰主义风格（Art-Deco），局部如檐口处饰以中国传统纹饰，是早期西方建筑风格结合中国传统建筑装饰在大型商业建筑中的一种尝试（图 3-4-15）。

中央商场建筑平面为室内步行商业街的布局形式，建筑采用 8.1 米长、4.0 米宽的长方形柱网，每个柱网内设置一个商铺单元，共有商铺 130 个、摊柜 70 至 80 个。建筑平面由三个东西向的矩形构成，作为三个独立的防火分区，其间以 4 米宽的通道相分隔，内设消防楼梯和防火门。行人由中正路引入，过一中式牌楼门、广场及一宽约 8 米的步道到达商场入口。商场临街面面阔三间，中间一跨为交通空间，两侧设铺面。交通部分屋架高于两侧店铺，并有围护墙体，上开高侧窗，以增强卖场空间的采光（图 3-4-16）。西侧中正路主入口处为面阔三间、进深两间的四层楼，三、四层为商场的办公用房。

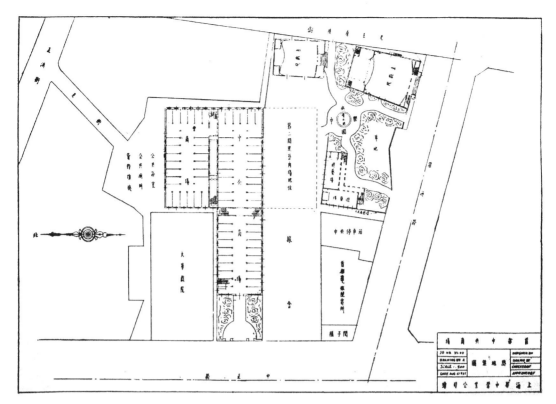

图 3-4-13　中央商场建筑群一层平面图

图片来源：南京图书馆藏.《南京中央商场》，MS/F721/14（1912—1949）-01-201，无页码。

　　中央商场的建筑平面格局反映了传统"市"的形态特征，体现在自城市街道经过牌楼门、广场进入商场内线性步行商业街的空间序列中。临中正路设三开间的冲天式牌楼门（应于抗日战争时期毁于战火），以传统商市符号化的入口标志物提挈建筑群的商业功能（图 3-4-14）。入内为一开敞广场，两侧为绿化植被，暗示了前方商场空间的存在，也导向了垂直于道路纵深方向发展的线性室内商业街序列（图 3-4-15）。进入商场内部，线形商业步道与后部的环形商业街相通，形成连续的室内步行街。建筑底层内街中央设柜台，两侧为店铺（图 3-4-16）。二层平面采用围绕中庭的环形购物流线，楼板向中庭悬挑，商铺店面内收，在商铺外墙和柱间形成环形步道，使得消费者获得更为丰富的购物体验（图 3-4-17）。东侧的两个矩形卖场还设置了南北向步道，通往北面的两个次入口和东南角的一个次入口。

　　中央商场通过室内步行商业街组织各种不同类型的店铺，体现了复合型消费空间的特点。场方有意按照不同消费业态进行功能分区，将数量最多的售品和服务业商铺集中设置。这种相关业态的聚集性布局特征在商场二层尤为明显。南侧主体部分主要经营服饰品，东南角有楼梯通往室外，便于顾客有针对性的购物。二层北侧为餐饮广场，包括中西、清真餐馆、茶点、咖啡等休闲消费业态，东北角亦设出入口直通室外。此外，部分较有实力的商家还选择了规模化经营方式，承租多间商铺。这些店家主要位于二层，如厚德福河南菜馆承租 7 间铺面。较之商场二层有序的功能分区，一层部分除西侧主入口处集中布置食品商店外，各种售品部类混杂布局，形成综合性的百货商业空间。

　　综上所述，中央商场是民国时期南京首栋新建的，以经营日用百货为主、兼营餐饮休闲等业态的大型商场，即时人所称之"集团售品组织"。作为现代化的商业企业，中央商场以股份有限公司

图 3-4-14　中央商场建筑群鸟瞰效果图

图片来源：南京图书馆藏.《南京中央商场》，MS/F721/14（1912—1949）-01-201，无页码。

图 3-4-15　建成后的中央商场

图片来源：汗血周刊，1936，6（4,5）：封一。

图 3-4-16　南京中央商场内庭

图片来源：实业部月刊，1937，2（1）：无页码。

的组织机构与管理模式为特征。如果说百货公司所代表的西方现代资本主义商业模式，体现了商品生产、流通、交换的完整逻辑，"集团售品组织"类型的大型商场则主要为商品交换创造建筑空间，场方通过收取押租利息及出租租金牟取利润。作为适应这一企业组织、经营与管理模式的现代化商业空间，中央商场建筑以室内步行街为特征，受到中国传统的商业街市空间原型的影响，形成自城市街道、标志物、广场到商业内街的空间序列。此外，商场还采用了钢筋混凝土、玻璃等现代化的建筑结构与材料，创造出不同于传统商业街道的空间体验。

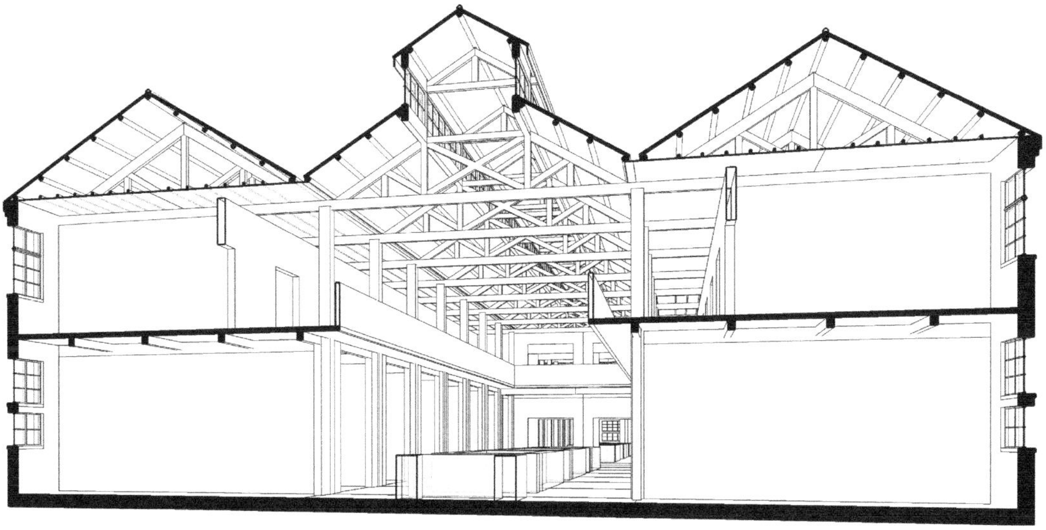

图 3-4-17　中央商场建筑局部剖透视图

图片来源：笔者绘制。

第五节　社会改良型商业设施：大型菜场的建设

一、发展沿革

南京特别市政府成立后，将辟建菜场视为便民类商业建设的重要部分。同年，工务局派员会同南京市公安局查勘全市 14 处地点，以确定拟建菜场区位。之后，根据交通便利和人烟稠密的原则，拟定牛家湾、大中桥、新街门、中华门等处设立菜场，并完成相应建筑设计图纸。[①] 但是，迨至 1935 年前后，南京城区仅有中华路、彩霞街、程阁老巷等数处集中设置的菜场，其中，官办菜场仅中华路一处，不仅难以满足南京市区人口日益增长的需要，且菜贩"浮摊游担、触处皆是，充塞街衢、拥挤冲要，市容观瞻及交通秩序，备受妨碍"。[②] 因此，南京市工务局继续着手择地建造菜场。

1935 至 1936 年间，南京市工务局相继设计建造公共菜场 4 座，自行设计并对外招商承建菜场一座。公营菜场包括下关杨家花园菜场、丁家桥菜场、丁家桥菜场扩建工程、下关杨家花园菜场扩建工程、八府塘菜场和科巷菜场。此外，工务局还为同仁街菜场制定计划图样，并对外招商承建经营。这 5 处菜场共计建筑面积 9006.9 平方米，摊位 1219 个。[③] 截至 1936 年 6 月，南京城内共有大型菜场 7 家，其中官办 5 家，分别为八府塘菜场、丁家桥菜场、科巷菜场、中华路菜场和杨

[①] 南京市工务局确定的 14 处拟建菜场区位包括顾楼街、豆腐巷、钓鱼台、新街口新莲花后身空地、新街口西边空地、四眼井北边空地、朝天宫、仓顶、觅渡桥、三牌楼十字路口、和会街、大行宫、马号巷内和明瓦廊。见：[民国] 南京特别市工务局. 南京特别市工务局十六年度年刊. 南京：南京印书馆，1928：267。

[②] [民国] 南京市工务局. 南京市工务报告. 南京：南京市工务局发行，南京新华印书馆印刷，1937：16-17.

[③] 见：[民国] 南京市政府秘书处统计室. 二十四年度南京市政府行政统计报告. 南京：南京市政府秘书处发行，南京胡开明印刷所印刷，1937：212. 及 [民国] 南京市工务局. 南京市工务报告. 南京：南京市工务局发行，南京新华印书馆印刷，1937：15-16.

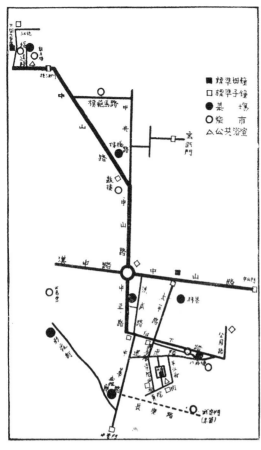

图 3-5-1　公用交通设备分布图

图片来源：南京市政府秘书处统计室. 二十四年度南京市政府行政统计报告［R］. 南京：南京市政府秘书处发行，南京胡开明印刷所印刷，1937：231。

家花园菜场；商办菜场2家，分别位于彩霞街和洪武路（图3-5-1）。[1]

至抗日战争全面爆发前的1937年中，南京共有市有菜场6座，包括丁家桥菜场、中华路菜场、八府塘菜场、科巷菜场、杨家花园菜场和同仁街菜场，总计摊位1,313个。其中，八府塘菜场规模最大，共有摊位395个。私有菜场共有5座，包括鱼市大街菜场、程阁老巷菜场、彩霞街菜场、明瓦廊菜场（临时）和孝陵卫菜场，共有摊位309个，规模最大的彩霞街菜场有摊位88个。除集中设置的菜场外，市工务局还会同警察局严格管控零星摊位和菜贩占道经营情况，仅就科巷、丁家桥菜场扩建工程完工之前，划定寿星桥和模范马路旁空地为"临时摊贩陈列之所"，其余"所有菜场附近之街路两侧"一律禁止设摊，"免致妨碍市容交通及场内营业"。[2]

二、建筑空间形式特征

南京市工务局所营建的菜场建筑体现了实用性特征。建筑均为单层木结构房屋，由木柱和木桁架组成结构体。屋顶上覆瓦楞白铁皮屋面，地面则采用水泥（图3-5-2、图3-5-3）。1937年南京市工务局编纂的《南京市工务报告》记载："各菜场之建筑构造，大抵为木柱屋架，瓦楞白铁瓦面，水泥混凝土地面。附属工程，则有公共厕所、竹篱、栅栏墙、水井、大门、活动木棚、垃圾箱及下水道等。"[3]这些菜场之所以采用单层木构形式，主要因为市政府资金不足，而且南京旷土较多、地价不高，平房建筑自然比楼房更为经济。

南京市工务局创办的菜场按照经营类别划分区域，一般包括肉鱼、鸡鸭、蔬菜、干货、点心等区。并划分摊位等级、分别厘定租金。例如，科巷菜场位于中山东路、太平路路口东南向，临近城南商住区，211个摊位全部租罄，经营情况较好。菜场摊位划分为8个营业区，包括猪肉摊33个、牛肉火腿摊4个、干货摊40个、鱼摊35个、鸡鸭摊12个、豆腐摊12个、水菜摊72个及点心摊

① ［民国］南京市政府秘书处统计室. 二十四年度南京市政府行政统计报告. 南京：南京市政府秘书处发行，南京胡开明印刷所印刷，1937：230.
② ［民国］南京市工务局. 南京市工务报告. 南京：南京市工务局发行，南京新华印书馆印刷，1937：27-28.
③ ［民国］南京市工务局. 南京市工务报告. 南京：南京市工务局发行，南京新华印书馆印刷，1937：17.

图 3-5-2　八府塘菜场外观

图片来源：南京市工务局. 南京市工务报告［M］. 南京：南京市工务局发行，南京新华印书馆印刷，1937。

图 3-5-3　八府塘菜场内景

图片来源：南京市工务局. 南京市工务报告［M］. 南京：南京市工务局发行，南京新华印书馆印刷，1937。

4 个。摊位按照等级划分，包括乙等 127 个及丙等 84 个。[①]

　　菜场是南京国民政府力主创办的民生类大型商业建筑类型，基本采用实用性的木框架结构，形成一体化的大空间。大型菜场方便了南京市民就近购买蔬菜，创造出具有气候边界的舒适的室内买菜场所。菜场的创办也利于集中管理，通过设置公共厕所、垃圾桶等卫生设施，集中管理菜场的启闭时间，在社会卫生、治安管理等方面实现现代化社会改良的目的。

本章小结

　　自 1927 年南京国民政府定鼎南京至 1937 年抗日战争全面爆发，这段时间为近代南京城市建设的"黄金时期"。相对稳定的社会环境促进了商业空间的现代化转型，主要发展特征为政府自上而下的商业街区改造和国货运动导向下的商业设施的现代化发展。该时期内，政府先后颁布了多项关于新商业区开辟和既有商业街区改造的计划，新街口地区汇聚了各类金融、餐旅、影院、商场等商业设施，发展为现代化的金融商业中心。在都市计划的指导下，南京许多旧商业街市得到拓宽、改造，装配了现代化的电气、电力设施，以太平路、建康路为代表的城南商业街承载着现代化的都市夜生活。此外，政府还颁布了多项"建筑规则"，塑造出整齐划一的、由连栋式市房组成的街道空间界面，为南京近代西式店面街的空间形塑奠定了基础。

　　1927 至 1937 年间，在国货运动的推动下，南京还出现了永久性的商业展陈建筑、官商合办的百货公司以及"集团售品组织"等体现现代性的现代化商业建筑。国货陈列馆附设国货商场是该时期内创办的首座经营国货类的综合型商场，延续了南洋劝业会劝工场以商业街和独立出租型店铺为特征的经营模式和建筑空间形式。中央商场是抗日战争全面爆发前乃至整个近代时期南京最为著名的大型商场，其经营模式及与之相适应的空间与结构对于之后该类型建筑的发展具有重要影响。该时期内，根植于南京的百货公司也开始登上历史舞台。南京国货公司为南京国民政府时期首个创办

---

① ［民国］南京市政府秘书处统计室. 二十四年度南京市政府行政统计报告. 南京：南京市政府秘书处发行，南京胡开明印刷所印刷，1937：230.

于南京的百货公司，该公司由地方政府组织发起，采用官商合办的形式，主要货源为上海的国货工厂，其组织形式虽然具有一定的创新性，但规模上无法与同期上海、广州的百货公司相媲美。此外，该时期主要的商业建筑类型还包括官办、商办的大型菜场，以木结构和统一的大空间为特征，对公共安全、公共卫生等方面做出规范化要求，是一种体现现代化社会改良思想的民生类商业设施。

南京国民政府时期的商业空间发展对于之后南京商业街区和商业建筑的现代化进程影响深远，体现在现代城市肌理的形成、商业街道的空间形塑、大型商场空间范型的出现等方面。首先，该时期内"都市计划"导向下的基于机动车尺度的现代化道路改造与辟建创造了现当代南京的城市街区肌理。道路交通规划使得新街口地区发展为现代化金融商业区，并为城北地区的发展创造了契机。同时，传统城市的商业街道环境得到改善，以太平路、中华路、建康路为代表的传统街市延续了往昔的繁华。其次，随着 1929 至 1933 年间多项市政建设规则的发布，南京主要商业街道两侧形成了垂直于道路向街区纵深方向发展的临街市房用地单元相互毗连组成的连栋式商业界面。临街市房建筑均为两层以上，且各层层高有严格的规定，市房之间以山墙面彼此毗连，临街面往往装饰西方建筑风格的店面，形成规整的西式店面街。最后，近代南京具有代表性的大型商场建筑类型——"集团售品组织"也在该时期内得到一定发展。中央商场的"大房东式"的组织经营模式以及与之相适应的室内步行街式的商业空间对于南京近代商场建筑的发展影响深远。建筑所采用的钢筋混凝土框架结构、木桁架式屋架、步道上空的高侧窗采光形式等方面塑造出商场建筑类型的空间范型，对于之后该类型建筑的发展具有重要的借鉴意义。

但是，南京国民政府时期的商业建设无论从规模上还是数量上都无法体现现代化都市的商业形貌。官办商业建筑主要为民生类的大型菜场，最普遍的私营商业建筑依然是街道两侧的小型市房，新街口银行区的开辟更是经济性与政治诉求之间权衡、调和的结果，这均反映出南京国民政府时期自上而下的薄弱的经济状况。事实上，抗日战争全面爆发之前，南京有多项现代化大型商业建设计划或见诸报端，或已进入实施阶段，包括南京国货陈列馆拟建的新国货商场、首都中国国货公司、中央商场二期和三期工程、上海永安百货公司拟建设的南京分公司及"十层巨厦"，上海先施公司南京分公司等。[1] 有理由相信，城市社会经济若能继续稳步发展，随着都市化基础设施的完善以及各类官办、私营民生类商业设施的广泛建设，南京的商业区及商业建筑将在现代化进程中有所飞跃。然而，抗日战争全面爆发后，各项商业设施的筹办计划均告停顿，这也成为南京国民政府时期南京商业建筑发展的一大遗憾。

---

① 大玉. 永安先施南京设分公司. 星华，1936（26）：无页码.

第四章

日占时期南京商业建筑的改造与建设（1937至1945年）

自 1937 年 8 月 13 日"淞沪会战"打响至 1937 年 12 月 13 日日军攻占南京城后的几个星期，日军通过轰炸空袭、军事行动、纵火焚烧等方式对南京城进行了沉重打击，使得城市陷入瘫痪，战前著名的商业街区及各类商业建筑遭到严重破坏。此后，人们便在"烧迹"和废墟上进行相关的城市建设活动并恢复商业生活。本章探讨 1937 年 12 月至 1945 年 8 月日军战败投降的近 8 年间，南京城市商业建筑的改造与建设情况。按照建设主体可划分为三类，即日本对南京城市商业设施的占用、改造与建设，日本先后扶植的傀儡政权[①]对南京城市商业设施的改造与建设以及由中国商人自主经营创办的商业建筑。

第一节　日军对南京城市商业建筑的破坏

一、日军对南京城的破坏

1937 年 7 月 7 日，"卢沟桥事变"爆发，随后日军占领北平和天津，战火燃向华北。但是，由于在保定、石家庄等数次战役中遭到顽强抵抗，日军作战方向转向上海。同年 8 月 13 日，"淞沪会战"打响。战役异常惨烈，历时三个月。至 11 月 12 日，上海宣告沦陷。"淞沪会战"爆发同期，日军对南京先后开展了 110 次以上的空袭。[②]1937 年 11 月底，日军各部开始进逼南京，12 月 13 日早晨，日军攻入城内，当日傍晚，南京沦陷。[③]自此，日军开始对城市房屋建筑、文教古迹等进行焚烧破坏。[④]

日军入城后的纵火及劫掠暴行持续到 1938 年 1 月底[⑤]，使南京的大量商业设施遭受严重破坏，城市陷入瘫痪中。张纯如指出，南京的大火持续了 6 个星期，城内四分之三的商店均被烧成灰烬。直至 1938 年 1 月，城内没有一家商店营业。[⑥]新街口大火使得大华电影院"火舌冲天"[⑦]，战前著名的中央商场遭到日军洗劫，二楼被焚毁。中山路两旁的商店和洋行几乎都被焚毁，余下的商店也遭

---

① 日军占领南京后，采取"以华制华"的政策，先后扶植了三届傀儡政权，包括 1937 年 12 月 23 日成立、1938 年 4 月 20 日解散的，临时性的"过渡时期"市行政机构伪"南京市自治委员会"；1938 年 3 月 28 日成立、1940 年 3 月 29 日解散的，以梁鸿志为首的"地方政权"伪"中华民国维新政府"暨"督办南京市政公署"；1940 年 3 月 30 日成立、1945 年 8 月 15 日随着日本战败投降而瓦解的、以汪精卫为首的"中央政府"即汪伪"中华民国国民政府"暨"南京特别市政府"。见：经盛鸿．南京沦陷八年史（上册）（1937年 12 月 13 日至 1945 年 8 月 15 日）．北京：社会科学文献出版社，2005：210-442．及蔡鸿源，孙必有．民国期间南京市职官年表．南京史志，1983（1）：47-48．

② 经盛鸿．南京沦陷八年史（上册）（1937 年 12 月 13 日至 1945 年 8 月 15 日）．北京：社会科学文献出版社，2005：123．

③ 见：[德] 约翰·拉贝．拉贝日记．本书翻译组，译．南京：江苏人民出版社，南京：江苏教育出版社，1999：460．及经盛鸿．南京沦陷八年史（上册）（1937 年 12 月 13 日至 1945 年 8 月 15 日）．北京：社会科学文献出版社，2005：72-133．

④ [德] 约翰·拉贝．拉贝日记．本书翻译组，译．南京：江苏人民出版社，南京：江苏教育出版社，1999：419-420．

⑤ [美] 明妮·魏特琳．魏特琳日记．南京师范大学南京大屠杀研究中心，译．南京：江苏人民出版社，2000：236，256．

⑥ [美] 张纯如．南京暴行——被遗忘的大屠杀．孙英春，等，译．东方出版社，1998：136．

⑦ 见：石三友．金陵野史．南京：江苏文艺出版社，1992：553．及 [德] 约翰·拉贝．拉贝日记．本书翻译组，译．南京：江苏人民出版社，南京：江苏教育出版社，1999：419-422．

图 4-1-1 南京沦陷后的中华路

图片来源：叶兆言，卢海鸣，黄强，俞康骏. 老明信片·南京
旧影［M］. 卢海鸣，范忆，编选. 南京：南京出版社，2012：
244。

图 4-1-2 被焚毁后的太平路马庆康公司房屋（太平
路三期市房基址）

图片来源：南京市档案馆. 技师许炳辉：《关于马庆康公
司房屋被烧后钢筋横梁高大牵挂需拆除一案报告》，1939
年 3 月 9 日，档案号：10020050987（00）0006。

到抢劫[①]，国府路、珠江路、成贤街、中华路到处是"破瓦颓垣"，完整房屋不到十家（图 4-1-1、
图 4-1-2）。[②]

城北下关商业区亦惨遭焚烧破坏，繁华的商业街道"几乎全被烧毁"[③]，"十毁八七矣"。[④]其中，
大马路、江边马路遭受焚毁最为严重，成为"江边建筑物的修罗场"（图 4-1-3）。[⑤]下关地区的主
要建筑物仅江苏邮政管理局、下关车站、中国银行、扬子饭店及英商祥泰木行、和记洋行等建筑得
以幸存。此外，码头、民船、停车场等交通设施也多数被焚毁，仅浦口有一处码头幸免于战火。

综上所述，日军占领南京后，通过纵火、焚烧等方式摧毁了城市的经济基础，战前南京的三大
商业区——城南夫子庙、太平路、中华路商业区，城中新街门、中山路商业街区以及城北下关大
马路、商埠街等商业街区均遭受严重破坏，战前"南有夫子庙，北有商埠街""南有秦淮河，北有
大马路"的商业盛况不复存在。

二、南京商业建筑的受损情况

日军入城后的纵火、破坏使得南京城内大量建筑沦为废墟。日本人洞富雄在《南京大屠杀》一
书中转引了当时"一个德国人的所见所闻"，就南京市区建筑物毁坏状况及遭毁原因进行了分类统
计，详述如下（表 4-1-1）：

---

① 见：［美］明妮·魏特琳. 魏特琳日记. 南京师范大学南京大屠杀研究中心，译. 南京：江苏人民出版社，
　2000：230. 及［日］洞富雄. 南京大屠杀. 毛良鸿，朱阿根，译. 上海：上海译文出版社，1987：143-
　145。

② 经盛鸿. 南京沦陷八年史（上册）（1937 年 12 月 13 日至 1945 年 8 月 15 日）. 北京：社会科学文献出版社，
　2005：580。

③ ［日］洞富雄. 南京大屠杀. 毛良鸿，朱阿根，译. 上海：上海译文出版社，1987：13。

④ 见：经盛鸿. 南京沦陷八年史（上册）（1937 年 12 月 13 日至 1945 年 8 月 15 日）. 北京：社会科学文献
　出版社，2005：581. 及［美］明妮·魏特琳. 魏特琳日记. 南京师范大学南京大屠杀研究中心，译. 南
　京：江苏人民出版社，2000：222-223。

⑤ ［日］洞富雄. 南京大屠杀. 毛良鸿，朱阿根，译. 上海：上海译文出版社，1987：143-145。

图 4-1-3　南京沦陷后的下关大马路

图片来源：叶兆言，卢海鸣，黄强，俞康骏. 老明信片·南京旧影［M］. 卢海鸣，范忆，编选. 南京：南京出版社，2012：248。

南京城内外建筑物受损情况（按原因分类）[①]　　　表 4-1-1

地区	建筑物数	受损原因（%）			
		军事行动	放火	掠夺	各种原因合计
城内	30516	1.8	13.0	73.2	88.0
（安全区）	（1493）	（—）	（0.6）	（9.0）	（9.6）
城外	8684	1.1	61.6	27.5	90.2
整个地区	39200	1.7	23.8	63.0	88.5

据此统计，日军对南京城市建筑物的破坏主要源自入城后的"放火"与"掠夺"，导致南京城内 2.2 万余栋建筑物遭到破坏，其中损毁最为严重的区域便是旧城的商业街区。1937 年底，"督办南京市政公署"对南京城市商业街道的焚毁状况进行了调查，并制定了《各街路被焚商店铺面一览表》。[②] 根据该调查，南京共有 1352 号铺面被焚毁，其中，遭破坏最为严重的是太平路，其次为中华路和建康路（表 4-1-2）。

各街被焚商店铺面一览表 [③]　　　表 4-1-2

路街名	被焚铺面	备考
朱雀路	约计 17 号	被损坏生财装修未焚待整理之铺面不在此列
太平路	约计 411 号	—

① ［日］洞富雄. 南京大屠杀. 毛良鸿，朱阿根，译. 上海：上海译文出版社，1987：143.

② 南京市档案馆藏.《南京市被焚商店房屋建筑计划意见（附：各街路被焚商店铺面一览表）》，1938 年 1 月 1 日，档案号：10020100215（00）0001.

③ 南京市档案馆藏.《南京市被焚商店房屋建筑计划意见（附：各街路被焚商店铺面一览表）》，1938 年 1 月 1 日，档案号：10020100215（00）0001.

路街名	被焚铺面	备考
中山东路	约计 77 号	自太平路至新街口一段
中正路	约计 8 号	自新街口至白下路（中央商场、中央游艺园、大华戏院内部均焚）
白下路	约计 61 号	—
升州路	约计 137 号	—
建康路	约计 247 号	—
中华路	约计 262 号	—
夫子庙	约计 132 号	连桃叶渡龙门街贡院街东牌楼大石坝街等

以上总计 1352 号铺面，余如损毁待修者均未列入附以陈明

1938 年 3 至 6 月间，金陵大学社会学系美籍教授史迈士带领 20 多个助手与学生，对日军战争暴行给南京城带来的严重破坏进行了社会调查。其中，"主要商业街区的损失"记载如下：

在市里八条主要商业街道上，房屋和房内财物的损失只差一点就达到 5000 万元，这里面有 4700 万元是商业建筑及其中财产的损失。……中华路受损最严重，为 1250 万元，占八条街道损失总数的四分之一；中正路为 1100 万元，太平路 900 万元，中山路 600 万元，建康路和白下路各为 400 万元，升州路 200 万元，朱雀路（接太平路南段）是 100 万元。……如果把这些损失价值按原因来分类的话，那么，由交战因素造成的占 0.7%，65% 是由于纵火，28% 是由于抢劫，还有 6% 原因不明。①

此外，日本人洞富雄在《南京大屠杀》一书中转载了南京国际救济委员会编写的"南京地区战争受害情况"，记述了南京城内主要商业区遭受破坏的情况及其原因，详述如下（表 4-1-3）：

南京城市主要商业区建筑物受损情况（按原因分类）②　　　　　表 4-1-3

路名	建筑物数	受损原因（%）			
		军事行动	放火	掠夺	各种原因合计
太平路	233	1.7	68.3	26.6	96.6
中华路	319	3.1	51.4	43.9	98.4
建康路	585	0.5	47.5	49.6	97.6
白下路	411	3.1	34.3	61.1	98.5
升州路	320	—	25.0	53.1	78.1
中山路	498	5.0	15.5	53.6	74.1

① ［美］史迈士. 南京战祸写真. 转引于 经盛鸿. 南京沦陷八年史（上册）（1937 年 12 月 13 日至 1945 年 8 月 15 日）. 北京：社会科学文献出版社，2005：582.
② ［日］洞富雄. 南京大屠杀. 毛良鸿，朱阿根，译. 上海：上海译文出版社，1987：144.

路名	建筑物数	受损原因（%）			
		军事行动	放火	掠夺	各种原因合计
朱雀路	122	—	7.4	76.2	83.6
中正路	340	5.9	3.8	75.9	85.6
合计	2828	2.7	32.6	54.1	89.4

资料来源：南京国际救济委员会编：《南京地区战争受害情况》。

综上所述，日军在占领南京后，对城市原有商业街区和商业设施进行了纵火焚烧与抢劫掠夺，战前城南、城中商业区内大量的房屋建筑遭到不同程度的破坏。其中，以太平路、中华路、建康路、升州路、夫子庙等商业街市受损最为严重，商民损失不计其数。在1946年的远东国际军事法庭上，美国驻南京副领事埃斯皮指出："要恢复市区内的正常活动，这些地区（南京的商业区）几乎全部需要重新建设。"[1]

第二节　日占时期南京城市商业概况与商业建设

一、社会及商业概况

日军占领南京后，制定"统制"政策，管控城市经济与物资。1940年3月以前，日军主要以资源掠夺和战后城市经济秩序恢复为主，体现在日军对南京物资的掠夺与管控、幸存中国民众迫于生计的商业活动等。由于城市生产及物流贸易基本停滞，商品多为旧货及废墟中的残余物。1938年11月起，开始为太平路工商各业发放许可证[2]，陆续复业。根据1939年3月的调查，1938年7月至1939年2月间，南京共有3582家店铺登记开业，涵盖116行，此外还有未登记的店铺821家。[3]

1940年3月以后，南京人口增多，市面逐渐恢复。[4]根据1940年6月的"南京职业人口调查"，各业人口共计449516人，其中从事商业和服务业的人口分别为103027人和72931人，占从业人口的22.9%和16.2%，商业人口所占比例基本同战前相符。[5]由此可见，此时南京的商业活动基本恢复。为进一步建设和发展市面，还采取了一系列促进工商业发展的措施，并拟就"南京特别市奖励手工业办法"，以吸纳上海及周边地区的商人到南京创业。但是，由于无限制的印行纸币，造成金融市场混乱，货币贬值、物价飞涨，大量商民破产，中国民族工商业遭受沉重打击。[6]

---

① [日]洞富雄. 南京大屠杀. 毛良鸿，朱阿根，译. 上海：上海译文出版社，1987：143-145.
② 南京市档案馆藏.《为送太平路等路工商业已发证与已登记未发证各户名簿各二份请查收备用的公函》，1938年11月27日，档案号：10020100032（00）0006.
③ 调查本市开业复业登记商店资金分类统计. 商业月刊（南京），1939（2）：29-32.
④ 南京沦陷时，城市人口仅有20万人，1938年12月增长到473411人，1944年人口增长至692825人。见：张杰. 南京市人口与社会结构研究（1945—1949）——以战后南京户籍调查及口卡资料为中心. 南京：南京师范大学，2012：8-9.
⑤ 南京市户口总复查概况表（职业及教育分类）（1936）. 见：[民国]南京市政府秘书处统计室. 二十四年度南京市政府行政统计报告. 南京：南京市政府秘书处发行，南京胡开明印刷所印刷，1937：29.
⑥ 南京市人民政府研究室，陈胜利，茅家琦. 南京经济史（上）. 北京：中国农业科技出版社，1996：386-404.

二、商业建设与发展概况

日占时期，南京商业建设情况基本遵循城市商业的恢复过程，体现出三个时期的特征。战后初期，日本人占据了遭受破坏较少的战前商业区，幸存的中国民众则因陋就简地设立了一些路摊市场，并在废墟上建屋营业。1938年3月至1940年初，许多幸存民众回归原住址复业，还开展了一些菜场、简易市场与市房建设，市面有一定程度的恢复。1940年3月以后，随着南京人口逐渐增多，市面有所发展，商业建造活动亦开始增多，包括大型商场、临街市房等。

（一）因陋就简：战后初期的商业设施

日军占领南京后不久，率先将原先南京市中心最繁华的新街口、中山东路、太平路一带划定为"日人街"。这些街区主要为在南京的日军服务，最初设置了各种军内小商店，后来增加了餐饮、钟表、杂货等功能，并开办了一些日商企业。同期，日军也开始允许中国市民开设马路摊贩市场，最早的路摊出现在"安全区"内。[①]1937年底、1938年初，"安全区"内的人们搭建起许多小商店，上海路形成包括店铺、茶馆和饭店的简易市场，主要贩售食品、衣物、盘子等。[②]之后，由于日本试图解散"安全区"，城西南的莫愁路附近成为新的市场。[③]城市秩序逐渐恢复后，距"安全区"较远的城南地区也开始出现列摊待售的市场，例如，夫子庙广场前便聚集了很多商贩，因太平路白菜园菜场被毁而无处营业的菜贩则在科巷附近摆摊贩卖等。[④]

1938年2月中，日本让南京市民回归原住所恢复原业并开设零售商场。[⑤]于是，幸存的中国民众开始在废墟上复业。至1938年2月末，有172502人回归了原住地，部分"持有少量营业资金的人"在回归原住所后就地开设了简单的小卖店，主要销售食品、杂货等。[⑥]很多外地难民也在无人居住的太平路、中山东路、中华路等地房产上建屋营业，经营类别包含饭店、鞋店、衣服、香烟、理发、钟表、五金等。[⑦]但是，南京城内不仅建材资源短缺，也缺乏专业的建筑师和施工人员，人们只得利用旧建筑材料搭盖简易房屋。这部分房屋基本都是简陋的平房，以铁皮、芦席等材料搭

---

① 南京沦陷后，留在南京的20余名西方人士组成南京"安全区"国际委员会，在南京城内成立了一个旨在保护和救济战争难民的中立区，即南京"安全区"。"安全区"位于外国使领馆和教会学校较为集中的城区中西部，占地面积3.86平方千米，约为当时市区的1/8。其具体地理范围为：东以中山路、中山北路为界，自新街口起，止于山西路口；北以山西路及其以北一带至西康路之线为界；西以西康路、汉口路西端与上海路同汉中路交叉口之间之直线为界；南以汉中路为界。南京"安全区"于1937年12月8日对难民正式开放，1938年2月18日被迫解散。在侵华日军南京大屠杀期间，"安全区"内难民人数在25万人左右，其中有将近7万人居住在"安全区"内25个难民收容所里。

② ［美］明妮·魏特琳. 魏特琳日记. 南京师范大学南京大屠杀研究中心，译. 南京：江苏人民出版社，2000：216-217.

③ ［美］明妮·魏特琳. 魏特琳日记. 南京师范大学南京大屠杀研究中心，译. 南京：江苏人民出版社，2000：292-293，311.

④ 南京市档案馆藏. 白菜园通街良民：《关于请求恢复太平路菜场一案报告》，1938年11月30日，档案号：10020050992（00）0001.

⑤ 见：辽宁省档案馆. 满铁档案中有关南京大屠杀的一组史料. 民国档案，1994（2）：18. 及［美］明妮·魏特琳. 魏特琳日记. 南京师范大学南京大屠杀研究中心，译. 南京：江苏人民出版社，2000：282。

⑥ 辽宁省档案馆. 满铁档案中有关南京大屠杀的一组史料. 民国档案，1994（2）：18.

⑦ 南京市档案馆藏.《关于取缔太平路等处擅自建筑房屋情况列表的报告》，1938年9月5日，档案号：10020050105（00）0002.

建、建筑质量较差。此外，1938年上旬，随着在南京的日本商人增多，开始侵占未毁于战火的中国居民产业，"自由住入"并开办商店。[1]

（二）1938 至 1940 年的市房与简易市场建设

自 1938 年 3 月至 1940 年 3 月，陆续开展了一些基础设施建设，城市市面逐渐恢复。据"繁荣南京当以秦淮河为始"，首先恢复秦淮河畔的歌舞厅、画舫、酒楼饭店、戏院等娱乐行业。[2] 随后，南京民众开始登记创办商号并建屋营业[3]，截至 1938 年 11 月，南京工商各业已许可发证的商号有 34 家。其中，太平路左近 13 家，白下路 9 家，中山东路 9 家，洪武路 3 家。已登记但未给证的商号有 29 家，其中，太平路左近 18 家，中山东路 10 家，白下路 1 家。[4] 这些商号体现了百货业的经营特征和商住一体化的空间特征，一方面，战后各类生活物资和基本服务均较为匮乏，这些商号涵盖了饮食、服装、五金等日用百货类别以及浴室、理发等基本服务业。另一方面，许可发证的 34 家商号中有 30 位店主均居住于店内，体现了商住一体式市房的空间特征。此外，城市建设百废待兴，也为营造业的发展创造了契机，34 家登记商号中有 14 家与建筑工程相关，包括营造厂、水木作、建筑工程等营造业，石灰、水泥、纸筋等建筑材料业。

1938 至 1940 年间，日本人占屋营业也趋向规范化。1938 年初，日本商人只需向"南京特务机关"[5] 呈报，由其发给"许可书"备案即可占屋经营，原中国业主没有任何话语权。1938 年 7 月，"督办南京市政公署"开始办理土地登记，业主需持战前颁发的"土地图状"呈请办理，并领取"查验土地权利图状登记证"。1938 年中，《督办南京市政公署代管经收房租规则》颁布，规定业主不在南京的市房地产由"财政局"代管并代为与日本商人订定租约、收取租金。[6] 至 1940 年，日本人若想在南京占屋经营，须向"南京特务机关"申请核准，然后与"财政局"驻"特务机关"的相关办公人员订定租约并缴纳一定数额的租金。[7] 中国业主则可持"查验土地权利图状登记证"向"督办南京市政公署"呈请领租。对于没有"土地图状"无法及时查验的业主，则须拟具"铺保"（亦称"店保"）或"邻保"，即由业主联络商号或邻居证明地权属实，然后获得"市政公署"颁发的"领

---

① 见：南京市档案馆藏．陈瑞廷：《关于请领淮海路太平路两房五租金》，1938 年 7 月 25 日，档案号：10020041402（00）0002．及南京市档案馆藏．孙长科：《关于请发代收太平路二五八号至二六零房租》，1938 年 6 月 27 日，档案号：10020041417（00）0001。

② 经盛鸿．南京沦陷八年史（上册）（1937 年 12 月 13 日至 1945 年 8 月 15 日）．北京：社会科学文献出版社，2005：604．

③ 南京市档案馆藏．商民葛德荣等：《为请求免拆太平路一号、十五号房屋》，1938 年 8 月 28 日，档案号：10020050730（00）0001．

④ 南京市档案馆藏．《为送太平路等路工商业已发证与已登记未发证各户名簿各二份请查收备用的公函》，1938 年 11 月 27 日，档案号：10020100032（00）0006．

⑤ 1937 年 12 月 13 日，日军占领南京后，满铁会社上海事务所立即派出松冈功、佐藤鹤龟人、小岛友于、马渊诚刚、丸山进等人组成的"南京特务机关"（也称"南京特务班"）进驻南京，协助日军开展侵占活动。1937 年 12 月 24 日起正式开始工作。见：辽宁省档案馆．满铁档案中有关南京大屠杀的一组史料．民国档案，1994（2）：12．

⑥ 南京市档案馆藏．孙长科：《关于请发代收太平路二五八号至二六零房租》，1938 年 6 月 27 日，档案号：10020041417（00）0001．

⑦ 南京市档案馆藏．卢蔚章：《关于请领太平路四零一号房屋租金》，1940 年 7 月 21 日，档案号：10020041394（00）0002．

租证"，凭证按月领取租金。[1]

该时期内，还建设了一些菜场、市房与简易市场等商业设施。1938年9月至翌年年中，"督办南京市政公署"创办了多处菜场建筑，包括改建的承恩寺菜场、中华路菜场、程阁老巷菜场、长乐路菜场等，新建的复兴路菜场、下关鱼市场等。除山西路菜场和下关鱼市场分别位于城北和下关一带外，其余菜场均位于新街口、中山东路以南的原城中、城南商业区内。日伪还为日本人代办了部分市房建筑，自1938年底至1939年底，共完成太平路第一至第四期以及中山东路一期等五期市房，除太平路一期市房外，均为联排式市房，竣工后交付"南京特务机关"，供在南京的日本人使用。该时期内的一系列商业建设，旨在解决中国民众的基本生计问题，也为在南京的日本商人服务。

（三）1940年以后的综合型商场建设及市房改造

自1940年3月至1945年8月日本战败投降，在政策导向下，南京建设了多栋大型商场和简易市场，中国民众及日本商人亦在战前著名的商业街两侧继续建造、改造市房。1940年前后，南京商业市面虽有所恢复，但依旧较为萧条，商业生活仅能满足民众生存所需。[2] 商业经营主要基于战前的既有建筑，例如，中央商场便被汪伪政府"军政部参议""社会部计划委员会副主任"萧一诚占据，继续经营商场（图4-2-1、图4-2-2）。1942年前后，上海疏散各地人口，日伪为恢复南京市面，一面"劝导"在上海的南京人返回原籍，一面"威逼"与"利诱"上海服装、纺织品商人到南京开店。[3] 随后，大量上海商家到南京开店，如金谷、金门、新都服装店，新光衬衫厂，永新雨衣厂，章华毛纺厂等。[4] 在此背景下，1942至1944年间，沪宁一带商人创办了多处大型商场

图4-2-1 日占时期中央商场正门照片（原名为"中央商场　市区唯一之百货商场"）
图片来源：南京图书馆藏.《南京》，时间不详。

图4-2-2 日占时期中央商场的营业情形（原图名为"中央商场内的商店及连续不断的顾客"）
图片来源：华文大阪每日（半月刊），1942，8（6）：27。

---

① 见：南京市档案馆藏．市民盛雨生：《关于请领太平路十八号房屋租金》，1938年8月10日，档案号：10020041262（00）0001．及南京市档案馆藏．孙长科：《关于请发代收太平路二五八号至二六零房租》，1938年6月27日，档案号：10020041417（00）0001．
② 南京市档案馆藏《关于拟请准予承包把江门及夫子庙等处广告牌并酌提奖金百分之十五以免闲置损失》，1941年5月15日，档案号：10020050543（00）0001．
③ 市政公报，1942（89）：14．
④ 经盛鸿．南京沦陷八年史（上册）（1937年12月13日至1945年8月15日）．北京：社会科学文献出版社，2005：611-612．

和简易市场，前者包括复兴商场、永安商场、联合商场、建康商场等，后者包括大中华商场、兴中商场、新世界商场等。除复兴、兴中两座商场位于新街口外，其余均位于战前较为繁华的城南商业区。

这一时期，随着大量中国民众返回南京，在原址上建屋营业，城中、城南商业街道两侧的市房建造活动增多。同时，日本人租赁市房的程序更加规范化，许多中国业主呈请收取租金。对于之前由日本人占据但未订立租约或在占用期间出现房屋损毁的情况，业主可以索取租金及补偿金、收回房屋等。①至1942年前后，

图 4-2-3　日占时期的建康路
图片来源：日本山口县档案馆藏."大南京胜景"明信片。

以太平路、建康路为代表的城南商业街重现连栋式店铺街的面貌，局部恢复了抗日战争全面爆发前的商业气象（图 4-2-3～图 4-2-5）。相较而言，城北地区则较为萧条。1943年，"山西路市容整顿事务所"成立，统一负责山西路市房建筑改造。但是，这部分市房建筑多为单层，主要采用旧材料建造，无法同城南地区由二三层市房组成的店铺街相比。

图 4-2-4　日占时期的太平路
图片来源：中华画报，1943，1（5）：11。

图 4-2-5　日占时期的太平路17号"华中百货店"
图片来源：日本山口县档案馆藏."大南京胜景"明信片。

---

① 例如，1941年1月，拥有太平路347至383号及麟和里1至16号产权的张麟和，委托代理人蒋建华呈请领取代管租金；2月，经查验属实。其中，太平路383、377、379、381、373号及麟和里1至16号已与日本商人订定租约，故发放自1940年1月以后的租金。见：南京市档案馆藏. 张麟和《关于请领太平路三六七一三八二零号房屋租金》，1941年1月21日，档案号：10020041593（00）0013。

第三节　日本人创办的商业设施

一、"日人街"的划定

日本殖民经济政策的主要内容便是使殖民地经济日本化，从而成为日本经济的附庸。为实现对南京的经济统治，日本首先划定了日本人活动区域，并帮助日本企业在南京开设商场和店铺。1938年初，日军攻占南京不久，便将南京市中心最繁华的区域划定为"日人街"。根据1938年1月"南京特务机关"制定的《南京班第一次报告》记载，"'日人街'设置在市内最繁华地区，面积大约为220町步。最初以军内小商店为主，逐步增加了饮食店、钟表店、理发店、杂货店、旅馆等，目前开业的店数约有60家，另外还有几家正在申请开店。除军人、军属外，居住此地的日本人人数约达300人。"[①] 同年3月的《南京班第三次报告》中记载了"日人区"的具体位置，即"北起国府路，南到白下路，西起中正路，东达铁道线路"[②]，该区域内包括了战前繁华的太平路及中山东路商业街区（图4-3-1）。

日本方面选择新街口、中山东路、太平

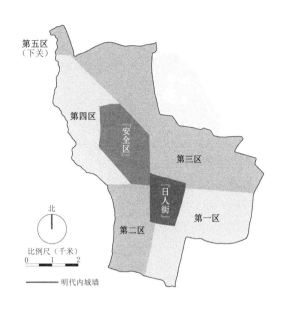

图4-3-1　"日人街"、"安全区"区位及"南京市自治委员会"制定之南京行政区划分图

图片来源：笔者绘制．底图来源：森芳雄．最新南京市街详图．南京：华中洋行支店发行，1940。

路一带作为"日人街"主要因为该区域的地理位置和既有设施方面的便利。一方面，该区域位于南京城市中心，与"南京市自治委员会"初期划定的4个行政区域联系紧密[③]，方便日本的殖民统治。另一方面，"日人街"的范围囊括了战前南京最繁华的商业区，虽然大量商业建筑毁于战火，但中山东路、新街口附近遭破坏程度较小（图4-3-2），尚有部分商业用房可以使用。因此，日军占领

---

① 自1938年1月21日至1938年3月底，"南京特务机关"向满铁有关部门提交了三次报告，该报告为第一次报告。见：辽宁省档案馆．满铁档案中有关南京大屠杀的一组史料．民国档案，1994（2）：10-14。

② 辽宁省档案馆．满铁档案中有关南京大屠杀的一组史料（续）．民国档案，1994（3）：11。

③ 1938年1月5日，"南京市自治委员会"将南京城区划分为4个行政区，第一区"以中华路东分界，南至中华门，北至白下路，又沿小铁路迤北至中山门，再沿南顺城墙，经光华、通济、武定各门，至中华门止"；第二区"以中华路西分界，南至中华门，北至中正路、新街口广场迤西，沿汉中路至汉中门，又沿城墙，经水西门至中华门路西"；第三区"以国府路之北分界，西延中山路至挹江门为止，北至挹江门，沿城根，经和平门、玄武门、太平门至中山门路北"；第四区"以新街口中山路以西、汉中路以北分界，沿城墙至汉西门、挹江门至和平以西"；并以"新街口中心区"为专驻军队（日军）地点。不久，"南京市自治委员会"又将城北下关地区划分为第五区。1938年4月24日，"督办南京市政公署"宣布扩大南京特别市的管辖区域，除原辖的5个城区外，又增设4个近郊区，即上新河区、孝陵卫区、安德门区和燕子矶区，面积达到474.6平方公里。见：经盛鸿．南京沦陷八年史（上册）（1937年12月13日至1945年8月15日）．北京：社会科学文献出版社，2005。

图 4-3-2　雪中的中山东路

图片来源：上海图书馆.《全国报刊索引——中国近代文献资源全库》, 1933—1949.

图 4-3-3　中山路 73 号南京大丸百货商店

南京后不久, 日本商人便在该区域内占屋营业。[①] 早期日本人主要居住于新街口、中山路附近, 后来向东南面的太平路一带汇聚。同期, 日本的连锁型百货商店也相继开张, 均位于"日人街"的范围内。

二、日本连锁型百货商店的出现

日本对南京实行经济侵略的另一个方式为扶植日本企业在南京开办商场。日本的百货公司企业是伴随着 1895 年中日《马关条约》的签订以及 1904 至 1905 年"日俄战争"日本胜利并获得俄国在中国东北的特权而率先进入台湾和东北。最早在中国设店的是高岛屋百货公司（Takashimaya Dept.）和三越百货公司（Mitsukoshi Dept.）, 例如 1901 年的高岛屋台湾商店、1909 年的三越台湾店、1927 年的三越大连百货店、1936 年的高岛屋奉天店（洋服店）等。[②]

1937 年, 抗日战争全面爆发后, 更多的日本百货公司伴随着日军铁蹄进入中国, 开始在上海、南京、北京、天津等华东、华北地区设立连锁型百货商店、零售店、杂货店、食料品店、军票交换所等。至抗日战争胜利前, 南京先后有高岛屋、大丸（Daimaru Dept.）、三中井（Minakai Dept.）等多家大型连锁百货公司设店, 包括 1938 年的高岛屋南京店（杂货、纤维皮革店）、大丸南京店（杂货、食料品店）、1939 年的高岛屋南京分店（小百货店）、1942 年的三中井南京出张所。[③]

日本人在南京开设的百货商店基本是占据未毁于战火的既有建筑, 少事修葺、布置便即营业。例如, 大丸百货南京商店占据了位于中山路 73 号的南京国货公司分公司旧址（图 4-3-3、图 4-3-4）、高岛屋南京出张店则占用了位于中山

---

① ［美］明妮·魏特琳. 魏特琳日记. 南京师范大学南京大屠杀研究中心, 译. 南京：江苏人民出版社, 2000：232.

② 川端基夫. 戦前·戦中期における百貨店の海外進出とその要因（The International Expansions and the Motives of Japanese Depertment Stores prior to and during World War II）. 経営学論集, 2009, 49(1)：231-249.

③ 川端基夫. 戦前·戦中期における百貨店の海外進出とその要因（The International Expansions and the Motives of Japanese Depertment Stores prior to and during World War II）. 経営学論集, 2009, 49(1)：231-249.

图 4-3-4　日占时期的新街口　　　　图 4-3-5　中山路 346 号高岛屋南京出张店

图片来源：http://kunio.raindrop.jp/image-hagaki/nankin-
nakayamam.JPG。

路 346 号、水周南所有之市房（图 4-3-5）。① 这些百货商店的建筑面积均比较小，如高岛屋南京出张店为三层联排式市房，面阔五间约 20 米，进深约 8 米，建筑面积仅约 500 平方米。但是，它们均属于日商大型百货公司企业的连锁店，经营货品种类较多，在日占时期的南京较有名气。例如，1945 年 12 月，首都警察厅东区警察局便称高岛屋南京出张店为"南京市较大商店"，"在京市营业规模甚大、货物亦甚多"。②

日本商人在南京开办的百货商场是日本殖民经济的组成部分。一方面，他们利用各类商业设施肆意调控物价，在占有地倾销商品，掠夺民众财富；另一方面，日本商人大肆掠夺、囤积战略军用物资，支援日本的侵略战争。例如，抗日战争胜利后，国民政府财政部便在大丸南京店查获军用存盐 43 包，毛重约合 3.66 吨。③

三、日本商人的市房改造与建设

自 20 世纪 30 年代末至 1945 年，大量日本商人占据、租赁太平路两侧被毁坏的市房。这些市房建筑一般由在南京的日本建筑、土木业事务所设计监造，作为日本商人的居所和商业经营用途，时称"家屋"。市房建筑类型众多，按照空间格局可以划分为独栋式和组合式，前者只设临街店铺栋，在竖向空间上划分功能；后者一般为院落式布局，由临街的店铺栋和屋后的附属栋组成，包括前店后储型、前店后厂型等类型。

---

① 南京市档案馆藏．《据市民水周南呈请让出中山路三四六号房屋》，1946 年 1 月 17 日，档案号：10030210164（00）0026．

② 南京市档案馆藏．《函复高岛屋内私有物品业经集中贮藏》，1945 年 12 月 22 日，档案号：10030210039（00）0012．

③ 南京市档案馆藏．财政部下关盐制验局：《为接收南京国货公司前接管日商大丸洋行存盐一案的公函》，1946 年 2 月 25 日，档案号：10030210027（00）0005．

（一）独栋式市房

1. 下店上宅型

独栋式市房中以下店上宅型最为普遍，一般在底层临街面设店铺，楼上为居住功能，包括店主居室、职员宿舍等。太平路 405 号位于太平路、马府街路口东北角。南京沦陷后，由日本商人创办三大洋行，经营中国物产贸易业和委托买卖。1944 年，承租者因营业使用不便而委托林工务所改造房屋。[①] 房屋临街面面宽约 11.7 米，进深约 10.6 米，建筑面积约为 362.5 平方米。建筑为砖结构的三层房屋，檐高 11.5 米，采用简约的现代派风格。建筑底层临街面为宽敞的营业空间，后部为小尺度的附属用房及楼梯，二、三层应为员工寝室。较之太平路多数商业市房底层临街面设展示橱窗，所形成的上实下虚的立面形式，太平路 405 号则改造为中间为弹簧门、两侧设窗的底层立面。此外，屋宇南侧尚有通道可直达后院，方便货物运输和存放。与同期一般性商业市房充分利用底层临街面、增加展示设施并扩大宣传的普遍性做法不同，太平路 405 号体现了贸易业对于商业空间的半开放性需求。太平路 405 号房屋尚存，现为太平南路 365 号，一层门面房由房产置业、台球棋牌和茶叶批发三家商家租赁（图 4-3-6、图 4-3-7）。

独栋式市房设后院的情况较为常见，一般作为仓储院和杂物院。杂物院一般为店主的日常生活服务，与厨房、厕所联系紧密。太平路 347 号便是设置了杂物后院的独栋式市房。该房屋位于太平路与马府街交界处东北侧，属于麟和里市房、住宅建筑群中的一栋。[②] 1939 年，日本商人租赁该屋经营叠扇业，1944 年，某日本建筑材料商改造该房屋并经营国华洋行，作为事务所和住宅，由株式会社福昌公司南京出张所工事部设计。[③] 太平路 347 号为砖结构两层房屋，平面呈矩形，面阔约 8.0 米，进深约 13.2 米，檐高 7.1 米，建筑面积约 109.4 平方米。该屋为典型的设置后院的下店上宅型市房，底层临街面为营业场所，其后为浴室、茶房、厨房和食堂等附属用房，并与后院相连通，卫生间也设在院内。营业厅和附属用房间为楼梯，上半层可至一平台，并有服务于二楼的卫生间和杂物间，继而折转向上，到达以会客和休息为主的二层，两间卧室位于临街的西面，东侧为会客室和掌柜办公室（图 4-3-8）。

还有的独栋式市房采用中庭式布局，如位于太平路、中山东路路口西南侧的太平路 30 号。南京沦陷时，该房屋幸存。1938 年，由日本药材商重松鸟治开办株式会社重松药房南京支

---

① 见：南京市档案馆藏. 张麟和：《关于请领太平路三六七一三八二零号房屋租金》，1941 年 1 月 21 日，档案号：10020041593（00）0013. 及南京市档案馆藏. 南京土木建筑业组合：《关于金村壬石太平路四零五号房屋的报告》，1944 年 8 月 29 日，档案号：10020041640（00）0005. 及南京市档案馆藏.《关于三大洋行建造太平路四一七号房屋工程》，1944 年 7 月 26 日，档案号：10020051555（00）0001。

② 见：南京市档案馆藏.《关于伊藤浪三郎改建太平路三四七号房许可证的复函》，1944 年 8 月 7 日，档案号：10020041614（00）0005. 及南京市档案馆藏.《为管理处所用太平路麟和里房屋望与房主先行接洽》，1945 年 12 月 5 日，档案号：10030110069（00）0003. 及南京市档案馆藏.《复太平路房屋许可租赁》，1938 年 7 月 14 日，档案号：10020040100（00）0001. 及南京市档案馆藏. 张麟和：《关于请领太平路三六七一三八二零号房屋租金》，1941 年 1 月 21 日，档案号：10020041593（00）0013。

③ 见：南京市档案馆藏.《关于日侨伊藤浪三等三人分别申请租用太平路三四七号等处房屋》，1944 年 6 月 17 日，档案号：10020041620（00）0009. 及《为日侨伊藤浪三改修太平路三四七号房屋》，1944 年 7 月 15 日，档案号：10020041616（00）0019。

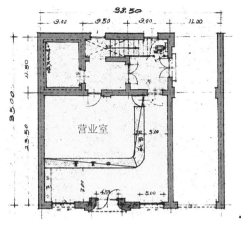

改造设计一层平面图

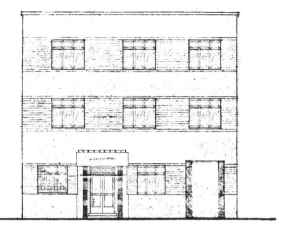

改造设计沿街立面图

图 4-3-6　太平路 405 号"三大洋行"改造工程平面、立面图

图片来源：笔者改绘。原图来源：南京市档案馆藏. 南京土木建筑业组合：《关于金村壬石太平路四零五号房屋的报告》，1944 年 8 月 29 日，档案号：10020041640（00）0005。

图 4-3-7　2016 年和 2020 年原太平路 405 号"三大洋行"旧址照片

图片来源：笔者拍摄。

店。[①]1943 年，因屋顶漏雨严重，承租方进行了改造修缮，由王益兴营造厂负责设计、监理和施工。[②] 日本人委托中国营造厂进行家屋修筑设计、施工的情况在当时比较少见。太平路 30 号为两层高的砖木混合结构房屋，建筑为带状用地，面阔约 7.5 米，进深约 17.6 米，建筑面积约 260

① 日占时期，日本商人重松在南京经营的药房规模很大。《下关药商》一文指出："汪伪时期，日商重松在下关大马路 92 号开设了下关药房，基本上控制了下关药业。"见：华庆. 下关药商. 收录于政协南京市下关区文史资料委员会编. 商埠春秋（下关文史第 7 集）. 南京：南京红光印刷厂，1998：72。

② 南京市档案馆藏.《关于林太一请求改筑太平路三十号家屋》，1943 年 9 月 3 日，档案号：10020041424（00）0013.

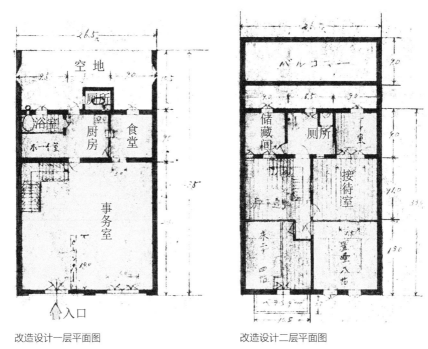

改造设计一层平面图　　　　　　　　改造设计二层平面图

图 4-3-8　太平路 347 号"国华洋行"改造平面图

图片来源：笔者处理图像。原图来源：南京市档案馆藏.《为日侨伊藤浪三改修太平路三四七号房屋》，1944 年 7 月 15 日，
档案号：10020041616（00）0019。

建筑轴侧图　　　　　　建筑剖透视图

图 4-3-9　天窗式市房空间格局分析图（原太平路 30 号市房）

图片来源：笔者建模绘图。资料来源：南京市档案馆藏.《关于林太一请求改筑太平路三十号家屋》，1943 年 9 月 3 日，档
案号：10020041424（00）0013。

平方米。建筑总高约 10.0 米，檐口高度约 7.8 米，临街立面采用巴洛克风格。建筑为带中庭的
下店上宅式格局，底层主要为统一的营业空间，中央设中庭，上有玻璃天窗采光。由后部楼梯上
至二层，交通空间环绕中庭布置，临街一侧设卧室两间，东侧为食堂和卧室。房屋主体后部尚有
一幢附属栋，与主体建筑间以错层的形式相分隔，底层为厨卫，上半层则是雇工宿舍，从而保证
主体建筑二层东侧卧室的采光。这种天井式中庭源自玻璃天窗与江南地区天井式住宅的结合，体
现了现代建筑技术与传统建筑空间的融合（图 4-3-9）。

2. 下店上宅与前店后储的混合型

下店上宅与前店后储的混合型单栋市房一般以交通空间划分为前后两部，底层临街面为营业场所，屋后为仓储空间，楼上则为居住、起居、宿舍等私密空间。太平路401号位于太平路门帘桥段路东，靠近白下路，抗日战争全面爆发前为正大电机染号。南京沦陷后，先有日本商人经营八谷洋行，后作为杂货烟草批发商店及家屋，1943年，广泰洋行南京出张所租赁并改造该屋，作为事务所及店员宿舍，专营纤维制品杂货批发，改造工程由位于中山东路33号的日本东和组南京出张所冈政好设计并管理。[①] 太平路401号建筑面阔5.6米，进深15.2米，建筑面积90.6平方米。建筑为临街两层、后部一层的砖木结构房屋，檐高7.5米，采用巴洛克式建筑风格。建筑布局为典型的下店上宅与前店后储的混合形制，水平向以楼梯区分前后，临街侧为事务所，其后为储藏和盥洗间。二层作为接待、起居等较为私密的功能，端部设厨房，与起居室和接待室连通，后者亦可作为餐厅使用。起居室设计为符合日本人传统生活习惯的日式榻榻米房间，面积约16.56平方米（图4-3-10）。[②]

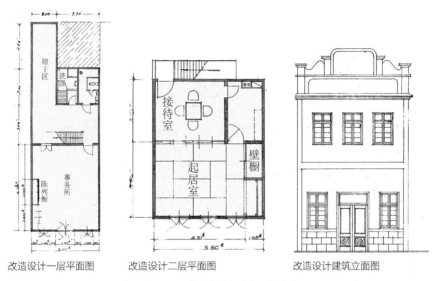

改造设计一层平面图　　　　改造设计二层平面图　　　　改造设计建筑立面图

图4-3-10　太平路401号"广泰洋行事务所"改造工程平面、立面图
图片来源：笔者处理图像。原图来源：南京市档案馆藏．田川博一：《关于太平路四零一号家屋改筑使用许可证》，1943年10月22日，档案号：10020041424（00）0017。

朱雀路119号位于朱雀路与建康路路口东北侧。1944年，由日本商人租赁并局部改造，开设株式会社三光洋行南京支店，改造工程由日本大中组南京出张所设计并管理。[③] 建筑为三层的砖结构房屋，檐高12.4米，面阔6.4米，建筑面积约261平方米。建筑平面顺应地形呈向道路纵深方向延展的狭长折线形布局，位于中部的楼梯和卫生间将平面分隔为前、后两部分。前部底层为事务

---

① 见：南京市档案馆藏．卢蔽章：《关于请领太平路四零一号房屋租金》，1940年7月21日，档案号：10020041394（00）0002．及南京市档案馆藏．田川博一：《关于太平路四零一号家屋改筑使用许可证》，1943年10月22日，档案号：10020041424（00）0017。
② 日本传统住宅建筑以榻榻米的尺寸、数量和铺贴方式作为房间模数，"帖"为榻榻米的计量单位，有时也用"畳"来表示。一般情况下，1帖（畳）=1张榻榻米=3日尺×6日尺≈0.91米×1.82米=1.6562平方米。
③ 南京市档案馆藏．《关于田代保直在户鹤雄改建朱雀路一一九号太平路二二三号房屋》，1944年9月6日，档案号：10020041640（00）0012。

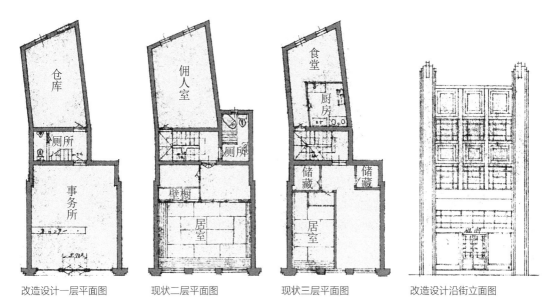

改造设计一层平面图　　　　　现状二层平面图　　　　　现状三层平面图　　　　改造设计沿街立面图

图 4-3-11　朱雀路 119 号"株式会社三光洋行南京支店"改造设计平面、立面图
图片来源：笔者处理图像。原图来源：南京市档案馆藏.《关于田代保直在户鹤雄改建朱雀路一一九号太平路二二三号房屋》，1944 年 9 月 6 日，档案号：10020041640（00）0012。

所，二、三层为日式卧室。后部为附属功能，底层为仓库，二、三层分别为佣人居室和食堂、厨房。因储藏功能对层高要求较低，因此自二层起后部体量低半层高度，呈错层式布局（图 4-3-11）。朱雀路 119 号以竖向交通核和水平向步道相结合组织各功能房间，实现了基于功能私密性的空间分化。

（二）组合式市房

1. 前店后储型

组合式市房中以前店后储型最为普遍，一般由临街面的店铺栋和屋后的仓储栋组成，店铺栋为下店上宅式布局。二者之间则围合成一处内庭院，有的屋后还设后院。太平路 329 号位于太平路与沙塘湾路口东南角，南京沦陷时房屋幸免于战火，后由日本商人开设南京洋行支店，为机器脚踏车行。1942 年，由日本信友株式会社南京出张所租赁，经营纤维织物批发并作为住宅使用。1943 年，店主委托大中组南京出张所在屋后添筑仓库，形成前店后储的组合式市房格局。[①] 市房建筑面阔 5.9 米，进深 19.9 米，总建筑面积为 253.2 平方米。建筑由临街店铺栋和屋后的仓库组成，二者之间为一处窄院，基地背面还设后院。仓库为单层硬山顶房屋，店铺栋为四层砖结构的平屋顶房屋，高 14.6 米，底层为营业用房，二至四层为住居空间，包括二层的佣人房、厨房和日式房间，三层的两间大居室以及顶层的洗浴用房。由于建筑面积较为充裕，二、三层楼梯处均设过厅，丰富了空间体验（图 4-3-12）。

---

① 见：南京市档案馆藏. 高桥美三郎：《关于太平路三二九号家屋使用许可证》，1943 年 12 月 2 日，档案号：10020041424（00）0016。及南京市档案馆藏. 高桥美三郎：《关于太平路三二九号家屋使用许可证》，1943 年 12 月 2 日，档案号：10020041424（00）0016。

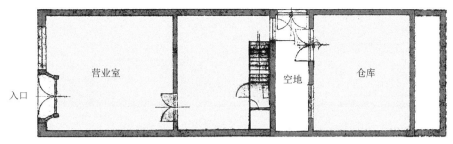

一层平面图

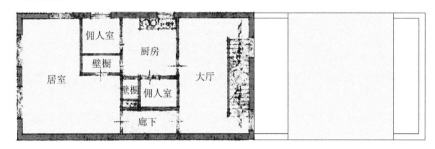

二层平面图

图 4-3-12　太平路 329 号"信友株式会社南京出张所"建筑平面图

图片来源：笔者处理图像。原图来源：南京市档案馆藏．高桥美三郎：《关于太平路三二九号家屋使用许可证》，1943 年 12 月 2 日，档案号：10020041424（00）0016。

太平路 329 号采用江南地区传统内天井院的布局形式。房屋共五进，中央为天井院，功能前后分立。天井院既是前、后屋的连系空间，也起到空间分隔的作用。此外，建筑基于街角的特殊狭长基地形成不同的功能流线，天井院处设侧门直通沙塘湾，从而在空间上将店家住居流线以及货运、仓储等物流流线同对外的营业空间相分离，既保证了房屋作为住家的私密性，也避免了运货、仓储流线和经营活动的交叉，这也是该市房不同于一般的单面临街市房的重要特点。

如果说幸免于战火的太平路 329 号仍然保留了江南天井式住宅的空间特征，那么太平路 55 号的布局则受到日本人住居习惯的影响。该建筑位于太平路与科巷交界处东南侧，1944 年，由日本商人租赁、改造，创办株式会社阿部市洋行南京出张所，主营丝织品并兼营日用百货。改造工程由日本大中组南京出张所负责。[①] 太平路 55 号为典型的前店后储和下店上宅的混合式市房，因用地较窄长，房屋沿垂直于道路的纵深方向展开，由临街店铺栋、屋后的狭长庭院以及尽端的仓储栋组成。建筑面阔 5.5 米，进深 29.4 米，总建筑面积 260.1 平方米。主体店铺栋为二层砖结构房屋，檐高 10.6 米。建筑底层为对外的营业、接待用房，二层为居住空间，采用中央设内天井式中庭的走廊式平面，共有日本式居室三间，背面过厅和阳台内配置卫、厨等功能（图 4-3-13）。

太平路 55 号市房中央庭院的布局形式受到了日本传统"町屋"式住宅空间的影响。"町屋"是由日本中世纪"市店"发展而来的城市传统住宅的主要类型，亦称"町家"或"铺面房"。一般为两层木结构房屋，以临街面较窄而用地狭长、土地利用率高、设有安静的庭院为特征。[②] "京都町家"典型平面为一列三室的前店后宅式布局，面阔三间约合 5.4 米、进深 11 间约为 20 米，

<hr />

① 南京市档案馆藏．《关于日商友好胜三郎修理太平路五五号等房屋》，1944 年 4 月 10 日，档案号：10020041424（00）0010．

② 王劲韬．浅析日本传统町屋的空间和装饰特色．华中建筑，2006（11）：194．

建筑一层平面图

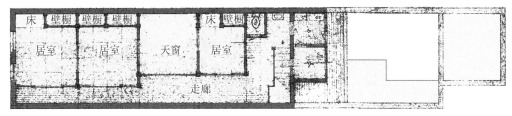

建筑改造设计二层平面图

图 4-3-13 太平路 55 号"株式会社阿部市洋行南京出张所"改造设计建筑平面图

图片来源: 笔者改绘。原图来源: 南京市档案馆藏.《关于日商友好胜三郎修理太平路五五号等房屋》, 1944 年 4 月 10 日, 档案号: 10020041424(00)0010。

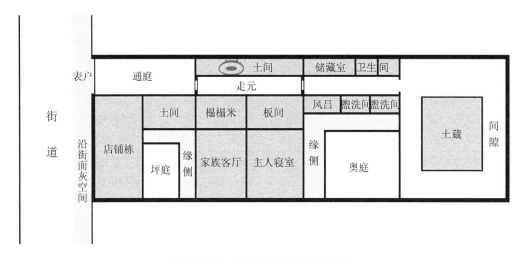

图 4-3-14 京都町家典型平面布局图

图片来源: 笔者绘制, 根据王劲韬. 浅析日本传统町屋的空间和装饰特色 [J]. 华中建筑, 2006(11): 193。

由沿街面向内依次为店铺栋、前院(即"坪庭")、住宅栋、后院(即"奥庭")和仓库(即"土藏")。房屋侧面有一条自街道直达后院的通道, 称为"土间", 由中门("中户")和后门("奥户")分成前、中、后三段。前部为"通庭", 位于住居栋的一侧布置厨房(即"灶间")称为"走元", 是一处在满足功能需求的最小空间限度内所创造出的适合于日常生活用火、用水的独立空间(图 4-3-14)。[①]

―――――――――

① 见: 王劲韬. 日本传统町屋的空间和装饰特色. 室内设计, 2005(3): 32-36. 及王劲韬. 浅析日本传统町屋的空间和装饰特色. 华中建筑, 2006(11): 193-195。

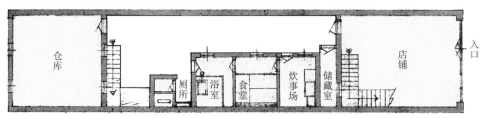

建筑改造设计一层平面图

建筑改造设计二层平面图

图4-3-15　太平路66号"松屋乐器店"建筑改造设计一层、二层平面图

图片来源：笔者改绘。原图来源：南京市档案馆藏.《为日商潭仪八改建增建太平路四零四号房屋》，1943年9月20日，档案号：10020041430（00）0001。

　　这种"走元"式空间还可见诸太平路66号、太平路77号等市房中。太平路66号位于太平路与铜井巷路口西南侧，1938年由日本商人经营松屋乐器店。[1]建筑为典型的前店后储式市房，店铺栋与仓储栋均为两层，之间以宽6.4米、进深15.8米的通道式内院相连通。内院一侧布置附属用房，包括库房、厨房、食堂、浴室和厕所等，从而将生活用水、用火区域独立设置（图4-3-15）。太平路77号位于太平路之科巷与文昌巷一段路东。南京沦陷后，由日本商人开办南京百货店。[2]建筑为前店后储型布局，店铺栋后为长达19.1米的窄院，直通房屋后门。窄院一侧布置厨房、卫浴等附属设施，尽端为一小间仓库和卫生间，形成兼具生活用水、用火、交通以及仓储功能的杂物院（图4-3-16）。

　　"走元"式空间体现了日本人营建住宅时处理洁污分区的方式，他们在既有市房的改造中亦会增添类似的空间。太平路404号位于太平路、娃娃桥路口西北侧，广岛旅馆对面。该市房属1939年"市工务局"营建的太平路第四期联排式市房中的一间，由中国技师许炳辉设计。1940年前后，日本商人开办高桥工务店，随后租于株式会社市田商店南京出张所，作为经营贸易业的事务所。1943年底，由日本大中组南京出张所对房屋进行局部改造。[3]改造后的太平路404号形成前店后储的院落格局，临街的店铺栋、天井院、餐厨用房、"走元"式主院落和仓储栋组成，建筑面积达295.7平方米。店铺栋为标准的下店上宅式房屋，底层为事务所和接待室，二楼设日本式卧室三间。店铺栋后门至仓储栋间由一条通路贯穿，连接起两个院落，类似日本传统町屋中自"通庭"

---

① 南京市档案馆藏.《日商小岛吴郎租用太平路六十六号房基》，1944年4月22日，档案号：10020041430（00）0005.

② 南京市档案馆藏.市财政局：《关于永友宅治康租太平路七十七号房》，1945年2月20日，档案号：10020041638（00）0008.

③ 南京市档案馆藏.《日商潭仪八改建增建太平路四零四号房屋》，1943年9月20日，档案号：10020041430（00）0001.

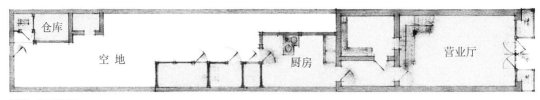

建筑一层平面图

建筑二层平面图

图 4-3-16　太平路 77 号"南京百货店"建筑一层、二层平面图

图片来源：笔者改绘。原图来源：南京市档案馆藏.《关于永友宅治康租太平路七十七号房》，1945 年 2 月 20 日，档案号：10020041638（00）0008。

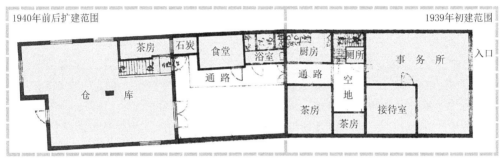

建筑改造设计一层平面图

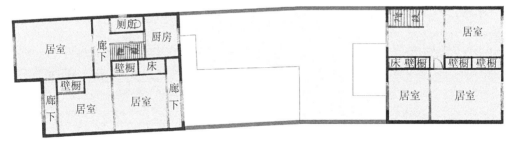

建筑改造设计二层平面图

图 4-3-17　太平路 404 号"株式会社市田商店南京出张所"房屋改建设计平面图

图片来源：笔者改绘。原图来源：南京市档案馆藏.《日商潭仪八改建增建太平路四零四号房屋》，1943 年 9 月 20 日，档案号：10020041430（00）0001。

经过"走元"到达仓库的通道式空间。生活用水、用火均布置在该空间内，包括天井院的厨房、茶房和厕所，主院一侧的浴室、食堂和煤炭贮存间等（图 4-3-17）。

　　综上所述，许多日本商人改建的市房建筑均出现了以通道窄院组织卫厨功能的日本町屋"走元"式空间。店铺栋与仓储室之间以狭长院落连通，一侧排列厨房、浴室和卫生间等生活用水、用火房间，只是日本传统兼具卫厨功能的侧面通道式空间转变为连接店铺栋与附属房屋的内庭窄院，其位置与尺度均发生了改变，是基于特殊用地形态的适应性空间利用。这种纵深向的窄院形制既与中国江南地区以合院和天井院为特征的、一进一进展开空间序列的传统住宅形成鲜明对比，也不同于日本町屋的一般性格局，体现了有限条件下日本传统住居空间在移植到南京时与地方建筑文化的融合与变异。

2. 前店后坊型

前店后坊型组合式市房指将销售、营业功能与生产、服务功能容纳在一起的市房空间类型，一般临街面为下店上宅的店铺，屋后为工厂、作坊、工作间等生产类用房。太平路 259 号位于太平街路段，房屋西、南、东三面临街，位置较为优越。抗日战争全面爆发前，开设文华昌记印务局，经营印刷、文具、纸张等业务。1938 年，日本商人开办松浦洋行，亦称大东亚洗濯店，经营服装洗涤等。1944 年，因墙壁倒塌而进行修筑，由日本福久洋行设计并管理。[①] 太平路 259 号为典型的前店后坊型布局，由临街面的店铺栋和后部的洗涤工坊组成，用地面积约 202.7 平方米，临太平路一侧面阔 6.7 米，总进深 32.7 米，总建筑面积达 434 平方米。店铺栋临街侧为店铺，后部及二楼为住宅，檐高 6.7 米。屋后为天井院，并设对外出口，与店铺栋相连处设"土间"，类似日本传统"町屋"中介于室内外的过渡性缓冲空间。洗涤场位于天井院之后，由中部的二层主楼和两侧的窄院组成，主屋主要作为衣物洗涤的加工间，设独立对外出口。端部和主楼二层包括雇工寝室、厨房、卫生间、客房等辅助用房，形成满足工人生产和日常生活的独立空间（图 4-3-18）。

对于紧邻繁华市街且对生产、贮藏等空间需求较多的前店后坊型市房，则向地块内部延展，以不同尺度的合院组织各类生产用房。太平路 393 号位于太平路、马府街路口东北角，自 1939 年

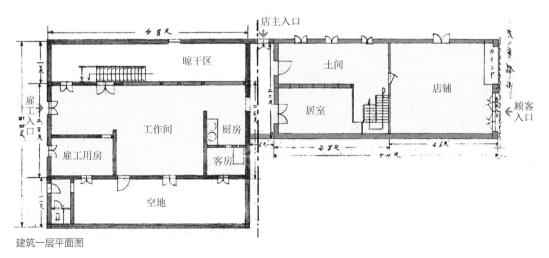

建筑一层平面图

图 4-3-18 太平路 259 号"大东亚洗濯店"建筑一层平面图

图片来源：笔者改绘。原图来源：南京市档案馆藏.《关于高桥敬三松浦兼市水野喜作承租改建中山东路二二九号太平路二五九号太平路太杨村十七号房屋与市财政局的来往文书》，1944 年 9 月 9 日，档案号：10020041640（00）0001。

---

① 见：南京市档案馆藏.《为据呈请启封太平路二五九号房屋给欧阳德甫的批及原呈》，1945 年 11 月 20 日，档案号：10030210164（00）0008. 及南京市档案馆藏.《关于高桥敬三松浦兼市水野喜作承租改建中山东路二二九号太平路二五九号太平路太杨村十七号房屋》，1944 年 9 月 9 日，档案号：10020041640（00）0001。

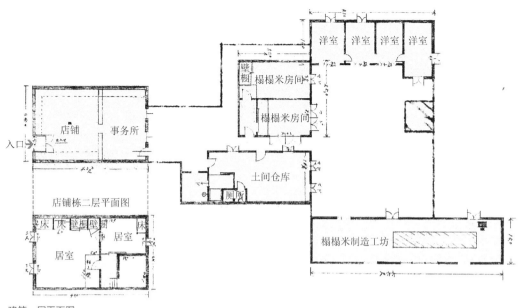

洋室　洋室　洋室　洋室

壁橱　榻榻米房间

榻榻米房间

土间仓库

厕所

榻榻米制造工坊

店铺　事务所

入口

店铺栋二层平面图

床　床　壁橱　壁橱　床

居室

居室

建筑一层平面图

图4-3-19　太平路393号"吉濑谨助叠工场及家屋"建筑平面图

图片来源：笔者改绘。原图来源：南京市档案馆藏．吉濑谨助：《关于太平路三九三号家屋使用许可证》，1943年12月20日，档案号：10020041424（00）0015。

起，由日本商人经营榻榻米的生产及贩卖业。[①] 建筑群基于不规则用地布局，由6栋房屋围合成两进院落，总建筑面积达1513平方米。临街市房为下店上宅型，屋后为一杂物院，继而向内，4栋房屋围合成一尺度较大的三合院，包括仓库及厕所、日本式榻榻米房间、洋室和制造工坊等。所有房屋均向内院开门，形成以加工、储藏榻榻米为主的厂院（图4-3-19）。前店后坊型市房将外向的服务、营业等经营性用房和内向的生产、贮存等功能在平面上相分离，形成内外分立的空间格局。

第四节　日伪的商业建设与改造

日占时期，由日本扶植的傀儡政权亦主持了一些商业建设与改造项目，根据建筑活动的数量和规模分为两个阶段。第一阶段为1938至1940年，为恢复城市生活秩序，进行了一些菜场、市房与简易市场的改造与建设。第二阶段为1940至1945年，随着城市商业生活逐渐恢复，吸引沪商到南京经营，商办商场开始增多。

---

① 见：南京市档案馆藏．张心贤：《关于太平路三九三号房屋该修情形》，1944年10月12日，档案号：10020040955（00）0027。及 南京市档案馆藏．吉濑谨助：《关于太平路三九三号家屋使用许可证》，1943年12月20日，档案号：10020041424（00）0015。及南京市档案馆藏．《源于吉濑谨助承租太平路三九三号房》，1944年10月4日，档案号：10020041638（00）0001。

一、1938至1940年的商业建筑改造与建设

（一）菜场

1938年9月至1939年中叶，"督办南京市政公署"创办了多处菜场建筑，旨在解决民众生计问题，恢复正常的生活秩序。这些菜场由"实业局"勘查、核定地点，"工务局"负责建筑设计及工程预算、招标、验收等事项。菜场多数利用原有建筑修缮、改造或扩建而成，包括承恩寺菜场、中华路菜场、程阁老巷菜场、长乐路菜场等。亦有部分为新建，包括复兴路菜场、山西路菜场、下关鱼市场等。菜场是该时期主要的商业设施类型，基本由日伪出资创办，仅山西路菜场一处为中国商民集资创办。

复兴路菜场位于新街口西南片区，与中央商场隔街相对，是日占时期最早创建的菜场之一。1938年9月开工，由南京顺昌营造厂施工建造，水、电设备等由华中公司承办，于1938年12月竣工验收（图4-4-1、图4-4-2）。鉴于菜场完工后摊位不敷分配，又将周围约三亩空地略事整理、布置，作为临时菜场，共设摊位100余个。[1] 在当时建材物资紧缺，民用建筑项目多采用建筑废墟上拆卸下来的旧建材，建造较为简陋的情况下，复兴路菜场也出现了施工方偷工减料、私用旧建材等情况。[2]

图4-4-1 "复兴之南京——复兴路小菜场"
图片来源：上海图书馆.《全国报刊索引——中国近代文献资源全库》，1833—1949。

图4-4-2 "中国合作社南京支社"分配推销廉价的物资（照片远端为复兴路菜场）
图片来源：华文大阪每日（半月刊），1942，8（6）：27。

复兴路菜场建设同期，开始着手筹办另外三处菜场，包括新建的承恩寺菜场和改建的中华路、程阁老巷菜场。菜场建筑改造经过两轮设计与工程招标，最终由"督办南京市政公署工务局技师"华竹筠完成建筑图纸。1938年12月，工程开标，南京建新营造厂因标价最低而中标。1939年2

---

① 见：南京市档案馆藏.《关于派员验收复兴路菜场》，1938年11月25日，档案号：10020051851（00）0002.及南京市档案馆藏.《关于在复兴路菜场两旁添设临时菜场》，1938年12月11日，档案号：10020051851（00）0014。

② 顺昌营造厂在建造复兴路菜场时便出现了私用旧建材及偷工减料的情况，包括采用旧建筑中拆下的砖块、以黄泥替代石灰作为砌筑材料、以木板代替门窗过梁等，一度被"工务局"勒令停工。见：南京市档案馆藏.《关于顺昌营造厂承建复兴路菜场厕所》，1938年11月25日，档案号：10020051851（00）0007。

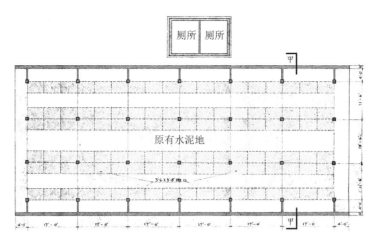

图 4-4-3 中华路菜场建筑修缮、改造设计平面图

图片来源：笔者改绘。原图来源：南京市档案馆藏.《关于函送各处菜场图样及估单》，1938 年 9 月 23 日，档案号：10020051851（00）0001。

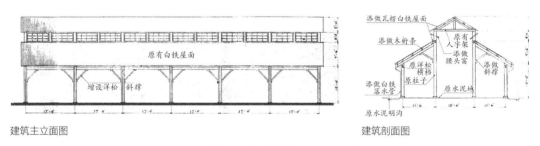

建筑主立面图   建筑剖面图

图 4-4-4 中华路菜场建筑建筑修缮、改造设计立面、剖面图

图片来源：笔者改绘。原图来源：南京市档案馆藏.《关于函送各处菜场图样及估单》，1938 年 9 月 23 日，档案号：10020051851（00）0001。

月，各处菜场陆续竣工开放。[①]

　　承恩寺等三处菜场均为利用旧有房屋经修缮及改、扩建而成。菜场均为木结构单层建筑，木材采用洋松，屋顶为木桁架结构，上覆瓦楞白铁屋面，围护墙体采用砖砌，地面一般为水泥地面。建筑内部为统一的大空间，以界桩划分摊位，形成室内步道式的菜市。例如，中华路菜场利用原菜场建筑改造，形成半开放式的单层矩形平面，临街面面阔三间合 14.1 米，进深六间合 33.5 米，建筑面积约 471.8 平方米。菜场内部为统一的大空间，呈行列式布局，开间单元中央为步道，两侧设摊位。这一空间格局与木桁架结构形式相适应，中间一跨的人字屋架高出两侧坡屋面，在柱间设置了时称"腰头窗"的高侧窗，提高了菜场内部的采光（图 4-4-3、图 4-4-4）。

　　承恩寺菜场由原承恩寺庙宇大殿经修缮、扩建而成，原庙宇为面阔五间的硬山式建筑。新建部分位于庙宇南侧，建筑平面为矩形，面阔 19.2 米，进深 25.8 米，建筑面积达 494.6 平方米。室内空间利用 3.81 米的开间单元，中间为宽约 1.8 米的步道，两侧各设约 1 米宽的摊位，形成连续

[①] 见：南京市档案馆藏.《关于修建承恩寺等三菜场工程说明书、设计图样投标章则、经费预算》，1938 年 11 月 23 日，档案号：10020051851（00）0011. 及南京市档案馆藏.《关于派员验收承恩寺等菜场工程》，1939 年 2 月 14 日，档案号：10020051851（00）0035。

的街市空间。此外，建筑保留了原有的礼佛路径，新建部分中央为两面围合的碎砖砌走道，南接入口，北侧通向原有佛座，形成一条具有仪式感的中轴线。基于寺庙形成的集市是中国传统社会中重要的商业空间形态，承恩寺菜场是时人对传统庙会式商业空间转译的一种探索（图4-4-5、图4-4-6）。

（二）市房

这一时期，日伪的另一项商业建设为临街市房，包括四期太平路市房和一期中山东路市房，均

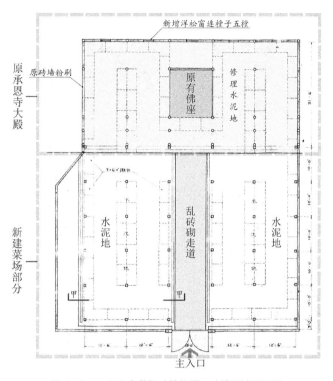

图4-4-5　承恩寺菜场建筑修缮、改造设计平面图

图片来源：笔者改绘。原图来源：南京市档案馆藏.《关于函送各处菜场图样及估单》，1938年9月23日，档案号：10020051851（00）0001。

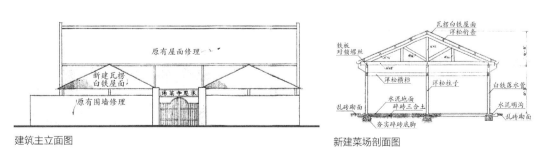

图4-4-6　承恩寺菜场建筑修缮、改造设计立面、剖面图

图片来源：笔者改绘。原图来源：南京市档案馆藏.《关于函送各处菜场图样及估单》，1938年9月23日，档案号：10020051851（00）0001。

由"市政公署财政处"负责办理,"工务处技师"许炳辉[1]设计并监造,部分图纸由黄元魁绘制。市房均公开招标建设,自1938年底至1939年底陆续竣工,除太平路一期市房外,均为联排式市房。这些建筑实际为日伪替"日本在南京的特务机关"代建,完工后均交付日本人使用,开办各类洋行、百货、服务设施等(详见表4-4-1)。

太平路第一至四期市房、中山东路一期市房建筑情况表
(1940年11月4日)[2]   表4-4-1

市房期数	门牌号数	门面间数	设计日期	建造日期	设计绘图	营造厂	工程造价	商店牌号	备注
太平路一期	79	3	1938年8月28日	1938年底建成	许炳辉设计、黄元魁绘图	大康新记营造厂	7989.36元	南京百货店	含监工费在内
	93	2						水店社	
	77	1						立川洋行	
太平路二期	132	1	1938年10月	1939年1月30日验收	许炳辉设计、黄元魁绘图	谈海营造厂	13274.84元	光东洋行	同上
	136	2						大同洋行	
	138	3						太平路邮局	
	140	2						东和看护妇会	
	142	1						丸荣洋行	
太平路三期	131	2	1938年11月22日	1939年4月18日完工	许炳辉设计、绘图	兴中公司	9062.67元	靖和洋行	同上
	133	1						鹿儿岛理发店	
	135	1						国本洋行	
	137	1						美容师	
	139	1						米原健	
	141	2						兼村军刀店	
太平路四期	402	2	1939年4月	1939年10月7日完工	许炳辉设计、绘图	朱宝记营造厂	14770.50元	信荣洋行	同上
	404	2						高桥工务店	
	406	2						顺天洋行	
	408	2						美罗服装店	
	408-1	1						高口洋行	
中山东路一期	—	4	1939年4月	—	许炳辉设计、绘图	—	19292.95元	—	—

---

[1] 许炳辉,时年27岁(1938),南京人,上海中华工程学校机械、建筑两科毕业。1932年任上海亚洲土木公司设计师及南京工程监工,1933年任南京华昌机器工程公司设计师及公司助理,1934年任南京自来水管理处工务股技士,1934年创立南京东亚水电工程社并独资经营,1935年服务参谋本部城塞组任少校工程技士,1936年合创南京福记建筑公司,任工程主任。1938年进入"督办南京市政公署工务处"工作,6月10日,与周荫芊一起被委任为技师,7月23日正式履任为"工务处技师",并兼任"卫生处技师";1940年4月11日,因病辞职。见:南京市档案馆藏.《照委另附周荫芊许炳辉为技师,附履历表》,1938年6月10日,档案号:10020010159(00)0068. 及南京市档案馆藏.《关于技师许炳辉辞职的报告》,1940年4月,档案号:10020060060(00)0012。

[2] 笔者整理。根据 南京市档案馆藏.《关于代建房的地点、门牌号等开列清单》,1940年11月4日,档案号:10020051001(00)0011. 及其他关于市房建筑的卷宗。

日伪创办的市房建筑多数为多开间的联排式市房，仅一期工程为三处独栋式市房。由于设计者是具有一定执业经验的中国籍建筑师，市房建筑体现了江南地区天井院式宅院特征，均为前后分立的空间格局，包括后院式和内天井院式两种形式。后院式包括太平路市房一期和二期，在临街面设下店上宅式的店铺栋，屋后为附属用房，一般作为厨房和储藏间，各屋或设独立后院，或形成合院。太平路二期市房为联排式市房，位于太平路与党公巷交叉口西南侧，建筑面阔九间合35.6米，进深约为13米。市房临街侧为二层的下店上宅式店铺栋，屋后为二层附属用房，并设杂物后院（图4-4-7）。

内天井院式则在临街店铺栋与屋后附属用房之间设天井院，包括太平路三期、四期市房及中山东路一期市房。太平路四期联排式市房位于太平路、娃娃桥路口西北侧，广岛旅馆对面。建筑面阔九间合32.9米，进深约为14.9米。建筑平面以分户墙分隔为5户，各户均由临街面下店上宅式的二层店铺栋和屋后的单层附属栋组成，附属房屋用作仆人住屋和厨房，二者间则形成进深约2.5米的天井院（图4-4-8）。

中山东路一期市房则在水平向前后分立的空间格局基础上增加了竖直向的空间维度。该建筑面阔九间合32米，进深约为14.6米。建筑平面划分为4户，包括面阔两间的三户和面阔三间的一户。建筑包括临街面的二层店铺栋和屋后的二层附属栋，二者间设天井院，并在二层以室外连廊相连，形成下店上宅和前店后厨的组合式空间格局。天井院作为整栋建筑的内庭院，成为集采光、通风、交通、区隔的功能性空间（图4-4-9）。

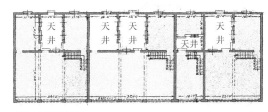 

建筑一层平面图   建筑二层平面图

图 4-4-7　太平路市房二期建筑平面图

图片来源：笔者改绘。原图来源：南京市档案馆藏.《关于建筑太平路市房第二期建筑工程经招商比价拟由华记营造厂承建》，1938年10月16日，档案号：10020050978（00）0001。

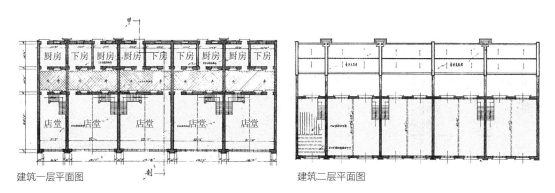

建筑一层平面图   建筑二层平面图

图 4-4-8　太平路市房四期建筑平面图

图片来源：笔者改绘。原图来源：南京市档案馆藏.《关于太平路第四期建筑市房设计图则等件》，1939年6月27日，档案号：10020051001（00）0001。

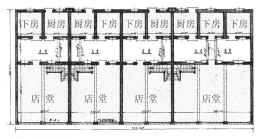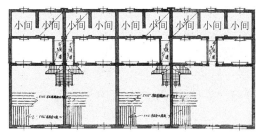

建筑一层平面图   建筑二层平面图

图 4-4-9 中山东路市房一期建筑平面图

图片来源：笔者改绘。原图来源：南京市档案馆藏.《关于建筑中山东路第一期市房工程全部图算》，1939 年 9 月 2 日，档案号：10020051002（00）0001。

    这些市房建筑均采用砖木结构为主、钢筋混凝土为辅的混合结构形式。建筑以山墙作为竖向承重构件，承托屋顶木桁架，上覆洋瓦。水平向承重构件主要为木结构，包括木梁、架空木楼板等。门、窗过梁及圈梁等则主要采用钢筋混凝土，亦有市房采用钢筋混凝土大梁，例如中山东路一期市房在二层连廊、附属栋楼面等部位采用钢筋混凝土结构。建筑木材种类较多，而且均选用新材料，包括洋松、杉木、本松（马尾松）等。洋松为主要用材，用于木桁架的上、下弦杆及腹杆、楼板、木梁、楼梯和门面板等部位，桁条则采用杉木，屋面板采用本松。这些市房在建筑结构、构造节点设计等方面均较为精细。但是，在当时建材紧缺的情况下，各营造厂难以严格按照图样进行施工。例如，太平路二期市房工程楼面所用洋松企口板改用小尺寸材料[1]，太平路四期市房将屋面本松板改为木椽子加钉木条的做法等（图 4-4-10）。[2]

    市房建筑均采用西式建筑风格，在主体店铺栋临街面增加西式店面。店面顶部高出坡屋面檐口，甚至高于屋脊，使得街上行人无法看到建筑屋顶，形成了完整的西式店面街。店面一般为竖向三段式，中部为带有窗户的实墙，上端为装饰性檐部，采用三角形、阶台形等各类造型，并设置装饰线脚。底部为传统门洞式入口，排列木制排门板，营业时全部敞开。房屋底层统一采用传统木制门面板，也反映出南京沦陷初期建材物资的短缺。

    店面按照立面构图形式可分为单元式和整体式两类，前者以立柱划分为店面单元，从而呈现出各户的分隔形式。例如，太平路四期市房以凸出檐口的柱子划分为 5 户，二层窗户上下预留横向店牌匾额。立面采用淡黄色毛水泥，预留店招处则粉光水泥。匾额、排门板均采用中式元素，柱头则为装饰主义细部，体现了折中主义的风格特征（图 4-4-11、图 4-4-12）。整体式店面强调统一的立面构图，一般采用对称形式，装饰水平线条，使店面形成统一的整体风格。例如，中山东路一期市房亦由窗洞上下的横向装饰线系统一建筑立面，并粉饰水泥，窗间墙、门洞柱等均为青砖，檐口处则采用阶台式装饰主义形式（图 4-4-13）。

---

① 南京市档案馆藏.《关于太平路第二期工程已竣工请派员查勘尚属合格拟准予验收》，1939 年 2 月 1 日，档案号：10020050978（00）0004.

② 南京市档案馆藏.《关于请拨发追加建筑太平路市房工程费》，1939 年 10 月 4 日，档案号：10020051001（00）0007.

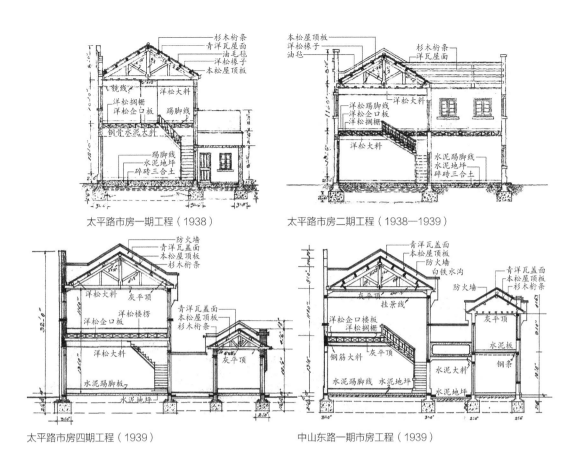

太平路市房一期工程（1938）　　　太平路市房二期工程（1938—1939）

太平路市房四期工程（1939）　　　中山东路一期市房工程（1939）

图 4-4-10　太平路一、二、四期及中山东路一期市房剖面图

图片来源：笔者改绘。原图来源：南京市档案馆藏相关历史档案. 档案号：10020050975（00）0006.；10020050978（00）0001.；10020051001（00）0001.；10020051002（00）0001（与上文图纸出处相同）。

建筑正立面图

图 4-4-11　太平路市房四期建筑立面图

图片来源：笔者处理图像。原图来源：南京市档案馆藏.《关于太平路第四期建筑市房设计图则等件》，1939 年 6 月 27 日，档案号：10020051001（00）0001。

图 4-4-12　2012 年拆除前的太平路市房四期工程旧址（左侧为浙江庆和昌记支店旧址）

图片来源：笔者拍摄。

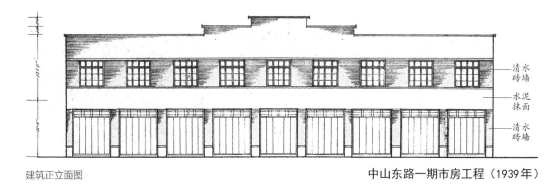

建筑正立面图

清水砖墙

水泥抹面

清水砖墙

中山东路一期市房工程（1939年）

图 4-4-13　中山东路市房一期建筑立面图

图片来源：笔者处理图像。原图来源：南京市档案馆藏.《关于建筑中山东路第一期市房工程全部图算》，1939 年 9 月 2 日，档案号：10020051002（00）0001.

（三）简易市场

该时期内，日伪还建设了大型的、临时性简易市场，即中华路 207 号"席棚商场"，是日占时期最早的新建商业建筑之一。1939 年 12 月，因"南京宪兵队"租用健康路商场，"财政局"在中华路 207 号市产基地搭建席棚商场，以容纳原健康路商场各商号。商场工程由朱泰记棚铺承建，工程期限为 10 日内。[①]

中华路 207 号席棚商场较为简陋，采用所谓"人字汽楼式"形制，即由底层的四排木柱承托屋顶木屋架，上覆三层芦席中夹两层杭油纸的重檐棚顶，屋架腰身部位环绕一圈玻璃汽窗。席棚商场这种临时搭盖的简易商业建筑也体现了 1940 年前后南京城市商业的破败以及财政拮据的状况。[②]

---

① 南京市档案馆藏.《关于租用健康路商场全部房屋一案》，1939 年 12 月 18 日，档案号：10020041935（00）0001.

② 中华路 207 号席棚商场由日伪出资创办，造价虽然仅 1990 元，建设费用却分三次支付，并以租户房租抵补。见：南京市档案馆藏.《关于租用健康路商场全部房屋一案》，1939 年 12 月 18 日，档案号：10020041935（00）0001。

二、1940 年以后的市房建设

1940 年以后，南京城市商业生活逐渐恢复，加之日伪"鼓动"沪商到南京投资，故该时期中国商人创办的商业设施增多，由日伪主办的商业建设减少，主要的商业建筑为山西路一带的市房改造。抗日战争全面爆发前，山西路为连接颐和路公馆区和中山北路的重要交通要道，也是南京城北重要的商业街道。1940 年后，山西路一带"商铺林立，日趋繁荣"[1]，被称为城北地区的商业中心。[2]但是，山西路一带主要为战后中国居民利用稻草、芦席等粗劣材料临时搭盖的房屋，材料易燃且缺少防火设备，具有较大的安全隐患。加之当时南京建材价格高涨，许多投机市民将业主不在南京的房屋私自拆除变卖，阻碍了市面的整体恢复和发展。[3]因此，日伪组织了山西路一带市房改造工程。

1943 年初，"南京特别市工务局"成立"山西路市容整顿事务所"，专门负责山西路市房建筑改造设计、工程管理等事项。经调查统计，拟改造屋宇共计 51 处，包括 18 栋瓦房、17 栋草房、10 栋白铁房以及 6 栋平房和木房。[4]山西路市房由"工务局技正"许中权设计[5]，建筑均为砖木结构的单层房屋，屋顶采用木桁架式坡屋顶。市房采用宽 3.7 米、进深 5.5 米的一层单元，实现商业与居住空间的集约化布局。市房立面较为简约，上部为"灰幔商标匾额"，下部为门洞式入口和 6 块木制排门板。各商号如有需要亦可申请建设楼房，但需遵照相关要求和设计方案，保证临街商业界面的统一。

山西路市房建筑虽然以统一的建筑临街立面和店招形式塑造了连续的店面街形式。但是，建筑主要采用旧材料，少用新料，且屋面材料、装修材料规格均较低，体现了有限条件下商业建筑的实用性特征。同时，店面街以面积狭小的单层市房为主，若与同期城中、城南地区较普遍的多层市房相比较，也体现出城北地区商业的不发达。

第五节　中国商人创办的集中型商业设施

日占时期，南京另一类主要的商业建筑类型为中国商人创办的商场，主要包括大型商场和简易市场，前者为全室内空间，一般采用步行商业街的形式，包括永安商场、兴中商场、联合商场、建康商场等；后者实际为统一规划建设的步行商业街区，由商铺单元组成，包括复兴商场、大中华商场、新世界商场等。集中型商业设施的发展主要集中于 1940 年之后。一方面，城市商业生活秩序逐渐恢复，部分中国商民回到南京建造商业用房、经营商场等。另一方面，由于战争的破坏和民众的迁徙，许多商业建筑用地沦为"产权不明"或"业主不在京"的"烧迹"、废墟等，为商人整合用地创办集中型商业设施提供了可能。

---

① 南京市档案馆藏.《关于山西路商店建筑图样等件请核示》，1943 年，档案号：10020052540（00）0007.

② 俞执中. 南京书场印象记. 弹词画报，1941-3-8：第一版.

③ 当时南京市民私自拆卸、变卖建筑材料的投机现象较为普遍。见：市政公报，1942（91）：12. 及市政公报，1942（91）：9-10。

④ 南京市档案馆藏.《关于山西路商店建筑图样施工说明书工料概算表》，1943 年 4 月 10 日，档案号：10020051034（00）0003.

⑤ 南京市档案馆藏.《关于该会所送复兴路商场建筑图样未遵照原租约规定》，1943 年 4 月 21 日，档案号：10020041947（00）0009.

一、内街式集中型商场

（一）夫子庙永安商场

1. 创办背景与经营情况

永安商场是日占时期南京新建的规模最大的综合型商场之一，也是城南夫子庙地区著名的老字号商场，与中央商场、太平商场一起被称为民国时期南京的三大商场。1940年，鸿记营造厂老板、沪商陆新根租下秦淮小公园东侧基地，着手兴建一座综合型商场。基地北邻贡院前街，南邻秦淮河，西邻秦淮公园路，面积约1740.4平方米。基地位置较为优越，不仅水陆交通便捷，且临近夫子庙与闹市区。随后，筹办方在中山路135号成立商场筹备处，委托技师杨存熙完成建筑方案设计。1942年10月，商场被批准建设，由鸿记营造厂承建。1943年5月，商场正式开业（图4-5-1、图4-5-2）。[①]

图4-5-1 夫子庙贡院前街（左侧中央为首都大戏院，右侧 街对面为永安商场基址）

图片来源：日本山口县档案馆藏。"大南京胜景"明信片。

图4-5-2 夫子庙永安商场（左首为老万全酒家，右首为永安商场）

图片来源：哈佛大学燕京图书馆（The Harvard-Yenching Library）藏。

永安商场商户以江浙沪一带居多，经营日用品等诸端百货。创立伊始，商场共容纳了50余家商铺，经销商品包括雨衣、眼镜、玩具、首饰、香粉等日用百货，衣帽、绸布、鞋袜等服饰品，并容纳了银号、信托等业务。除商业、金融业铺面外，发起人陆新根还引入"上海咖啡室"，并担任经理。场方还计划设立剧场，后因故取消。[②]永安商场主营日用百货商品，兼营金融、餐饮业态的模式，体现了复合型消费场所特征。

---

① 见：南京日用工业品商业志编纂委员会. 南京日用工业品商业志. 南京：南京出版社，1996：342. 及南京市档案馆藏.《关于永安商场建筑工程材料一份应归还原单位存档》，1942年10月26日，档案号：10020052520（00）0001。

② 南京市档案馆藏. 鸿记营造厂：《关于永安商场经验有数点不合一案》，档案号：10020052150（00）0003.

2. 建筑空间形式

永安商场位于城南夫子庙核心商业区的方整地块内，建筑平面顺应规整的用地边界，大致呈46.5米长、36.7米宽的不规则矩形。建筑基本采用砖木混合的框架结构，屋面为木桁架式双坡顶。每间店铺单元占据一个柱网[①]，共有商铺68间，总建筑面积约2639.2平方米。建筑主入口位于西北角，面向贡院街，与原首都大戏院隔街相望。南面基于临河栈道创造出体验性的商业街市空间，并设置了两个通往卖场的次入口，此外东面还设一个疏散出口（图4-5-3）。建筑立面风格简约现代，主体粉刷黄色水泥浆，窗间墙则保留砖的固有材质，塔楼部分的竖向线条装饰略作区分，采用白色水泥浆粉刷（图4-5-4）。由剖面上看，商场形成自外向内跌落的屋面形式，从而在支撑墙处开设高侧窗，增强购物空间的自然采光（图4-5-5）。

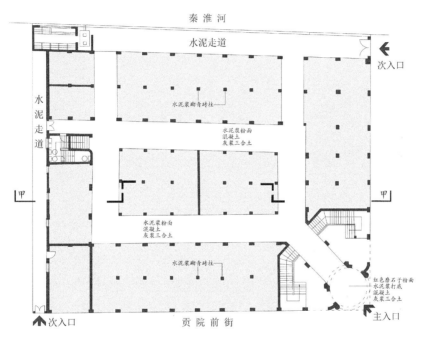

图4-5-3　永安商场一层平面图

图片来源：笔者描绘。原图来源：南京市档案馆藏.《关于永安商场建筑工程材料一份应归还原单位存档》，1942年10月26日，档案号：10020052520（00）0001。

永安商场的内街式建筑空间形式是场方的组织经营模式的集中体现。同抗日战争全面爆发前的国货陈列馆、中央商场一样，永安商场也源自近代以来"集团售品组织"式的新商业建筑类型，即由发起方筹资建设商场空间，再出租给各商号，通过收取出租租金和押租利息来牟取利润。基于这一经营模式，建筑以室内的环形步行道组织店铺单元，并充分利用底层商业界面，为各商家单租、整租以及装潢店铺提供便利。商场除西、北两侧为临街面外，还于南侧河畔设置了3米宽的临河商业栈道，从而充分利用了秦淮河道景观，使得除东立面以外的商场底层空间均可对外营业，以获取更高的租金利润。

---

① 由于永安商场的建筑平面并非规整矩形，柱网亦非单一尺寸，平面规则的商铺单元包括4种，即3.7米宽、4.6米长，4.6米见方，3.7米宽、6.1米长以及4.6米宽、6.1米长，建筑面积分别为16.72平方米、20.90平方米、22.30平方米和27.87平方米。

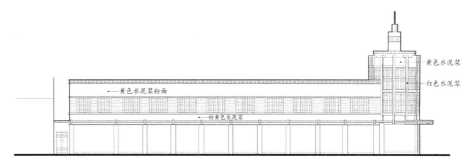

图 4-5-4　永安商场立面图

图片来源：笔者描绘。原图来源：南京市档案馆藏.《关于永安商场建筑工程材料一份应归还原单位存档》，1942 年 10 月 26 日，档案号：10020052520（00）0001。

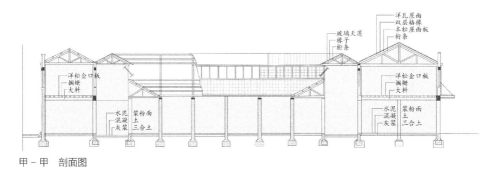

甲 - 甲　剖面图

图 4-5-5　永安商场剖面图

图片来源：笔者描绘。原图来源：南京市档案馆藏.《关于永安商场建筑工程材料一份应归还原单位存档》，1942 年 10 月 26 日，档案号：10020052520（00）0001。

永安商场的发起源自日伪为"复兴"南京市面而驱使江浙沪一带商人来宁经商，故商场的主要发起人和承租商均为沪商和江浙一带商人，南京本地商人较少。外来资本的介入，保证了商场建筑的建造水平和施工质量。与同期的其他商场相比，永安商场在室内空间、立面形式、建筑结构与用材等方面均较为考究，可谓日占时期内街式集中型商业设施的代表性建筑。永安商场也是尚存的为数不多的民国时期的大型商场之一。2008 年，该建筑进行了整体改造，室内中庭部分改建为三层，原采光高窗全部拆除，立面则改造为以粉墙黛瓦为特征的新中式风格。该建筑现由南京夫子庙购物中心有限公司管理，经营"美特斯邦威"服饰品牌。

（二）汉中路兴中商场

1. 创办背景与经营情况

兴中商场是日占时期南京新建的规模较大的集中型商业设施。抗日战争胜利后，与中央商场、世界商场（即原"复兴商场"）并称为"新街口三大商场"。兴中商场位于新街口广场西南侧、汉中路邮政局与铁管巷之间，用地面积约 8000 平方米，商业位势较为优越。抗日战争全面爆发前，除汉中路沿街建有市房外，基地内部主要为菜圃。南京沦陷后，建有"棚摊"[①]，以容纳汉中路一带的中小摊贩。

---

① 南京市档案馆藏. 市汉中路全体摊商代表：《关于请求联合商户建筑商场一案》，1942 年 8 月 12 日，档案号：10020041657（00）0001.

兴中商场的创办源自市容整顿措施。1942 年中，基于"限期拆迁汉中路棚摊一案"，汉中路全体摊商发起组织群益商场。同年 8 月，众摊商组织商场筹备处，将商场改名为兴中商场。他们计划由众摊商先行认股集资自建，若认股不足则呈请协助或另行对外招股，工期拟定为 5 个月。因基地产权较为复杂，一众发起人还呈请由日伪代管土地。①1942 年 11 月，日伪借孙中山先生诞辰纪念日之际，将孙中山铜像移至新街口广场，并敦促兴中商场建设计划的实施。然而，由于建材市场混乱、物价高涨，商场筹备遇到较大困难。1942 年底，商场一众发起人先呈请租金减半，后因原计划的 100 万元建筑费用不敷使用，又向银行呈请贷款。②1943 年初，商场开工建设，建筑由"市工务局技师"曹春葆设计③，公记祥号营造厂承建。工程前后持续一年有余，1943 年 12 月初开业（图 4-5-6）。④

图 4-5-6　新街口广场及汉中路兴中商场（左端为汉中路江苏邮政管理局）
图片来源：哈佛大学燕京图书馆（Harvard-Yenching Library）藏。

① 南京市档案馆藏．市汉中路全体摊商代表：《关于请求联合商户建筑商场一案》，1942 年 8 月 12 日，档案号：10020041657（00）0001．
② 见：南京市档案馆藏．《关于汉中路基地建筑商场第亩租价究应如何规定一案》，1942 年 11 月 2 日，档案号：10020041657（00）0003．及南京市档案馆藏．金锡奎等：《请准予贷款五十万元以便继续施工》，1942 年 12 月 4 日，档案号：10020041657（00）0004。
③ 南京市档案馆藏．《关于兴中商场建筑工程及内部装修有询话之必要给技师曹春葆通知》，1943 年 7 月 26 日，档案号：10020052148（00）0003．
④ 南京市档案馆藏．《关于兴中商场各项工程大半完成请准予营业一案》，1943 年 11 月 29 日，档案号：10020052148（00）0007．

兴中商场建成伊始，原汉中路一带摊贩占承租商总数的三分之二以上。其中，又以南京本籍商人为主，不同于永安商场以沪商为主，浙商、宁商共营的情况。[①] 商场经营类别则是五花八门，包括各类百货、瓷器、绸布、电料、木器、锡器等商号，可谓一处售卖诸端百货品的大型商场。此外，商场内经营香烟、肥皂、火油、洋烛和火柴等五洋货品的商号较多，抗日战争胜利后，还设有专门的五洋市场，与1946年夏创办的、位于马路对面的义民商场一起形成南京的五洋商品"大本营"，商业活动十分繁荣（图4-5-7）。[②]

图4-5-7 "南京五洋市场的中心——兴中商场"
图片来源：《今日画报》编辑马林森摄影［J］. 今日画报（TO-DAY），1948（1）：10-11。

2. 建筑空间形式

兴中商场建筑平面顺应基地外缘形成不规则形式，总建筑面积达8890平方米。建筑遵循大型商场中常见的内外分立的空间格局。临汉中路市房高两层，长约54.1米，设两个主入口。市房底层作为商铺，二层为商场办公室、职员寝室、经理及副经理办公室等较为私密的房间。[③] 主体商业空间为一层，采用步行商业街式布局。商铺总数达382个，标准店铺尺寸宽约3.1米、进深约3.7米。为适应阡陌纵横的商业内街的空间形式，建筑主体采用砖、木混合式结构，商铺屋顶为东西走向的木桁架双坡顶，在南北方向上并列排布。室内步道高出两侧店铺，从而设置高侧窗或玻璃天棚，满足购物空间的采光需求（图4-5-8）。由于临汉中路一侧市房、铁管巷附近房屋系利用旧有设施翻新、改造、扩建而成，结构相对较为繁复，局部如梁、楼面等部位采用了钢筋混凝土大料。兴中商场对于既有设施的最大化利用也影响了临汉中路空间界面的完整性，除中部五间较为规整、突出了商场主入口外，两端的几间高度参差不齐、层高也不一样，有的为传统临街店铺做法、有的又装饰了西式门面，并未形成统一的界面风格（图4-5-9）。

从兴中商场的建筑面积、商铺数量来看，该商场为日占时期规模最大的大型商场。但是，由于通货膨胀、工料飞涨，由小商贩组成的建设主体资金不足，不仅延误了工程进度，也导致建筑从设计、施工、用材等各方面均体现出较为简陋的状况。首先，发起人为了充分利用旧有设施，保留了

---

① 南京市档案馆藏.《关于据社福局呈兴中商场厂商联谊会筹备委员略历表暨筹备会图记印模单》，1944年11月20日，档案号：10020010840（00）0001。

② 见：锦泉. 五洋市场漫话. 今日画报（TO-DAY），1948（1）：11. 及今日首都（京行通讯）. 聚星月刊，1949，2（9）：12。

③ 南京市档案馆藏.《关于补送产权添做消防卫生设备一案》，1944年1月28日，档案号：10020052148（00）0011。

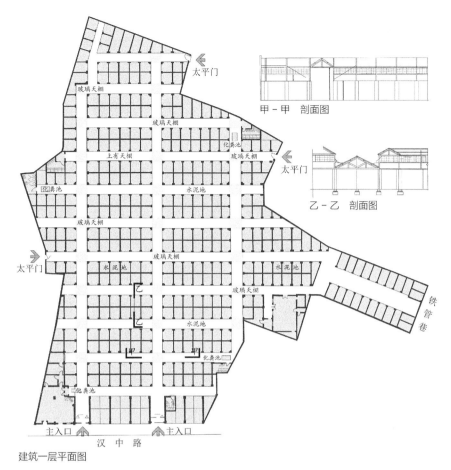

甲－甲 剖面图

乙－乙 剖面图

建筑一层平面图

图 4-5-8 兴中商场建筑设计图

图片来源：笔者描绘。原图来源：南京市档案馆藏.《关于兴中商场沿铁管巷添建平房二十二间》，
1944 年 1 月 31 日，档案号：10020052148（00）0009。

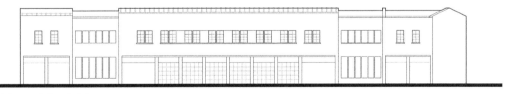

建筑主立面图（临汉中路）

图 4-5-9 兴中商场建筑沿汉中路正立面图

图片来源：笔者根据相关历史照片推测复原。

汉中路一带的临街市房，导致商场临街界面完整度较低。其次，商场使用了许多旧建筑材料，建造
质量较差，存在一定的安全隐患。最后，发起人为了最大限度地创造营业空间，使建筑密度过高，
然而建筑又缺乏有效的消防设施，导致从防火、疏散等方面均存在一定的安全隐患。

兴中商场作为市面建设工程的重要项目，在各方面获得了便利。日伪先是利用约 3 个月时间便
办理了整合、代管土地，仅对汉中路的摊贩们收取象征性租金，又将铁管巷口由"市政府"代管的
土地批作商场之用，之后还批准了商民们削减租金的请求，并帮助他们申请建设贷款等。然而，完

工后的商场建筑却差强人意，不仅临街界面较为凌乱，无法达成"以壮观瞻"的目的①，而且一众发起人也各怀鬼胎——他们既然可以承担高达百万元的建设费用，却无法接受每亩每月100元的租金。考虑到当时盗拆、盗卖建筑材料之风较盛，一众商民势必也参与其中，攫取利益。这种利益博弈也体现出日占时期畸形的社会形态。

（三）建康路建康商场

1. 创办背景与经营情况

建康商场位于朱雀路与建康路路口西北角，北通太平路、南接夫子庙商业区，商业位势较为优越（图4-5-10）。该基地原为商民陈可卿的宅基地，面积共计4101.3平方米。用地内建有江南地区的传统宅院，以单层房屋为主。南京沦陷后，该处宅地破坏严重，"后进被炸、中进被烧"，仅余"楼上下十余间"。房主后将临街市房出租于多家商户，开设饭店、理发店、面店等。②

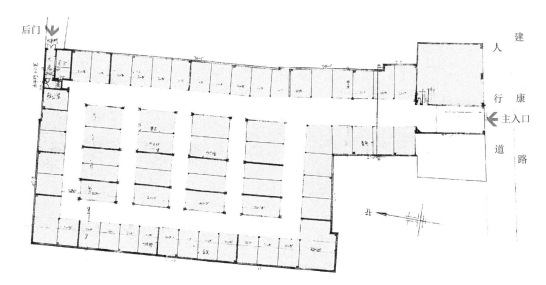

图4-5-10 建康商场一层平面图

图片来源：笔者改绘．原图来源：南京市档案馆藏．《关于建康商场建筑工程》，1943—1944年，档案号：10020052522。

20世纪40年代初，随着市面逐渐恢复，业主拟拆除以平房为主的旧宅并建造商场。1943年5月，陈可卿据"市房年久失修、危险堪舆，尤以221号曾遭火患，木料烧毁、墙屋破坏"为由，先呈请将旧有平房翻建为楼房，委托南京君力建筑公司设计并承建。但是，业主之前已将市房出租于多家商户，并签订了租约，其违约翻建行为遭到各承租商的抵制。陈可卿等人只得采取"避实就虚"的方式，通过各种途径强调房屋的破损情况及安全隐患，以改造建筑为由，达到翻建大型商场

① 南京市档案馆藏．市汉中路全体摊商代表：《关于请求联合商户建筑商场一案》，1942年8月12日，档案号：10020041657（00）0001．
② 见：南京市档案馆藏．李德桔：《关于陈可卿租赁纠纷请派员彻查建康商场建筑工程》，1943年9月4日，档案号：10020052103（00）0004．及南京市档案馆藏．君力建筑公司：《关于请换发四年度营业执照承建建康商场门面大楼改建三层式样》，1944年6月19日，档案号：10020052522（00）0004．及南京市档案馆藏．金同麟：《关于取缔建康路223号危险房屋》，1943年5月29日，档案号：10020052103（00）0001。

的目的。[①] 承租商人对拆屋工作的抵制一直持续到 1943 年 10 月中，拖延了商场建筑工程进度。自 1943 年 6 月初房屋拆除工作开始，直至 1944 年 2 月底，建康商场主体部分方才完工。随后，各商家开始陆续装修店面。[②]

建康商场这种由中国籍的土地及房屋业主和投资方合营的商业开发模式在日占时期较为常见，他们为追求商业利益而拆除旧屋、翻建商场，并不惜利用各种手段违背契约。但是，这种破坏契约的行为非但未遭到惩处，甚至从某种程度上得到了鼓励，反映出日伪对于恢复和建设南京市面的迫切需求。

2. 建筑空间形式

建康商场主入口面向建康路，临街的门楼式市房宽约 15.5 米，总建筑面积约 2500 平方米（图 4-5-10、图 4-5-11）。临街市房采用砖、木及钢筋混凝土混合结构，底层为商铺，二、三层应为场方办公及相关附属用房（图 4-5-12）。主体卖场位于基地内部，通过商业内街相连通，并于东北角设直通后巷的后勤入口。主体卖场平面呈矩形，四周为环形商业内街，中部有三条东西向内街，形成环状加线形室内步行商业街的空间格局。所有交通及购物路线上部均设玻璃天棚，增强购物空间的自然采光。为适应室内步行街的空间形式，主体卖场采用砖、木混合的框架结构，屋面为四周环形布置、中部呈行列式的双坡顶木桁架。标准商铺单元宽约 3.4 米，进深分别为 4.6 米和 6.1 米。

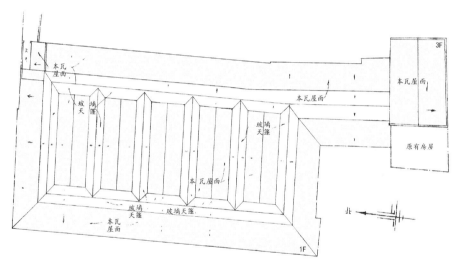

图 4-5-11 建康商场屋顶平面图

图片来源：笔者改绘。原图来源：南京市档案馆藏.《关于建康商场建筑工程》，1943—1944 年，档案号：10020052522。

---

① 见：南京市档案馆藏. 李德楠：《关于陈可卿租赁纠纷请派员彻查建康商场建筑工程》，1943 年 9 月 4 日，档案号：10020052103（00）0004. 及南京市档案馆藏.《关于承包建康路 219 至 225 号建筑工程给君力建筑公司通知》，1943 年 9 月 11 日，档案号：10020052103（00）0005. 及南京市档案馆藏. 金同麟：《关于取缔建康路 223 号危险房屋》，1943 年 5 月 29 日，档案号：10020052103（00）0001. 及南京市档案馆藏. 陈静宜：《关于房屋危险请取缔拆除》，1943 年 10 月 9 日，档案号：10020052103（00）0006。

② 见：南京市档案馆藏. 审勘股：《关于建康商场已完成大部只有等屋架报局复勘后再发装修执照一案》，1944 年 2 月 22 日，档案号：10020052522（00）0002. 及南京市档案馆藏. 君力建筑公司：《关于请换发四四年度营业执照承建建康商场门面大楼改建三层式样》，1944 年 6 月 19 日，档案号：10020052522（00）0004。

| 建筑一层平面图 | 建筑正立面图 | 甲-甲 剖面图 |

图 4-5-12　建康商场临街栋建筑设计图

图片来源：笔者改绘。原图来源：南京市档案馆藏.《关于建康商场建筑工程》，1943—1944 年，档案号：10020052522。

　　建康商场也采用当时较为普遍的"集团售品组织"式的经营模式，即由场方创办卖场空间，再以店铺单元的形式出租给各家商户。各商户拥有装修店面、布置室内空间的自主权，为多样化的商业空间创造了可能，主要体现在店面装饰形式、入口及展示界面、室内陈设等方面。店面一般由三部分组成，即檐口、店招和入口。装饰样式较为丰富，多数店面以几何体量穿插和横、竖向线条装饰为主，也有店家采用了中式传统样式，如马敦和帽店在檐口、门洞上缘均采用中式元素，窗户则为传统格子窗。商铺基本采用位于门楣之上的横向店招，这应为场方的统一要求，但店招的形式、大小及字体样式则各不相同。店招以下是通透的入口界面，一般由中间的大门和两侧的玻璃橱窗组成。室内陈设则基于不同的商品类型进行组合，主要采用点式橱柜、玻璃平橱、货架等家具，高档店铺还设置了独立的会客室和洽谈室，服装店则设置试衣间（图 4-5-13）。建康商场内基于店铺单元所形成的多样化店面装潢样式的组合形成了类似太平路、建康路等店铺街的空间界面，塑造出现代化室内步行商业街的空间体验。

二、简易的开放型市场

（一）复兴路复兴商场

　　复兴商场也称"复兴路市场"或"复兴路商场"，位于南京新街口西南侧、中央商场对面，东至"复兴路"（原中正路），西达大丰富巷，商业位势较为优越。商场基地原为国民政府元老李石曾、张静江等人所有，内部有 1938 年创办的复兴路菜场。[①]复兴路商场的创办源自于日伪恢复新街口市面的设想，但其创办过程较为曲折，大致分为日伪主办和"商会"主办两个阶段。1940 年底，"南京特别市政府"成立复兴路商场筹备处，派"财政局第三科科长"翁士铎兼任筹备处主任，进行商场筹备事宜。1941 年 1 月，商场开始办理招商登记事宜，并由"工务局"负责商场建筑设计和工程招标事务。建筑方案由"工务局"技师曹春葆设计，采用室外步行商业街串联店铺单元的商业空间形式。店铺单元采用木结构，建造与用材均较为实用，复兴路主入口处设高大西式牌楼门（图 4-5-14）。由于建筑方案中临街面的矮墙形式难以满足建设"新都"市面的图景，因此，1941 年初"南京特别市市长"蔡培将拟建建筑中的"沿街矮墙"改建为"铺房"，并增设沿街铺面 31 间，

---

① 李清悚. 南京世界商场与世界大厦. 世界月刊（上海 1946），1947，2（6）：55.

建康商场铺面装修设计（1944）

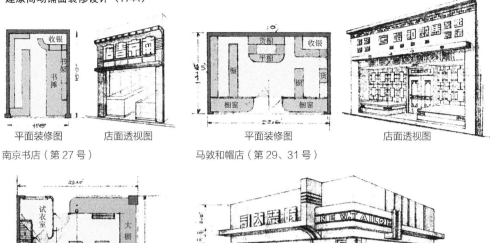

平面装修图　　　店面透视图
南京书店（第27号）

平面装修图　　　店面透视图
马敦和帽店（第29、31号）

平面装修图
某时装公司

店面透视图

图4-5-13　建康商场出租店铺室内装修设计图

图片来源：笔者处理图像并改绘。原图来源：南京市档案馆藏.《关于建康商场建筑工程》，1943—1944年，档案号：10020052522。

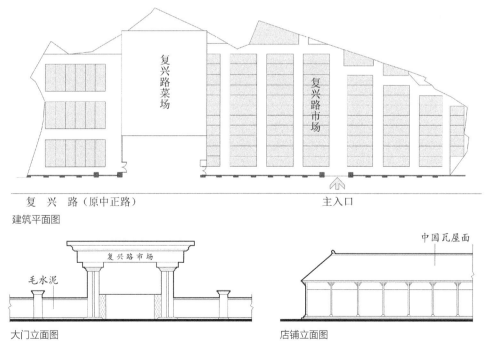

复　兴　路（原中正路）　　　　　　　　　　主入口
建筑平面图

大门立面图　　　　　　　　　　　　　　　店铺立面图

图4-5-14　复兴路市场建筑平面、立面图

图片来源：笔者描绘。原图来源：南京市档案馆藏.《为拟在复兴路菜场两旁隙地建筑商场》，1940年，档案号：10020051013（00）0001。

总铺面达到 211 间。但是，因建材价格日趋高涨，日伪"库款奇绌"，而招商方面亦不顺利，商场筹办工作遇到较大困难。①

由于资金筹措不成，复兴商场只得变更创办主体。1942 年 6 月，"南京特别市商会理事长"葛亮畴呈请转租该地并创办商场。他们计划采用有限公司的组织形式，拟向各业集资，建造单层店铺 212 间。1943 年 3 月前后，商场建筑开始兴工，由基成建筑公司承建。② 然而，1943 年 8 月 5 日，施工中的复兴商场新建楼面全部倒塌③，致使工期延后。自 1943 年 9 月至 1944 年初，商场内各家商铺完成装修并陆续开业。

复兴商场是 1940 年后由日伪力主创办的大型市场，按照他们的愿景，商场建设既可以繁荣市面，也能增加财政收入。商场方案中所呈现出的简易结构、材料与空间也反映出资金拮据的现实。但是，为了示范性地实现"繁荣首都商业，以壮市容之观瞻"的目的，他们也竭力美化建筑外观，促进市容建设。由此观之，日伪借助商场和临街市房建设来"粉饰"南京市面并借此谋取利益的意图十分明显。商场自发起至完竣前后持续了将近 4 年，并经历了筹办方易主过程，曲折的创办历程也体现了日占时期南京城市经济的萎靡。

（二）中华路大中华商场

大中华商场位于中华路与白下路路口东南角，北临内青溪。1942 年，江苏宜兴商人、慧园街大上海饭店老板范冰雪等人集资创办大中华商场。该基地原为"旗地"，即清朝统治者划拨给皇室、勋贵或八旗官兵的土地。商场建筑由技师徐信孚设计，金明营造厂承造，分三期工程进行，1942 年 9 月前后，大中华商场建筑全部完工，共有商铺 158 间，总建筑面积达 2559 平方米。④ 商场区位优越，不仅靠近中华路、白下路等著名商业街，且距离太平路、朱雀路仅一个街区，属南京老城南商业区的核心位置。

大中华商场是通过线形、环形的室外步行商业街组织店铺单元的集中型简易商业设施，体现了

---

① 见：南京市档案馆藏.《复兴商场筹备处图纸、预算书、招待通告、广告等各一份工程规则》，1941 年 4 月 2 日，档案号：10020040108（00）0002.及南京市档案馆藏.《关于颁发复兴路商场筹备处图记事宜》，1941 年 1 月 18 日，档案号：10020010370（00）0057.及南京市档案馆藏.《关于呈送复兴路商场建筑计划图》，1942 年 6 月 3 日，档案号：10020041947（00）0002。

② 见：南京市档案馆藏.《关于呈送复兴路商场建筑计划图》，1942 年 6 月 3 日，档案号：10020041947（00）0002.及南京市档案馆藏.李德橘:《关于陈可卿租赁纠纷请派员彻查建康商场建筑工程》，1943 年 9 月 4 日，档案号：10020052103（00）0004.及南京市档案馆藏.《关于复兴路商场建筑图样》，1943 年 4 月 21 日，档案号：10020041947（00）0009。

③ 1943 年 8 月 5 日，施工中的复兴商场新建楼面全部倒塌，后据调查，系"由于地质不良在施工前未打试桩，施工时承包商又草率从事，技师杨存照将他人设计之工程图样代为顶名盖章，蒙报情事"。由是，技师杨存照被吊销执业证书一年，承包商基成建筑公司被永远吊销营业执照。复兴商场施工事故发生后，在建中的南京联合商场、新世界商场等停工整顿。见：南京市档案馆藏.《关于复兴商场倒塌一案请分别给予处分并通知该工程建筑公司与技师》，1943 年 8 月 25 日，档案号：10020052147（00）0003.及南京市档案馆藏.李德橘:《关于陈可卿租赁纠纷请派员彻查建康商场建筑工程》，1943 年 9 月 4 日，档案号：10020052103（00）0004。

④ 第一期工程为临街单层市房 8 间，1942 年 1 月开工，1942 年 5 月中旬完工；二期位于一期临街市房屋后东侧，设计于 1942 年 1 月 28 日，包括单层铺房 32 间；三期工程设计于 1942 年 3 月 6 日，为商场主体部分。因二期、三期工程涉及用地产权不明等问题，建造过程屡经中断，延误了工期。见：南京市档案馆藏.范冰雪:《关于呈复大中华商场建筑事项》，1942 年 12 月 18 日，档案号：10020052151（00）0020.及南京市档案馆藏.徐信孚:《关于大中华商场第一、二、三期工程及装修均未委托徐信孚负责一案》，1942 年 9 月 19 日，档案号：10020052151（00）0014。

场方对于商业利益的追逐和建筑空间的实用性需求（图4-5-15）。为方便灵活出租，商场设置了多种类型的店铺单元（图4-5-16）。这些店铺单元均为面阔2.8米左右、进深由4.7米至9.8米不等的矩形平面。临近中华路的二期商场店铺面积、步道宽度普遍较小，街区内部的三期则相应增大，体现了商业价值对于商业空间尺度的影响。店铺均采用简易的木结构和砖木混合结构，二期店铺屋顶为市房中常见的西式木桁架，三期店铺单元则沿用了传统民居的结构形式，即砖墙、檐柱上架一根主梁，梁上再架短柱，檩条搁置在柱头。建筑用材、建造与形式均较为简单朴素，正立面粉刷纸筋灰，山墙面则为黄沙水泥，屋面覆盖传统小青瓦。柱础、雀替等细部虽模仿了中式装饰形制，但比例、形式均较为简化，体现了商场发起人的实用性需求。

　　大中华商场是日占时期由中国商人资本联合创办的简易市场建筑类型的典范，集中体现在线形加环形组织的室外商业步行街，多元化的店铺单元，简单朴素的建筑结构、材料与形式等方面。从某种程度上讲，大中华商场是自上而下规划建设的商业街区，以复合型的商业业态吸引购物者，从而提升了原本商业价值较低的街区内部空间的活力。临街一侧则设置过街门楼，与同时期大型商场的入口门楼有异曲同工之妙，也是中国传统街市空间的标识性建筑——牌楼门的现代化转译。此外，在建筑空间、建造与用材等方面所反映出的简易性与实用性，既是商人阶层趋利思想在商业建筑空间中的体现，也反映出该时期南京商人资本的薄弱。

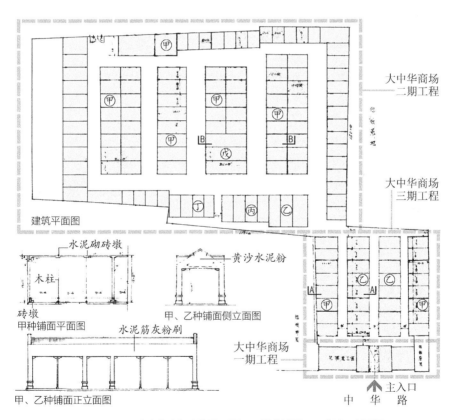

图4-5-15　大中华商场建筑平面图及二期店铺平面、立面及剖面图

图片来源：笔者改绘。原图来源：南京市档案馆藏.《关于建造大中华商场建筑图纸》，档案号：10020052551（00）0001.

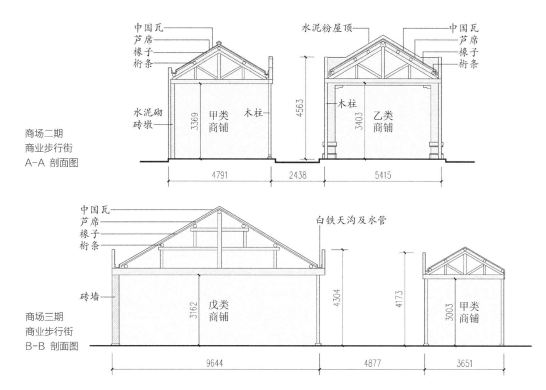

图4-5-16 大中华商场商业步行街剖面图

图片来源：笔者绘制。根据 南京市档案馆藏.《关于建造大中华商场建筑图纸》，档案号：10020052551（00）0001。

本章小结

抗日战争全面爆发后，日军通过轰炸、纵火、劫掠等方式对南京城的商业街区与建筑进行了严重破坏，数以百计的商业市房沦为废墟和"烧迹"，城市陷入瘫痪中。日占时期，南京商业建筑的发展基本以1940年初为界，划分为两个时期。前一阶段以战后市面恢复为主，人们利用毁于战火的既有设施改造与建设大型菜场和商业市房，迨至1940年初，太平路、建康路等地恢复了连栋式店铺街的面貌。后一阶段内，日伪为恢复与发展市面，"威逼"和"利诱"上海一带的商人到南京经商，带动了集中型商业设施的发展。

日占时期，南京的商业建筑根据建设主体不同划分为三类，即日本人占用、改造与建设的商业建筑，日本扶植的傀儡政权所改造与建设的商业设施以及由中国商人自主经营创办的商业建筑等。日本人占用的商业建筑主要为商业市房，集中于"日人街"内，包括独栋式和组合式市房，后者还出现了日本本土"京都町家"类型的"走元"式格局。此外，多所日本连锁型百货商店亦在南京开办了分销机构，包括高岛屋、三中井等，是日本殖民经济的组成部分。

这一时期，日伪亦改造、建设了一些商业设施，包括1938至1940年间的菜场、市房和简易市场，1940年后的市房建设等。1938至1940年间，商业设施建设以民用商业建筑为主，旨在恢复正常的社会生活，并为日本殖民经济服务。1940年后，由于人口增加，城市商业生活逐渐复苏，商业建设更多地关注于市容与市面。建设活动集中体现了商业建筑的实用性需求，基本采用木、砖木等简易结构，使用废弃房屋中拆卸下来的旧建材，较少采用玻璃、混凝土等现代化的新材料。

1940 年以后，随着南京城市面逐渐恢复，部分沪宁一带的中国商人到南京经商，加之战火致使许多商业用地成为业主不明或业主不在南京的荒废土地和废弃房屋，中国商人遂建设了一些集中型商业设施，包括内街式集中型商场和简易的开放型市场。这些商业建筑主要集中于战前繁华的新街口和城南商业区内，是"集团售品组织"式的商业组织模式和商业空间形式的延续。

　　综上所述，日占时期，各方主体虽然建设了一些商业建筑，但受制于建材贸易以及通货膨胀，商业建筑基本采用"烧迹"、废墟上拆卸下来的旧建材，多为木结构、砖木混合结构房屋，不仅材料质量较为低劣，施工情况也比较差，偷工减料现象较多，甚至出现了施工中建筑坍塌的情况。商业建筑的发展态势也反映出日占时期畸形的社会形态。

第五章

抗日战争胜利后南京商业
建筑的改造与建设
（1945 至 1949 年）

1945 年 8 月，日本战败投降，国民政府开始着手计划"还都"南京，城市人口增长较为迅速，南京城市商业得以恢复和发展。但是好景不长，市场上美货盛行，国民政府又大肆滥印钞票来榨取人民财富，造成市场恶性通货膨胀，城市工商业受到严重破坏，大量工商企业难以为继。本章探讨自 1945 年 8 月日本战败投降至 1949 年中华人民共和国成立期间，国民政府自上而下推动的南京商业区改造计划与建设情况，国货运动导向下的商业设施的现代化发展以及各类官办、商办的商场、菜场、市房等商业建筑类型。

第一节　概述：抗日战争胜利后南京城市商业概况与商业建设

一、社会及商业概况

抗日战争胜利后初期，各级政府机关单位、社会团体及个人返回南京接收"逆产"[1]，大批由日本人和日伪所占据的财产和企业转化为官僚资本，使得官僚资本急剧膨胀。与此同时，南京机关单位骤增，大批官吏、公勤人员、军警、商人、学校师生等回到南京。1945 年 8 月，南京市人口为653974 人，至国民政府"还都"后的 1946 年 5 月，南京人口达到 756145 人，1947 年又上涨到1122140 人[2]，约为抗日战争胜利时的两倍，超过了战前的城市人口数量。

城市人口增涨为商业、服务业的恢复与短暂繁荣创造了条件，首先体现在百货业及日用工业品市场的发展。根据 1946 年 12 月 17 日的南京《中央日报》记载，南京百货业同业公会会员共有400 家[3]，根据 1947 年 11 月 1 日《中央日报》记载，百货业向南京市社会局登记者已增至 736 家之多，全市注册商店达到 15679 家，基本恢复到战前水平。[4] 此外，粮食、石油市场亦蓬勃发展，政府及民众大兴土木则带动了营造业、建材业的繁荣，工业方面如机械、电子、化学工业等亦有所发展。城市商业的恢复与短暂繁荣并未改变生活消费品为主要商品、生产资料商品居于低位的商业特征。由于工业生产的落后，金属、机电设备等现代化工业门类始终未形成商业行业，经营化工产品的专业商店也仅有一家。[5]

战后初期，南京城市商业的恢复与发展还体现出"虚假繁荣"景象。国民政府为发动全面内战，亟须从以美国为代表的西方资本主义国家处获得物资与贷款援助，更不惜出卖国家主权。1946 年11 月，国民政府与美国签订《中美友好通商航海条约》，表面上双方平等互惠，实则将中国门户大开，把民族工商业暴露在与外国资本的竞争中。当时市场上遍布洋货，其中又以美货为大宗。南京是美货最为集中的倾销地区，市场上充斥着大量二战后美国的剩余物资和商品，致使众多民族工商

---

① "逆产"亦有文献称"敌产"，指日占时期由日本人和日本人扶植的傀儡政府所占据的财产。
② 见：南京市人民政府研究室，陈胜利，茅家琦. 南京经济史（上）. 北京：中国农业科技出版社，1996：401. 及［民国］南京市政府. 首都市政. 南京：南京市政府，1948：7-8. 及中国国家图书馆藏. 南京市地理及社会概况. 首都警察厅警员训练所讲义，1946：22.
③ （中国共产党）书报简讯社. 南京概况（1949 年 3 月）. 南京：南京出版社，2011：322.
④ 根据 1935 年相关部门对南京各区商铺号数量的统计数据，南京共有普通商店 13410 家，特税免征商店2000 余家，共计 15410 余家. 见：南京市商店家数分区统计表. 收录于［民国］柳治徵等. 江苏省首都志（一）. 成交出版社有限公司印行，1935：1105.
⑤ 南京市人民政府研究室，陈胜利，茅家琦. 南京经济史（上）. 北京：中国农业科技出版社，1996：401-402.

业企业倒闭，失业人数激增，经营日用品的商店甚至出现了"无货不'美'、有'美'皆备"的情况。[①]

与此同时，国民政府发动全面内战，由于军费开支浩大，财政赤字惊人，只有依靠无限制的滥印钞票来榨取人民财富、弥补亏空，从而造成市场恶性通货膨胀、物价飞涨。1948年8月，为挽救因法币破产所导致的国统区国民经济崩溃的局面，国民政府又实行"币制改革"政策，以"金圆券"替代"法币"。无限制地印行纸币，不到一年间发行量达到1900亿元，金圆券如同废纸。[②]国统区经济崩溃使得南京城市商业急转直下，日用品紧缺，物价完全失控。1948年11月至1949年1月间，各类商品遭到疯狂抢购，货物卖出后无法补进，商店十店九空。至1949年春，众多国民政府机关和官员纷纷南迁，商业市场生意清淡，各商场货架空空，市场处于一片混乱之中。有数座仓库存货的中国国货公司几乎被抢购一空，只能为中国纺织公司代售"零头布"维持开支。1949年4月中国人民解放军攻克南京前夕，南京城已是"一副百业凋零、生产萎缩、居民失业、通货膨胀的烂摊子"，全市商店仅剩420余家。[③]

二、商业街区及商业建设概况

（一）商业区的变迁与商业街市发展概况

抗日战争胜利后，随着各机关、实业团体及民众陆续返回南京，战前的著名商业区逐渐恢复往昔的繁荣景象。南京主要的"商务荟萃之区"集中于城南中华路、夫子庙、建康路一带，城中新街口、中山东路、太平路等地，城北北门桥、鱼市街以及城外下关大马路、二马路等地。[④]由于日占时期特别是1940年以后的商业建设集中于城中、城南地区，兴中、复兴商场建设增强了新街口地区的商业中心地位（图5-1-1），时人云："以言交通，这里（新街口）的车辆四通八达；以言饮食，这里有南珍北味，供你吃喝咀嚼；以言娱乐，这里有足够你悦目赏心的影剧戏院；以言商业，这里聚焦了商业精华。"[⑤]

南京各商业区的发展还体现了自下而上的商业行业聚集性特征，形成了不同业态类型的商业区域。根据1947年的《南京聚兴诚银行三十六年度工作报告》的记载，棉纱业、绸布业主要集中于城南升州路、建康路、中华路一

图5-1-1　新街口鸟瞰

图片来源：http://s12.sinaimg.cn/mw690/001kfCE7gy6V2gwqZTl8b&690。

---

① 见：南京市人民政府研究室，陈胜利，茅家琦．南京经济史（上）．北京：中国农业科技出版社，1996：412．及南京日用工业品商业志编纂委员会．南京日用工业品商业志．南京：南京出版社，1996：14-15．

② 南京市人民政府研究室，陈胜利，茅家琦．南京经济史（上）．北京：中国农业科技出版社，1996：398-404．

③ 见：南京日用工业品商业志编纂委员会．南京日用工业品商业志．南京：南京出版社，1996：14-15．及南京市人民政府研究室，陈胜利，茅家琦．南京经济史（上）．北京：中国农业科技出版社，1996：399，403．

④ 中国国家图书馆藏．南京市地理及社会概况．首都警察厅警员训练所讲义，1946：44．

⑤ 今日首都（京行通讯）．聚星月刊，1949，2（9）：12．

带。新街口地区依托中央、世界及兴中三大商场，成为重要的百货、五洋、五金及服装业中心，并向四缘辐射，囊括了中山路、中山东路、中正路一带。其中，兴中商场和北面的义民商场是当时南京重要的五洋商品中心。贸易运输业、粮食业及南北货业则依托于城北便利的水陆交通设施，在下关商埠区一带汇集。①

（二）商业建筑发展概况

抗日战争胜利后初期，商业建筑亦迎来了短暂的发展契机，体现在国货运动影响下的商业空间的现代化发展，各类官办、商办的集中型商业设施建设，市房建筑的营造与改建等方面。国货运动所推动的百货公司、大型商场及商品展览会的创办是该时期商业设施现代化发展的主要特征。抗日战争胜利后，工商各界人士重新提倡国货运动，南京作为国民政府的政治、经济中心，成为推动国货事业发展的重要城市。这一时期，战前著名的中央商场、南京国货公司相继复业，战前筹建的首都中国国货公司重新续办。此外，各界国货人士还发起创办了首都国货展览会、小型国货展览会、全国国货展览会等商品展销会，促进了商业空间的现代化发展。

集中型商业设施建设主要包括南京市政府创办的商场和菜场、商人发起的大型商场等。1946至1947年间，南京市政府计划创办大型商场、菜场各三处，但因建材及施工费用飞涨，实际建成者仅有下关热河路商场、热河路菜场和八府塘菜场三处。以商业资本为主体发起创办的大型商场包括首都商场、太平商场和世界商场等。其中，位于太平路商业街的太平商场是当时远近闻名的消费场所，与中央商场、永安商场并称为民国南京的三大商场。此外，一些上海的百货公司在南京开设了分销机构，包括永安股份有限公司、上海有限公司等，体现了战后初期的商业繁荣景象。

至中华人民共和国成立前，南京已有大型百货商场约11家，较大型商场若干（表5-1-1）。大型商业设施根据建设时段包括三类，第一类建于南京国民政府时期或日占时期，包括南京国货公司、中央商场、兴中商场、永安商场等。第二类为接收、改造的由日本人、日伪占用或建造的商业设施，包括世界商场、上海百货公司南京分公司等。第三类为抗日战争胜利后由政府或商人新建的商场，包括首都中国国货公司、首都商场、太平商场和热河路商场等。这些集中型商业设施主要集中于新街口以南、中华路以东的城中、城南旧城区内，鼓楼附近和下关地区仅各有一家大型商场。

中华人民共和国成立前南京重要大型商场一览表②　　　　　　　　表5-1-1

商场名称	地址	创办时间	资本来源	创办人	备注
中央商场	中正路69号	1936年1月开业，1946年10月复业	商本（官僚资本性质）	国民政府元老张静江、李石曾、曾养甫等人发起创办	南京解放前的总经理为龚伯尧
兴中商场	汉中路，新街口西南角	1943年12月开业	商本	汉中路摊商集资自建	南京解放前经理为谢开基

---

① 南京金融志编纂委员会，中国人民银行南京分行. 南京金融志资料专辑（二）：民国时期南京商办银行. 南京：南京金融志编辑室发行，南京：江苏省农科院印刷厂印刷，1994：212-213.
② 笔者编制。参照南京市图书馆、南京市档案馆、上海市图书馆等所藏相关历史资料。

商场名称	地址	创办时间	资本来源	创办人	备注
世界商场	中正路，新街口西南角	1944年初开业，1946年4月复业	商本（官僚资本性质）	"南京市商会理事长"葛亮畴等	日占时期创办复兴商场，抗日战争胜利后经更新改造开办世界商场，1947年底筹建世界大厦
永安商场	贡院街	1943年5月开业	商本	鸿记营造厂老板、上海人陆新根	—
太平商场	太平路	1948年初开业	商本（官僚资本性质）	贺鸿棠联合顾心衡、周亚南等人创办	—
热河路商场	下关热河路	1948年初开业	官本	南京市政府官办商业建筑计划之一，由南京市工务局承办	—
永安股份有限公司	太平路304号	不详	应为商本	不详	应为上海永安股份有限公司在南京的分公司
首都中国国货公司	中山东路二郎庙口	1946年7月开业	官商合办（国家金融资本性质）	中国国货联营公司联合南京市政府、各银行机构、京市商人共同创办	抗日战争全面爆发前开始筹划，但因战火未能建成
南京国货公司	中山路73号	1937年开业，1946年5月复业	官商合办	南京市政府发起、采用官商合办的形式	1938年由日本大丸百货占据开办南京商店
上海百货公司南京分公司	中山路346号	不详	不详	不详	1939年被日商企业高岛屋占据开办高岛屋南京出张店
首都商场	朱雀路49号，四象桥东南隅	1947年中开业	商本	沪商刘和笙连同房产业主何星五、土地地主刘理青联合创办	日占时期曾创办民众戏院及新世界商场

此外，随着原籍商民陆续返回南京，商业街道两侧的市房建筑亦有一定程度的发展，包括传统天井院式空间格局的独栋市房、联排式市房等。独栋式市房是该时期主要的市房建筑类型，包括单栋式和组合式，前者只设临街的店铺栋，后者则由店铺栋和屋后的附属用房组成，一般采用天井院落式布局，而不是日占时期常见的"走元式"布局。联排式市房临街面较为宽阔，一般或为大户的土地，或由富有商家整合、购置，再统一建屋经营。随着自上而下的中山北路沿线改造工程的推进，道路两侧还建设了部分联排式市房，具有代表性的建筑为馥记营造公司办公大楼，集中体现了联排式市房的较大规模和较高建造水平。

第二节　抗日战争胜利后南京商业街区的改造与建设

抗日战争胜利后，南京城基本延续了旧有肌理，并未进行大规模的商业区整治与改造。虽有新街口广场及周边城市空间的商业区改造计划，但未能实施。但是，在以土地整理和市容整顿为目的的自上而下的行政力量的推动下，城北及下关商业区得到了某种程度的发展。

一、既有商业区的改造计划

既有商业区的改造计划主要包括下关商业区及新街口广场周边地区，后者在日军侵略南京时保存相对较为完整，沦陷初期便被日本人占据并划为"日人街"；前者则在战火中遭受严重破坏，"十毁八七"，迨至 20 世纪 40 年代中叶也未能恢复。

（一）下关地区的土地重划

战后的下关地区用地界限混乱，且有大面积的土地"满目荒凉""一片冷落"，国民政府遂决定进行土地重划。1946 年 10 月，国民政府行政院颁布《土地重划办法》，拟以"交换分合""地形改良"的方式对用地边界进行重划整理。[1] 下关土地重划计划分为三期，第一期位于京沪铁路以西、京市铁路以北、惠民河以东、老江口以南的区域，共计 133 亩；第二期东至府城墙、南至绥远路、西达惠民河、北至京市铁路，总面积为 155 亩；第三期位于第一期范围以西，南面以大马路为界，西、北至江岸，总面积达到 212 亩。[2] 下关土地重划只有第一期和第二期得以实施，第三期则未能进行。土地重划完成后，市政府又将沿江的带状地带设为工业区，惠民河两岸则划作为商业区。[3]

下关的大型官办商业设施计划伴随着土地重划而展开，均位于惠民河两岸的商业区内。1946 年 10 月起，南京市政府拟办的 6 处大型商业建筑中有 4 座位于下关土地重划区范围内，包括热河路商场、菜场及商埠街商场、菜场。但因市政府财政拮据、建材价格高涨，仅有热河路菜场和商场竣工开业。[4]

（二）新街口广场改造计划

战后初期，新街口广场周边区域建筑风格各异、略显无序。1947 年，政府制定新街口广场改造计划，以期提升新街口及周围城市空间品质。该计划包括两个方案，均延续了正方形基地边界，并在广场正中设置花坛。方案二的街心广场顺应于道路布置，呈现倒角的方形广场形态。方案一则为圆形的街心广场，由内向外分别为中央水池、步道和圆形花坛，自圆心向外辐射出八条小路，其平面形态似乎隐喻着国民党"青天白日"的党旗图案。广场基地四缘建筑物均紧贴用地边线，并统一采用简约、现代的建筑风格。方案一建筑高三至四层，方案二建筑更高，并运用了大面积的玻璃幕墙，呈现出对中央广场的较高围合度和向心性（图 5-2-1）。

---

① 左静楠. 南京近代城市规划与建设研究（1865—1949）. 南京：东南大学，2016：208-210.
② 左静楠. 南京近代城市规划与建设研究（1865—1949）. 南京：东南大学，2016：210-211.
③ 南京市档案馆藏. 市地政局：《下关道路系统规划及第三区土地重划》，时间不详，档案号：10030160042（00）0013.
④ 南京市档案馆藏. 内政府：《请送下关热河路商、菜场建筑图等件及市政府复函》，1947 年 5 月 10 日，档案号：10030080637（00）0019.

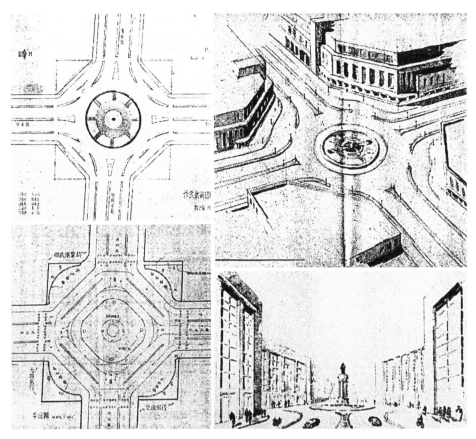

图 5-2-1　1947年新街口广场改造方案

图片来源：南京市城建档案馆藏. 1947年整修新街口广场图纸. 转引于 许念飞. 南京新街口街区形态发展
变迁研究［D］. 南京：南京大学，2004：61-62。

新街口广场改造计划与中山北路沿线建设计划同期制定，属战后初期市容整顿工程的一部。考
虑到当时南京住房紧缺、市内荒地较多的情况，新街口广场改造计划的政治象征性目的远大于社会
性需求。

二、市区的北拓：中山北路沿线建设

抗日战争胜利后，国民政府将市容整顿及道路整修作为城市重建工作的重要一环，以中山北路
为主的城北地区迎来了发展契机。南京城北地区地势偏僻，道路基础设施陈旧，道路沿线房屋稀
少，较为萧条。[1]1946年5月，国民政府"还都"伊始，国民政府主席蒋介石便手谕整修中山北路，
计划拨款5亿元，并手令南京市长马超俊拟具"建筑房屋计划概算"。[2] 根据1946年11月的"概
算"核定，中山北路改造段包括自鼓楼广场至挹江门的路段，计划建造公寓、旅馆、铺房、里巷、
住宅、学校、戏院等房屋，并于沿路一带剩余空地布置花园。由于通货膨胀严重，第一期拟建房屋

---

① 南京市档案馆藏. 南京市政府：《函复高岛屋内日侨私有物品业经集中贮藏与首警厅的往来函》，1945年
12月22日，档案号：10030210039（00）0012.

② 见：首都兴建中山北路房屋贷款原则核定. 金融周报，1946，7（46）：30。

工程连地价在内将达到国币 217.8 亿元。[①]

中山北路沿线整治工程根据建设主体不同可以分为两类，一类由地产业主自行建造房屋，第二类则由负责征地建设，再面向社会出售。第二类由"四联总处"[②]与南京市政府共同协商实施，双方商定两条原则，从而将土地征用及房屋建设权责分离，包括：①房屋由中央信托局负责集资筹建、出售，但由南京市政府与业主接洽征购土地；②全部建筑贷款请中央银行按九折予以转抵押，从而保证工程如期实施、"从速实现"。1946 年 12 月，中央信托局在"建筑房屋计划概算"的基础上制定《建筑中山北路两旁房屋计划大纲》，遵照"繁荣首都市区"和"鼓励人民移居"原则，划定里弄房屋、小型住宅、铺面市房、小学、社交堂和小型旅馆招待所等 6 类建筑，总价达 216.58 亿元。[③]

但是，受通货膨胀影响，中山北路道路沿线整顿工程进展缓慢。至 1947 年底，仍有大量用地空置。1947 年 11 月，蒋介石面谕相关部门通知中山北路沿线业主"赶速兴工"，并需在建屋前先围筑围墙，若不遵照办理，则无论公地、私地概由政府征收。[④]迫至 1949 年初，中山北路道路沿线虽有馥记营造公司办公大楼、中央银行南京分行、公教新村第四村及一些商业市房建筑落成，但依然散布着大量池塘、荒地，并未形成如中山东路、太平路般连续且整齐的都市景观。

第三节　国货运动与南京商业设施的续办

抗日战争全面爆发后，如火如荼的国货运动跌入低谷，许多国货团体被迫停止活动甚至解散，中国国货联营公司移至后方，勉力维持、举步维艰。抗日战争胜利后，工商各界人士重新发起国货运动，各地国货团体、国货公司陆续复业。在此背景下，南京商业设施的现代化进程得以延续，战前著名的中央商场、南京国货公司相继复业，战前处于筹备阶段的首都中国国货公司完成续办。此外，南京及各地民众团体、相关部门还创办了首都国货展览会、全国国货展览会等具有一定规模的国货商品展销会，推动了商业空间的现代化发展。

一、国货运动的背景

抗日战争胜利后，上海及各地国货团体相继复业，工商业人士重新倡导国货运动。中国国货联营公司总公司由重庆迁回上海，开始着手恢复、重建各地的国货公司。至 1947 年 5 月，全国及各地有上海、重庆、武汉等 13 处国货公司复业，正积极进行复业工作的还有长沙、济南、郑州等地，计划筹建包括泉州、天津等处。[⑤]与此同时，南京各界国货人士亦着手计划发展国货事业，包括创办国货公司、发起国货展览会等。但是，伴随着国统区金融市场崩溃、外货充斥，"内忧外患"的

---

① 首都兴建中山北路房屋贷款原则核定. 金融周报，1946，7（46）：30.
② 1937 年 8 月，中央银行、中国银行、交通银行、中国农民银行在上海组成"四行联合办事处"，简称"四联总处"，为国家金融领导机构。1942 年，中央信托局、邮政储金汇业局也由"四联总处"监管，形成由"四行二局"组成的国民政府国家金融体系的核心机构。
③ 南京市档案馆藏. 中信局南京分局：《关于中山北路建屋一案检同建屋计划大纲及市政府复电》，1947 年 1 月 4 日，档案号：10030080733（00）0003.
④ 南京市档案馆藏. 市工务局、地政局：《职呈送中山北路鼓楼至挹江门段沿路未建基地名册请局长核示》，1947 年 12 月 1 日，档案号：10030080735（00）0002.
⑤ 潘君祥. 三四十年代国货运动的持续发展和严重挫折. 见：潘君祥. 中国近代国货运动. 北京：中国文史出版社，1996：49.

局面导致国货企业陷入经营困境，面临原料昂贵、捐税苛重、销路萎缩、资金短缺、工资昂贵、工潮澎湃等问题。即便是有国家金融资本支持的首都中国国货公司，也一直负债经营。[①]

中华人民共和国成立后，由于西方资本主义国家对中国的经济封锁，生产资料进口十分困难，外货进口亦几乎绝迹，国货运动的经济、社会基础已不复存在。国货团体也"大多完成了自己的使命"。1951年12月，中国国货联营公司经上海市人民政府批准公私合营，并逐步结束国内业务，专事出口贸易。1952年，上海机制国货工厂联合会结束业务活动。[②] 由是，近代中国持续了近半个世纪的国货运动宣告结束。

二、中央商场的改造与扩建

中央商场曾是国民政府时期南京规模最大的、经营日用国货商品的大型商场。抗日战争胜利后，中央商场率先复业，之后又完成了改造与扩建。至中华人民共和国成立前，成为南京城内规模最大的、最具影响力的大型商场之一。

（一）复业背景与经营情况

抗日战争全面爆发后，中央商场遭到严重破坏，之后被日伪占据。[③] 抗日战争胜利后，战前担任中央商场董事长、时任国民党中央第六届中央执行委员的曾养甫委派龚伯炎返回南京接管商场[④]，开始筹划商场建筑改建、扩建工程。工程分为两部分，包括旧楼的修缮、改造和室内装修工程以及拟建的新营业楼和沿街市房。1946年1月至3月间，场方率先完成商场旧楼修缮、改造工程。该工程主要针对原商场二层中、北部，包括新筑砖墙、木屋架加固、铺设白铁皮屋面等项。同

---

① 首都中国国货股份有限公司资产负债表（民国36年12月21日）．见：南京市档案馆藏．南京市政府：《国货公司为举行第三届第一次股东常会会议决议录等的函及参会报告等》，1948年5月，档案号：10030050328（00）0010。

② 见：潘君祥．三四十年代国货运动的持续发展和严重挫折．收录于潘君祥．中国近代国货运动．北京：中国文史出版社，1996：52-53．及潘君祥．国货运动大事记（1905—1952年）．收录于潘君祥．中国近代国货运动．北京：中国文史出版社，1996：576。

③ 日占时期，中央商场遭到严重破坏，并几易商主，可谓历尽沧桑。抗日战争全面爆发后，中央商场负责人及多数厂商均随军西撤。南京沦陷时，商场北侧的大华大戏院和东南角的中央游艺场均被焚毁，商场内门窗、柜台等设施均遭到严重破坏，二层被焚烧，仅余下空壳。之后，日军占据商场仅存的结构体和屋架作为养马场，后又有日本商人经营自动车商店，中央大舞台则由中国人开办演戏剧场。1940年以后，随着社会秩序逐渐恢复，中央商场赢来转机，于1940年10月重新申请营业。商场复业后，经营状况大不如前，商场内仅有50家商号和9家摊柜，全部员工不到300人。之后，因南京周边地区及长江中下游村镇的个体"跑单帮"的商贩到中央商场进货，商场营业才稍有起色。见：陈勐，周琦．南京中央商场建筑历史研究（1934—1949）．建筑史，2019（2）：148-164。

④ 抗日战争全面爆发后，中央商场主要股东及多数厂商均随军撤退到后方，管理处主任王继先遂委托会计龚伯炎代为主持场内撤离事务，包括保护商场账册、档案等项，并提升龚为会计主任。抗日战争胜利后，龚伯炎因保护商场账册、档案有功，被委派返回南京接管商场，之后被委任为中央商场总经理，并担任了1947年全国国货展览会总干事。见：南京市档案馆藏．罗叔衡：《查中央商场拟建工楼铁顶房系改建可准兴工完工发应报复勘及原呈》，1946年1月10日，档案号：10030080850（00）0001．及后文洙．六秩春秋话沧桑：南京中央商场六十年（1936—1996）．南京：南京中央商场股份有限公司，1995：18-19。

年 4 月，开始筹备二楼后部装修工程，由南京黄全记营造厂承办，于 7 月中旬竣工。[①]

中央商场旧楼修缮与改造工程进行同期，场方为扩大经营，开始筹划建设新楼。1946 年初，场方委托上海均益建筑师事务所负责商场扩建工程设计，包括主体楼房一座及沿中正路市房一栋。4 月中旬，扩建工程开始兴工，由裕庆鸿记营造厂承建。8 月至 9 月间，建筑主体及设备工程先后竣工。场方为增强建筑群的整体性，又添建了新楼和游艺场间的连接通道。同年 10 月初，中央商场南部新厦及市房全部完工，11 月 12 日正式开幕。[②] 中央商场改造及扩建工程完竣后，场内共容纳了各业商铺 260 余户，员工达到 1000 余人，可谓规模宏大、包罗万象，基本恢复了战前的繁荣，重新成为"南京第一大商场"（图 5-3-1）。[③]

中央商场重新开业后，成为以经营诸端日用百货品为主，兼营餐饮、娱乐及服务业的综合型商业建筑。百货业是中央商场主要的业态类型，此外还包括绸缎、服饰、瓷器等各类专营商店。商场内外还开办了多项娱乐、餐饮及服务业设施，除中央大舞台重新开业并承办"夜戏"外，商场内还开办了餐厅和茶社，并附设舞池，体现出经营业态的复合性特征。[④] 此外，中央商场街区内还包括了电影院、戏剧院、游艺场、饭店等众多娱乐休闲设施，形成了现代化的商业、娱乐业休闲街区，是体现近代南京都市文化特征的现代化城市综合体建筑群。

中央商场复业伊始，南京人口的增长带动了消费市场，商场经历了短暂的繁荣，总经理龚伯炎

---

① 见：南京市档案馆藏. 罗叔衡：《查中央商场拟建工楼铁顶房系改建可准兴工完工发应报复勘及原呈》，1946 年 1 月 10 日，档案号：10030080850（00）0001. 及南京市档案馆藏. 黄全记营造厂：《中央商场后二楼全装修估价单》，1946 年 4 月 15 日，档案号：10030080850（00）0018. 及南京市档案馆藏. 中央商场：《与黄全记营造厂签订承包二楼后部合同》，1946 年 4 月 20 日，档案号：10030080850（00）0017. 及南京市档案馆藏. 市工务局：《拟黄全记营造厂所拟内部装修工程可行准兴工》，1946 年 5 月 10 日，档案号：10030080850（00）0019. 及南京市档案馆藏. 黄全记营造厂：《呈工务局为报工程职工事及局批》，1946 年 7 月 17 日，档案号：10030080850（00）0021. 及南京市档案馆藏. 张斌：《呈局长等派复勘黄全记营造厂报中央商场后楼装修工程业已派工与原图相符》，1946 年 7 月 26 日，档案号：10030080850（00）0020。

② 见：寂寞"中正路"——南京将有中央商场. 首都国货周报，1935（10）：17. 及南京市档案馆藏. 均益建筑师唐文青：《呈工务局为证明中央商场新建南部工程地质不坚基础已足载重》，1946 年 4 月 26 日，档案号：10030080850（00）0009. 及南京市档案馆藏. 曹如琛：《奉派查勘中央商场建三层楼房基地田分址请鉴核》，1946 年 3 月 7 日，档案号：10030080850（00）0005. 及南京市档案馆藏. 西区警局：《笺工务局为中央商场南部场屋是否其建筑希查照见复局复》，1946 年 4 月 18 日，档案号：10030080850（00）0006. 及后文洙. 六秩春秋话沧桑：南京中央商场六十年（1936—1996）[M]. 南京：南京中央商场股份有限公司，1995：23-31. 及南京市档案馆藏. 市工务局：《通知中央商场为该商场钢筋水泥工程部分经查核尚合准施工》，1946 年 5 月 10 日，档案号：10030080850（00）0013. 及南京市档案馆藏. 市工务局：《函张斌为中央商场新建房屋之项水泥平顶钢筋希即查照》，1946 年 8 月 19 日，档案号：10030080850（00）0012. 及南京市档案馆藏. 市卫生试验所：《国民大会堂、中央商场等自来水检验单》，1946 年 9 月 10 日，档案号：10030060598（00）0011. 及南京市档案馆藏. 中央商场股份有限公司：《呈工务局为扩建钢筋混凝土过桥等图及计算书》，1946 年 9 月 25 日，档案号：10030080850（00）0025. 及南京市档案馆藏. 市工务局：《批中央商场据报建房屋工竣派员复勘尚属相符》，1946 年 11 月 21 日，档案号：10030080850（00）0026. 及南京市档案馆藏. 市社会局：《关于中央商场股份公司龚伯英申请公司登记的批示》，1946 年 11 月 11 日，档案号：10030031614（00）0001。

③ 南京市档案馆藏. 首都警察厅：《关于据中央商场自兴建南部大楼及资本亏折甚镇恐影响市面案请社会局查照》，1947 年 2 月 4 日，档案号：10030031614（00）0005.

④ 见：指导人民团体组织总报告表：南京市中央商场厂商联谊会. 收录于南京市档案馆藏.《关于南京市健康商场厂商联谊会、市中央商场厂商联谊会、永安商场厂商联谊会》，1946 年 11 月 19 日，档案号：10030030660（00）0047. 及南京市档案馆藏. 曹如琛：《签局长为查中央商场陵部楼上装修未报拟请通知停工速绘图呈报请鉴核》，1946 年 4 月 22 日，档案号：10030080850（00）0007.

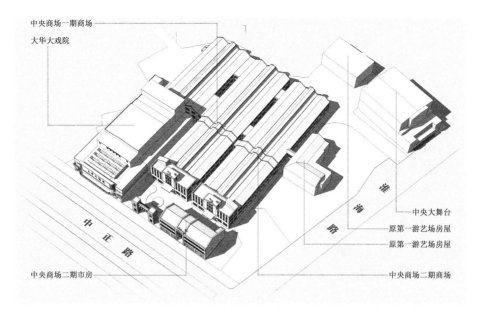

图片中标注（从上到下、从左到右）：
中央商场一期商场
大华大戏院
中正路
中央商场二期市房
中央大舞台
原第一游艺场房屋
原第一游艺场房屋
中央商场二期商场

图 5-3-1 中央商场建筑复原鸟瞰图

图片来源：笔者建模、绘制。

自信的称其为"京市各商场之冠、缩城中商业之重心"。① 但是好景不长，"一切造成市面不景气的现象接二连三地随时局之发展而每况愈下"。② 场方在创办新卖场时负债甚巨，而当时物价急剧波动，各商号资本周转困难、欠租不缴，加之向四联总处贷款失败，这对于主要依靠押租利息和出租租金作为收益来源的商场管理方而言，无异于雪上加霜。③1947年前后，在中央商场场方负债经营、各商号资金运转困难之际，市场上还涌现出大量以"战后剩余物资"名义进口的美国商品，一时之间，人们走进中央商场，"好像到了美国商城"。④ 由是，各承租厂商经营更加困难，大批员工失业。

1948年底，受战事影响，南京城市商业急转直下，中央商场内各商号"货架空空、无货可售"，股东不仅没有红利可分，还要负债经营，只得进一步向各承租商号加租。至1949年3月前后，在"疏散"和民众"逃难"声中，中央商场货品无人问津，"大多数成了供人欣赏的陈列品，参观的人多而购买的人少"，各商家更是经营维艰，"少数的钞票收入，聊供商铺自身的开支，苟延着残喘，往昔的蓬勃气象，徒供'橄榄回味'之资了"。⑤

中华人民共和国成立后，中央商场开启了新的篇章。1954至1956年间，商场内各商业行业全部转化为公私合营，逐步完成社会主义初步改造。商场旧楼一直使用至20世纪80年代末，1988

① 南京市档案馆藏．市社会局：《关于中央商场股份有限公司申请贷款二十亿元转请四联总处查照核办仰中央商场知照》，1947年3月7日，档案号：10030031292（00）0039.
② 今日首都（京行通讯）．聚星月刊，1949，2（9）：12.
③ 见：南京市档案馆藏．市社会局：《关于中央商场股份有限公司申请贷款二十亿元转请四联总处查照核办仰中央商场知照》，1947年3月7日，档案号：10030031292（00）0039．及南京市档案馆藏．市社会局：《据四联总处秘书处电关于中央商场申请贷款廿亿元与规定不合未便照办仰知照》，1947年4月4日，档案号：10030031292（00）0041。
④ 后文洙．六秩春秋话沧桑：南京中央商场六十年（1936—1996）．南京：南京中央商场股份有限公司，1995：26.
⑤ 见：后文洙．六秩春秋话沧桑：南京中央商场六十年（1936—1996）．南京：南京中央商场股份有限公司，1995：26．及今日首都（京行通讯）．聚星月刊，1949，2（9）：12。

年初，场方计划进行改扩建工程。自1991年底至2000年，先后完成了三期改、扩建工程。至此，在南京市中心屹立了60余年的中央商场营业大楼被新的商业大厦所取代。[①]

（二）中央商场建筑群布局与空间形式

1. 建筑群空间布局特征

中央商场建筑群是近代南京规模最大、档次最高的大型商业娱乐建筑群，体现了现代化的复合型消费业态特征。除经营日用品百货的大型商场外，街区内还容纳了电影院、戏剧院、游艺场、饭店等众多消费设施，成为自上而下规划形成的、井然有序的现代化商业街区。中央商场建筑群位于南京新街口广场东南片区，基地西邻中正路，南至淮海路，东达旧老王府后街，北侧经一条支街可至正洪街，西北角为大华大戏院，商业区位价值较高，总用地面积达6852平方米。[②]基地内东南角为中央大舞台，其北面、西面为原第一游艺场房屋。商场是建筑群的核心，由北侧的一期卖场和南侧的二期临街市房和商场扩建部分组成，总建筑面积约为12508平方米（图5-3-1）。

中央商场建筑由牌楼式大门、市房和主体商场组成，商场主体又包括西侧的入口门楼和其后的卖场，形成自城市街道经过牌楼门、广场进入商场的空间序列。商场平面呈现向垂直于道路的纵深方向延展的线形空间序列和行列式的空间格局，自南向北共计三排，面阔均为23.77米。每列卖场面阔均为三间，中央一间为步道和摊柜组成的交通空间，两侧为窄长的店铺，每间店铺占据一个4米宽、8米长的柱网。商场中部、后部还有步道相连通，形成线形与环形相结合的室内步行商业街（图5-3-2、图5-3-3）。

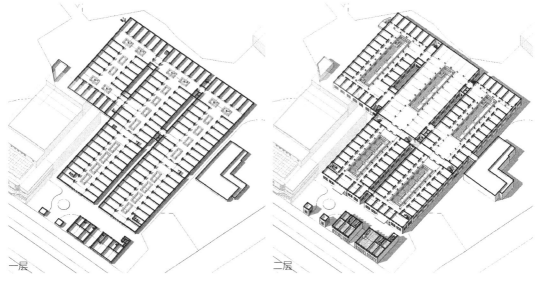

一层　　　　　　　　　　　　　　　　　　二层

图5-3-2　中央商场建筑各层轴侧图

图片来源：笔者建模、绘制。

---

① 后文洙. 六秩春秋话沧桑：南京中央商场六十年（1936—1996）. 南京：南京中央商场股份有限公司，1995：39-46，79-80，182-187.

② 南京中央商场地籍图（第一区第二六四三分段图）. 见：南京市档案馆藏. 均益建筑师唐文青：《呈工务局为证明中央商场新建南部工程地质不坚基础已足载重》，1946年4月26日，档案号：10010030480（00）0001。

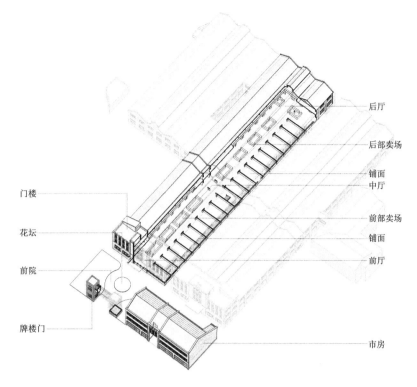

图 5-3-3　中央商场主轴线空间序列分析图

图片来源：笔者建模、绘制。

作为近代南京规模最大的商场建筑，中央商场设计较为考究，体现在现代化的建筑结构、用材与建筑风格、丰富的建筑细部设计等方面。建筑采用钢筋混凝土框架结构，屋顶为适应行列式形态的双坡顶木桁架。主体卖场建筑高两层，门楼高四层，其中三、四层为商场的管理、办公用房（图5-3-4、图5-3-5）。临街市房为高三层的联排式市房，一、二层设四间独立的下店上宅式商铺，每间均有楼梯，方便租售。由屋后楼梯可直达市房三层，为统一的内走廊式办公空间，私密性较强，共有14间出租型写字间。中央商场建筑的整体风格受装饰主义影响较大，临街门楼面阔三间，中央一间体量高起，呈跌落式形制。建筑立面以斩假石和水泥抹灰为主，竖向条形窗和装饰线条强调向上的冲势，符合阶台式装饰主义建筑风格的主要特征。此外，建筑细部样式还受到中国传统建筑文化的影响，例如牌楼门中以石材仿制的额枋、椽子等中式细部，商场门楼檐口处的卷云纹装饰等。中央商场仿效了西方建筑风格的构图，并在细部采用了中国传统的建筑语汇，是早期中西合璧式建筑风格在大型商业建筑中的一种尝试。

2. 营造逻辑与空间范型

中央商场室内步行商业街的空间形式源自于中国传统的"市肆"。"市肆"包括"市"与"肆"两部分，即"以工事列肆，以贸易立市"。"列肆"指由店铺组成的商业街，例如晚清南京著名的三山街、黑廊街、南门大街等，具有历时性的商业空间特征；"立市"指"列摊待售"的市场，例如晨市、庙市、鬼市等，是一种自发形成的瞬时性商业空间。市肆的空间特征是以街道引领的线性商业空间，商铺临街而设，山墙面彼此毗连，组成连株式商业街。

作为现代化的大型商场，中央商场体现了传统市肆空间特征，反映在由店铺单元和市街组成的商业空间。建筑平面向垂直于街道的纵深方向发展，具有扩大化的传统商业街带状地块特征，即短

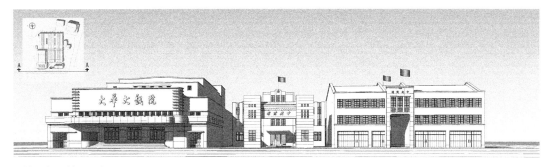

建筑沿中正路复原透视图

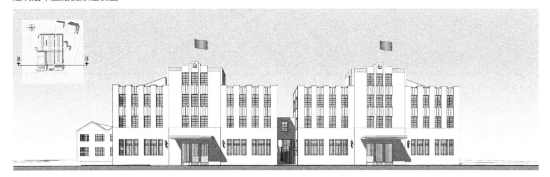

建筑复原剖透视图一

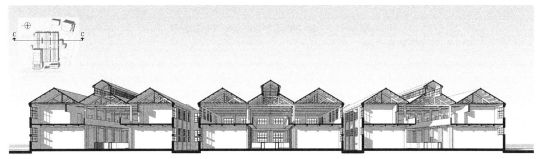

建筑复原剖透视图二

图 5-3-4　中央商场南北向复原透视及剖透视图

图片来源：笔者建模、绘制。

边朝向街道的细长状矩形平面。建筑的内部空间形式根据平面、结构体和功能格局共同界定，可以化约为两级空间类型的基本单元，即商铺单元和卖场单元。商铺是基本商业空间单元，包括两榀桁架间的结构与空间，由两侧房屋和中央的通道式内庭组成，包含四间铺面和中央的摊位。商铺单元成列连续排布形成卖场，之间设立交通连接体，整栋商场由 5 栋卖场组成（图 5-3-6）。基于商业空间单元的拼接，内部商业街向垂直于街道的纵深方向发展，具有较强的导向性。卖场间有数条横向步道作为连接体，形成阡陌纵横的环状、线状购物空间。基于类型化商铺单元连续排列组成的室内步行商业街，传统的"市肆"空间得到了现代化诠释。

　　该时期内，中央商场还出现了具有西方百货公司特征的统一的卖场空间，即由场方独自经营的

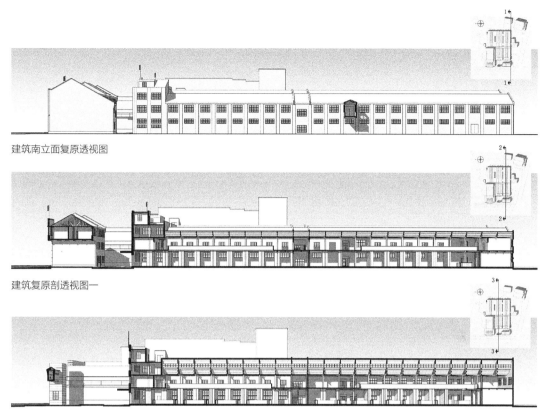

建筑南立面复原透视图

建筑复原剖透视图一

建筑复原剖透视图二

图 5-3-5 中央商场东西向复原透视及剖透视图（南京，1946 年底）
图片来源：笔者建模、绘制。

图 5-3-6 中央商场空间类型单元分析图
图片来源：笔者建模、绘制。

旧楼中部后翼。该区域于 1946 年 4 月至 7 月间施工，由南京黄全记营造厂承建（图 5-3-7）。[①]该空间自成一区，突破了原有的商铺单元式格局，以各类玻璃展柜、柜台等家具作为空间限定要素，

---

① 南京市档案馆藏．中央商场：《与黄全记营造厂签订承包二楼后部合同》，1946 年 4 月 20 日，档案号：
　10030080850（00）0017．

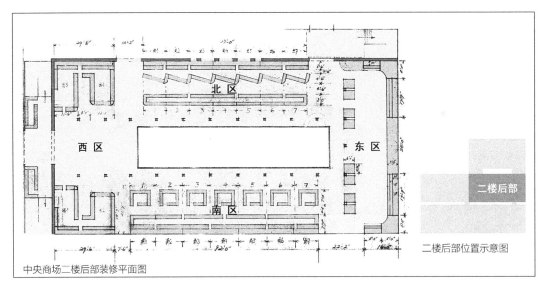

图 5-3-7 中央商场老楼二楼后部货架及玻璃柜室内装修设计平面图

图片来源：笔者改绘。原图来源：南京市档案馆藏．中央商场：《与黄全记营造厂签订承包二楼后部合同》，1946 年 4 月 20 日，档案号：10030080850（00）0017。

形成一体化的卖场空间，体现了场方管理层不甘于只做"大房东"，开始向统筹化、规模化经营方向发展。

中央商场建筑体现传统市肆观的另一个重要方面是入口牌楼门的设计。牌楼门源自于中国古代的"市井门垣之制"，是统一经营监管、按时启闭的商业制度。市井门垣制具有较强的内向型空间特征，围绕交易区设立市墙，称为"阛"，市门则称为"阓"。[①] 随着商品经济发展，市场突破市墙的限制，市门随之演化为一种商业符号，提挈空间的商业职能，例如明《南都繁会图》中的"南市街""北市街"牌楼门等。中央商场建筑群便沿用了这一商业符号。在 1935 年的设计图纸中，商场入口设计为中国传统的三间三楼冲天式牌坊，象征建筑群的商业职能。入口牌楼门后期改造为中西合璧的单间大门，柱子平面被扩大为可以容纳值班、警卫等用途的功能性大门。大门立面细长的条形窗具有装饰主义特征，而装饰细节依旧采用了中国传统建筑元素，例如额枋、椽头等。

三、国货公司的复业与续办

抗日战争胜利后，在各方力量的推动下，战前创办的南京国货公司和筹备中的中国国货公司南京分公司相继开业，成为该时期南京著名的百货公司，推动了南京商业建筑的现代化发展。

（一）南京国货公司的复业

南京国货公司全称为"南京国货股份有限公司"，是抗日战争全面爆发前由南京市政府和商人联合创办的百货公司，总公司位于建康路，后在中山路 73 号开设分店。日占时期，原总公司四层楼房被"农商银行"承租，原分公司四层楼房被日商企业大丸洋行占用。抗日战争胜利后，原南京

---

① ［晋］崔豹．古今注．见：［清］纪昀，永瑢，等．景印文渊阁四库全书．台北：台湾商务印书馆，1986：103。

国货公司各主要股东开始筹划复业。鉴于公司股东人数众多，且战事爆发后分散四方、难以联络，1946 年 4 月，原公司常务董事卞芷湘等向南京市政府社会局呈请于中山路 73 号分公司旧址内先行临时营业。他们计划待城市交通恢复、股东返回南京后再行召开股东会，办理增资、改组。同年 5 月，南京市社会局批准先行临时营业。[①] 中山路 73 号南京国货公司建筑主体三层，中部高起四层塔楼，建筑面积约 600 平方米。建筑形式较为简约，两侧体量强调水平向形式要素，窗台和窗槛墙连续贯通，中部塔楼则采用竖向装饰线条，在形态上产生对比。塔楼顶部层层收分，具有阶台式装饰主义风格特征（图 5-3-8）。

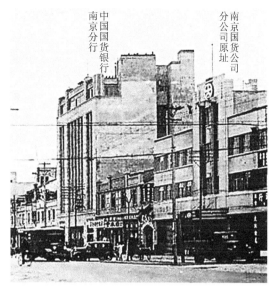

图 5-3-8　中山路 73 号南京国货公司分公司原址照片
图片来源：http://kunio.raindrop.jp/image-hagaki/nankin-nakayamam.JPG。

南京国货公司临时复业后，增资扩股计划遇到较大困难。一方面，公司原为官商合办，股东人数众多，且因战事四散四方，难以联络；另一方面，国统区经济在经历了战后初期的短暂繁荣后，迅速走向衰落，市场恶性通货膨胀，国货公司举步维艰。[②] 于是，南京国货公司增资扩股计划宣告失败，各主要股东只得在重建公司组织机构的同时另寻他法。自 1946 年 12 月至 1947 年上旬，各主要股东经过数度集议，决定采用"合作代理经营"的模式，即以原商场各项设备、室内装修及家具等作为固定资产，出租于国货厂商代为经营。[③] 1947 年 4 月，国货公司将三层楼面分别出租，并订立"合作事业"契约。[④]

① 南京市档案馆藏．市社会局：《关于南京国货公司呈报复业一事的批文及该公司报告》，1946 年 5 月 13 日，档案号：10030031633（00）0001．

② 见：南京市档案馆藏．市社会局：《关于南京国货股份有限公司补正附件重新登记与该公司及经济部来往文件》，1946 年 12 月 9 日，档案号：10030031633（00）0002．及南京市档案馆藏．南京市财政局：《翁伟湛奉派参加南京国货公司股东会议情形的签呈和该公司会议通知（附记录）》，1946 年 12 月，档案号：10030050328（00）0001．

③ 见：南京市档案馆藏．市社会局：《关于南京国货股份有限公司补正附件重新登记与该公司及经济部来往文件》，1946 年 12 月 9 日，档案号：10030031633（00）0002．及南京国货公司复业计划书．收录于南京市档案馆藏．南京市财政局：《翁伟湛奉派参加南京国货公司股东会议情形的签呈和该公司会议通知（附记录）》，1946 年 12 月，档案号：10030050328（00）0001．及南京国货公司常务董事会议记录（1946 年 1 月 6 日）．见：南京市档案馆藏．市社会局：《关于南京国货股份有限公司补正附件重新登记与该公司及经济部来往文件》，1946 年 12 月 9 日，档案号：10030031633（00）0002．及南京市档案馆藏．南京市财政局：《翁伟湛奉派出席南京国货公司股东会议情形的签呈和该公司会议通知（附章程等）》，1947 年 2 月 24 日，档案号：10030050328（00）0003．

④ 南京国货公司一楼出租于公司副经理方瑞甫，经营瑞元公司、广东袜厂等公司的棉织、针织、化妆、搪瓷、钢精水瓶料器类商品；二楼与副经理陆茂如订约，经营中茂公司、茂丰绸布庄等公司的绸缎、布匹、呢绒、服装类商品；三楼与曹经晨订约，经营开明教育用品社等公司的文具、书籍、礼品类商品。见：南京市档案馆藏．市社会局：《关于南京国货股份有限公司补正附件重新登记与该公司及经济部来往文件》，1946 年 12 月 9 日，档案号：10030031633（00）0002．

南京国货公司这种"合作代理经营"的模式体现了有限经济条件下的妥协与调和。由于日占时期日本商人所遗留的货物被政府统一没收，公司没有流动资金和贮存货物。而地产亦非公司所有，只能以原大丸洋行建筑内的各类家具和水电设备作为固定资产股本。所谓"合作代理经营"不过是中央商场这类"大房东式"经营模式的变形，即以收取"厘金"的方式来代替租金——在经营方每日营业收入总额中按百分比提取收益，由甲方派员记账收款，每日结数，次日结算给乙方。国货公司仅需承担5名员工的"薪津膳食"及"杂支"费用，节省了成本。[①]除房租、水电、捐税等各项费用由双方根据营业额分摊外，经营方具有较高的自主性，他们可以自主布置展陈设施、添置家具、雇佣员工等。

（二）首都中国国货公司的续办

1. 创办背景与经营情况

首都中国国货公司全称为"首都中国国货股份有限公司"，是抗日战争胜利后乃至整个民国时期南京规模最大的百货商场。抗日战争全面爆发前，中国国货联营公司本已募齐股本并勘定店址，但因战火而未能创办。抗日战争胜利后，中国国货联营公司总公司由重庆迁回上海，开始着手恢复各地的国货公司。[②]1945年11月，中国国货联营公司、南京市政府以及中国、交通、新华银行等原股东代表在南京集议，讨论国货公司续办事宜，并于南京市商会暂设复业筹备处，拟租用太平路17号"华中百货店"作为营业地址。[③]由于首都中国国货公司有四联总处的中国、交通两行的金融资本支持，加之上海诸国货工厂、南京市政府及商人团体的协力共谋，筹办过程较为顺利。公司租赁了中山东路248至252号的三层建筑作为营业部，由上海兴业建筑事务所改造设计，南京陆根记营造厂承建。[④]建筑位于中山东路与碑亭巷、二郎庙路口西南角，西面距离新街口商业中心仅800米，东侧紧邻大行宫、太平路商业区，商业位势十分优越。1946年7月，国货公司正式复业。[⑤]

首都中国国货公司开业后，商场及运销业务均有一定程度的发展。公司还先后4次承办了行政院物资供应局配售的京市公教人员物资，包括粮食、棉布、军毯等。在国统区通货膨胀、币值暴跌、美货盛行的局面下，南京大量商场难以为继。首都中国国货公司在负债经营的情况下，依靠国

---

① 南京市档案馆藏．市社会局：《关于南京国货股份有限公司补正附件重新登记与该公司及经济部来往文件》，1946年12月9日，档案号：10030031633（00）0002．

② 此时的中国国货联营公司已成为私营企业，而非战前官商合办的情况。1941年4月，国货联营公司内的官股共60多万元转让给中国、交通、新华三家银行及国货厂商，从此结束了官商合办的局面。见：潘君祥．三四十年代国货运动的持续发展和严重挫折．收录于：潘君祥．中国近代国货运动．北京：中国文史出版社，1996：48。

③ 见：南京市档案馆藏．中国国货公司：《呈社会局关于筹备恢复首都中国国货公司成立筹备处请备案》，1945年11月20日，档案号：10030030025（00）0027．及南京市档案馆藏．市政府：《关于中国国货公司勘定本市太平路十七号房屋恢复营业给地政局训令》，1945年11月21日，档案号：10030031634（00）0009。

④ 南京市档案馆藏．陆根记营造厂：《关于修理中山东路246号门面房一事与工务局来往文书及国货公司的报告》，1946年4月27日，档案号：10030080845（00）0001．

⑤ 笔者整理．见：南京市档案馆藏．南京交通银行：《为中国国货公司商借款事与总处中国国货联营公司、中国国货公司往来文书（附：质押贷款合约）》，1946年3月27日，档案号：10220010093（00）0004．及首都中国国货公司概况．中华国货产销协会每周汇报，1947，4（14）：第二版。

家金融资本背景得以勉力维系。[①]

2. 组织、经营与管理模式

首都中国国货公司由生产、销售及金融三方联合创办。国货公司主要负责国货产品（包括机制品、手工艺品及土产）的运销业务，并兼营门市与批发；国货联营公司则主要负责统筹、监管、指导、协助国货公司发展业务，货品来源主要为其下辖的国货工厂，并有专用商标和出品商标。国货公司亦可在国货联营公司许可的情况下，自行运销当地物产并与其他工厂、出品人立约经销。[②] 金融合作方为二者的大股东和主要资本来源，鉴于合作银行主要为四联总处的中国、交通二行，首都中国国货公司还具有国家金融资本性质。基于这种金融、生产、销售三方联合经营的模式，首都国货公司成为当时南京规模最大的现代化百货公司。

中央商场采用资本主义现代化股份制企业的组织架构，由股东大会、董事会、监察人会组成最高权力机构。董事会由彭石年任董事长，设常务董事6人以及董事若干人，监察人会由5名监察人组成。经营管理部门设经理1人，副经理两人，下辖总务、营业、会计三部，每部有主任1人。[③] 总务部分文书、人事、庶务、股务四股，会计部又分账务、出纳、稽核、栈务四股。营业部为商场的主要部门，分8股一部，8股为调查、广告、进货、批发、邮售、电话、购货、送货和运输。一部为门市部，下辖18柜，包括绸缎呢绒、布匹、服装、内衣、棉织、鞋帽、巾帕、绒线、童装、袜子、皮件、化妆、搪瓷、五金、瓷器、料器、西装用品、糖果、玩具等商品部类，涵盖了与日常生活相关的各类商品（图5-3-9）。类型丰富的商品部门是百货公司在组织架构方面区别于"集团售品组织"的主要特征。各股、柜包括办事员、助理员及练习生若干人，事务繁冗的股柜还设股长或领柜1人。此外，还设驻上海办事员1人，负责联络上海国货厂商等各项事宜。国货公司全体员工共计70人。[④]

3. 建筑空间形式

首都中国国货公司包括临街商场和屋后的附属房屋。商场主入口面向中山东路，向垂直于道路的纵深方向发展。商场建筑临街面宽15.4米、进深约37.2米，建筑面积为1332.4平方米，后部单层附属用房为65.2平方米。商场建筑主体高三层，分前后两个体量，以底层整体的营业空间相连通（图5-3-10）。建筑采用砖混结构，即由砖墙、砖柱及钢筋混凝土楼板、梁构成的承重体系，中部连接体顶部设钢丝玻璃、木屋架组成的双坡顶玻璃天窗（图5-3-11）。建筑临街立面中轴对称，两侧体量和中部竖向条形窗之间形成竖向三段式构图，基座、腰身和檐口组成横向三段式构图，体现了简化的西方新古典主义建筑风格特征。基座与主体墙身间进行了材质区分，基座部分饰以水刷石，上部为粉光毛水泥。

[①] 根据1947年12月21日的"首都中国国货股份有限公司资产负债表"，公司负债达到32.14亿元，仅银行透支一项就达到19.90亿元。见：南京市档案馆藏．南京市政府：《国货公司为举行第三届第一次股东常会会议决议录等的函及参会报告等》，1948年5月，档案号：10030050328（00）0010。

[②] 见：南京市档案馆藏．南京交通银行《首都中国国货股份有限公司章程、保证责任首都消费合作社章程、有限责任南京市银行同仁消费合作社章程》，1947年5月21日，档案号：10220010064（00）0024．及中国国货联合营业股份有限公司与各地中国国货公司合作契约．收录于潘君祥主编．中国近代国货运动．北京：中国文史出版社，1996：526-528。

[③] 首都中国国货公司主要管理人员如下：董事长彭石年，常务董事程志颐、徐振东、王绎斋、金天锡、王性尧、寿玺卿，其他董事还包括王志莘、江政卿、张桂华、邵君让、周励庸、陆乾旸、游竹荪、单保真等。监察人为王裕夔、郁正钧、马雄文、吕岩岩、吴蕴初。负责经营管理部门的经理为游竹荪，副经理为金光煦和王子青。见：首都中国国货公司概况．中华国货产销协会每周汇报，1947，4（14）：第二版。

[④] 首都中国国货公司概况．中华国货产销协会每周汇报，1947，4（14）：第二版．

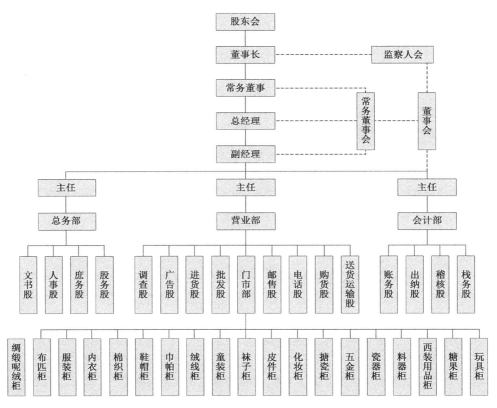

图 5-3-9　首都中国国货股份有限公司组织结构图表

图片来源：笔者绘制。资料来源：首都中国国货公司概况［J］. 中华国货产销协会每周汇报，1947，4（14）：第二版. 及南京市档案馆藏. 南京交通银行：《首都中国国货股份有限公司章程》，1947 年 5 月 21 日，档案号：10220010064（00）0024。

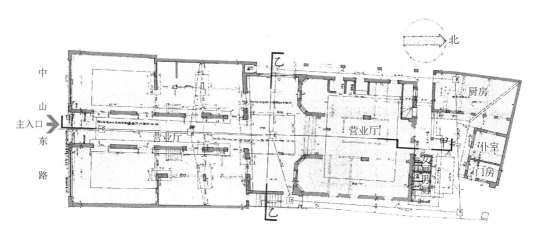

图 5-3-10　首都中国国货公司建筑一层平面图

图片来源：笔者改绘。原图来源：南京市档案馆藏. 陆根记营造厂：《关于修理中山东路 246 号门面房一事与工务局来往文书及国货公司的报告》，1946 年 4 月 27 日，档案号：10030080845（00）0001。

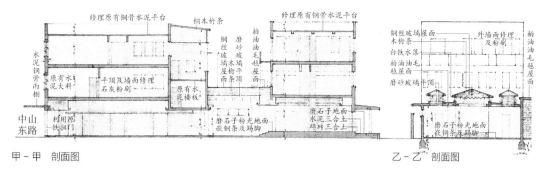

图 5-3-11　首都中国国货公司建筑剖面图

图片来源：笔者改绘。原图来源：南京市档案馆藏. 陆根记营造厂：《关于修理中山东路 246 号门面房一事与工务局来往文书及国货公司的报告》，1946 年 4 月 27 日，档案号：10030080845（00）0001。

首都中国国货公司的空间格局体现了现代化百货商场的复合性空间特征，体现在集中式卖场空间以及小尺度的管理、会计、仓储等服务性功能空间。商场建筑底层及后楼二、三层为统一的营业空间，基于不同的商品部类通过橱柜及室内装修划分空间。临街面及背面设出入口，购物流线合理。前楼二、三层则为服务性用房，设独立的出入口。二层主要为办公和仓储用房，包括会客室、总务室、经理室、营业室、会计室及货仓等，货仓靠近后楼卖场，联系密切。三楼主要为员工休息区，包括卧室 6 间、饭厅两间及课堂一间。商场办公、服务性用房的总面积达 561.7 平方米，占总建筑面积的 42.2%，而这一数据在中央商场中仅为 4.9%。

作为近代南京规模最大的百货公司企业，首都中国国货公司在建筑空间、结构、形式等方面均体现出较高的现代性。首先，百货公司统一的管理模式塑造出整体性的营业空间，突破了近代南京最普遍的大型商场类型——以室内步行商业街为特征的"集团售品组织"式的商场空间形式。虽然近代南京也出现了或根植于南京，或总部设在上海的百货公司在南京的分销机构，如南京国货公司、上海百货公司南京分公司，但这些商场规模均较小，上海百货公司建筑面积仅有 500 平方米，无法与首都中国国货公司相媲美。[1] 其次，以钢筋混凝土为代表的现代化建筑材料费用较高，多应用于银行、行政办公、纪念性建筑中，较少在以实用性为特征的商业建筑中大量使用。而首都中国国货公司采用了砖和钢筋混凝土混合结构，较之同期以砖木结构为主的大型商场，亦属进步。最后，兴业建筑事务所原本设计了现代主义国际式建筑风格的立面方案，强调水平向条窗，整体形态简约。但该方案未被采用，而是代之以具有新古典主义构图特征的风格形式（图 5-3-12）。较之其他同期商业建筑追逐的现代主义、装饰主义等流行风格，首都中国国货公司这种庄重、典雅的古典造型更适合于国家金融资本控股的大型百货公司的企业形象。

四、国货展览会的创办

抗日战争胜利后，南京及各地民众团体、有关部门还先后组织创办了具有一定规模的国货商品展销会，进一步宣传国货，促进国货商品销路。

---

[1] 上海百货公司南京分公司亦称上海公司，位于中山路 346 号。南京沦陷时，由日商百货公司企业高岛屋占据，开办高岛屋南京出张店。见：南京市档案馆藏. 南京市政府：《据市民水周南呈请让出中山路三四六号房屋等情致党政工作考核委员会的函及原呈文》，1946 年 1 月 17 日，档案号：10030210164（00）0026。

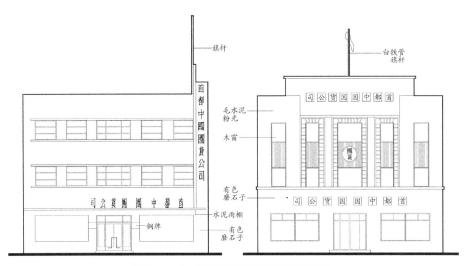

图 5-3-12　首都中国国货公司建筑立面图

图片来源：笔者描绘。原图来源：南京市档案馆藏．陆根记营造厂：《关于修理中山东路 246 号门面房一事与工务局来往文书及国货公司的报告》，1946 年 4 月 27 日，档案号：10030080845（00）0001。

（一）首都国货展览会

1946 年 10 月，原大中华商场总经理范冰雪邀集南京新华被帐厂等 7 家厂商发起开办"首都国货展览会"，后决定由南京市商会主办并成立筹备处，由商会常务理事穆华轩和范冰雪分任正副主任。1947 年 4 月 27 日，首都国货展览会在朱雀路 49 号首都商场内开幕，同年 6 月 27 日闭幕，历时两个月。参会厂商分为以推销商品为主和以展陈商品为主两类，前者共计 63 家，多来自沪宁杭一带，后者则为 20 家。[①]

首都国货展览会影响力甚微，开会两周却"前往逛逛者大有人在，而购物者寥寥"，盖因三方面原因。首先，各厂商展陈布置较为简单，除南京本地厂商略具规模外，其余外地厂家多采用简易的临时性设施。其次，各商家均想借展览会之机攫取利润、促销产品，导致各类百货商店较多，例如，著名的"张小泉剪刀厂"竟开设四家店铺。最后，各商家并未采取有效的广告宣传及营销手段，商品价格也与市面上相差无几，即便"张小泉"也是"无人过问，没有开张"。[②]

由此可见，首都国货展览会与其说是一场国货商品的博览会，不如说是沪宁杭一带国货厂商的商品售卖会，如时人所言："所谓展览者，仅有一两家橡皮厂而已，其余不得谓之展览，仅是售货而已。"[③] 由于筹备方定位不明确，策展及宣传力度不够大，加之各商家缺乏有效的营销手段，展览会虽然吸引了一些当地参观者，但并未达到促销国货商品、扩大国货销路的目的。

（二）全国国货展览会

正值首都国货展览会行将开幕之际，另一个规模更大、影响更广的国货展览会开始登上历史舞

---

① 见：挽救经济危机，倡导国货的首都国货展览会．工商新闻（南京），1947（26）：第二、三版．及南京市商会主办首都国货展览会．工商新闻（南京），1947（27）：第二、三版．及首都国货展览会开幕．金融周刊，1947，8（19）：22。

② 姚岩．如此首都国货展览会．新上海，1947（68）：6.

③ 姚岩．如此首都国货展览会．新上海，1947（68）：6.

图 5-3-13　小型国货展览会会场内景一　　　　　　　　图 5-3-14　小型国货展览会会场内景二
图片来源: 新运导报, 1948, 15（1）: 无页码。　　　　　　图片来源: 新运导报, 1948, 15（1）: 无页码。

台, 即"全国国货展览会"。1947 年 3 月, 新生活运动促进总会借第十三周年纪念日之际, 举办了小型国货展览会（图 5-3-13、图 5-3-14）, 蒋介石夫妇到场参观, 并指示"扩大举办、以示倡导"。随后, 新生活运动促进总会召集全国性民众团体中国生产促进总会、中华民国商会联合会、中国全国工业协会及有关机关数度集议, 筹划全国国货展览会。他们选定龚伯炎、成栋材、倪翰如为正副总干事, 成立筹备处。筹备方规定, 所有参展工商品必须为"经商标局注册有案"或经"本会审查认为合格"之"国货"。经过几个月的筹备工作, 共召集来自全国各地的公、私厂商 200 余家, 包括参展厂商和委托会方代行展览两类。[①]

对于具备一定规模的国货展览会而言, 择定与租赁会场是筹备工作的重要一环。展览会筹备方拟租赁太平商场作为展场, 但因太平商场与承租商户之间的租约问题, 延误了会期。[②]1947 年 10 月 1 日, 全国国货展览会在太平商场内正式开幕, 12 月 31 日闭幕, 为期三个月（图 5-3-15）。展会期间参观者络绎不绝, 单日参观者达到 5 万余位, 许多中外团体还组团参观, 如南京各级学校学生、新疆青年歌舞访问团、英国议会访华团等。一时间, 太平商场"楼上楼下摩肩接踵、人山人海", 承办方甚至一度将展会时间延长到晚上 9 点半[③], 成为抗日战争胜利后在南京举办的规模最大、影响最广的一次国货展览会。

本次全国国货展览会会场分为一层的展览区和二层的贩售区两部分（图 5-3-16）。展览区共设三馆, 包括经济部主办的工商馆、农林部主办的农林馆和资源委员会主办的资源馆。其中, 资源馆规模最大、容纳厂商最多, 既有官办及公营事业, 也有民营厂商, 还包括了台湾机械造船公司、糖业公司、金铜矿务局等 8 家台湾企业。[④]与会的工商企业以上海居多, 在由 58 家厂商共同组成

① 见: 龚伯炎. 全国国货展览会纪念特辑: 筹备经过概述. 新运导报, 1948（1）: 66. 及全国国货展览会欢迎各厂商参加. 中华国货产销协会每周汇报, 1937, 4（38）: 第三版。
② 1947 年 6 月, 展会筹备处与太平商场商定, 拟租赁商场二楼全部及底层一部分空间作为展场。事实上, 商场一楼作为展览空间更能达到"以壮观瞻"的目的, 而这将侵犯已同太平商场签订租约的商户的利益——他们同太平商场签订租约在先, 且部分商家已经完成店铺装修。由是, 展期一再拖延, 筹备工作"几告停顿"。直至 1947 年 9 月, 双方才达成一致, 将商场一楼全部作为国货展览会会场, 原本签订租约的 56 家店铺和 36 处摊位均被移至二楼。见: 龚伯炎. 全国国货展览会纪念特辑: 筹备经过概述. 新运导报, 1948（1）: 66. 及南京市档案馆藏. 市社会局:《关于全国国货展览会与太平商场场商立调解决议契约》, 1947 年 9 月 19 日, 档案号: 10030031296（00）0007。
③ 全国国货展览会大会花絮. 新运导报, 1948（1）: 81-88。
④ 全国国货展览会中之三馆. 新运导报, 1948（1）: 79。

图 5-3-15　全国国货展览会会场大门外景
图片来源：建国杂志（长沙），1947（20）：29。

图 5-3-16　全国国货展览会之会场内一角
图片来源：新运导报，1948，15（1）：无页码。

的厂商联谊会中占 43 家。同各地工商企业的踊跃出品相比，南京地区的出品厂商则较少，厂商联谊会中仅有 5 家，除汉昌公司的工厂、营业店均位于南京外，其余 4 家则或为代销机构，或为分店[①]，从侧面反映出南京本地工商企业实力的薄弱。虽然主办方尽心筹备，但国货展览会所展陈物品依旧以食物、布匹、香烟、皮货等日常生活品为主，各类地方特产、传统手工艺制品依旧占据较大比重，工业、机械出品很少。

全国国货展览会采用了现代化电力设备及各种营销和宣传手段来丰富商业空间体验，包括各式广告、广播等。广告手段包括霓虹灯广告和可移动式广告，丰富了夜间参会的空间体验。广播主要用于国货宣传和发布通知，会场内专设建业广播电台，聘请"南京之莺"王薇小姐担任会场播音员，除介绍、宣传国货外，还播放音乐，活跃会场气氛。还有厂商邀请社会名流到场代为宣传，例如，著名的"杨元鼎笔"便邀请了草书书法家于右任、知名作家兼编辑姚苏凤、著名作家程小青等人为其宣传和介绍产品。[②] 由此观之，全国国货展览会成为一处远近闻名、昼夜喧闹的现代化市集。

第四节　政府主办的集中型商业设施

国民政府"还都"南京后，便开始计划创办集中型商业设施。1946 年下旬，蒋介石命南京市政府创办商场、菜场各三处，包括下关热河路商场、商埠街商场、淮清桥商场以及下关热河路菜场、商埠街菜场和八府塘菜场，由市政府向四联总处贷款共计 18 亿元。[③] 但是，因"工料飞涨，原概算不敷甚巨"，至 1947 年 5 月，动工兴建者仅有下关热河路商场及菜场、八府塘菜场三处，在建房屋总价涨至约 20.65 亿元，不仅其余三处因资金不足无法创办，原 18 亿元贷款数额甚至不

[①] 全国国货展览会厂商联谊会中的 5 家本地厂商分别为大西制茶厂、首都中国国货公司、中国农林药局、汉昌化工公司和冠生园南京分店。

[②] 全国国货展览会大会花絮．新运导报，1948（1）：81-88．

[③] 见：南京市档案馆藏．市政府：《兴建下关等处商场菜场透支合约内有错误函请财政部代为更正及中央局京分局来函》，1947 年 1 月，档案号：10030050771（00）0020．及南京市档案馆藏．内政府：《请送下关热河路商、菜场建筑图等件及市政府复函》，1947 年 5 月 10 日，档案号：10030080637（00）0019．

能满足三处在建建筑的开销。[1] 因此，实际建成的商业建筑仅有三栋，其余三栋则未能兴建。

一、下关热河路商场及菜场

（一）下关热河路商场

1. 创办背景与经营情况

下关热河路商场在筹备期也称下关热河路第一商场，是抗日战争胜利后由国民政府主办的最为著名的大型商场，由南京市政府贷款筹划，市工务局承办，与热河路菜场同时创建。该商场位于旧府城挹江门外，西邻热河路通正丰街，西南角为石桥街，东侧为池塘，用地面积为 11301.33 平方米。其中，"营地"占 69.1%，市有地产占 13.3%。[2] 商场基址位于旧南京府城与下关商埠区之间，向西可至下关最繁华的惠民河、商埠街和大马路，向北可至兴中门大街，向南则是由江边入城的中山北路，可谓南京对外贸易与对内经销之前站，区位商业价值较高。

商场选址既定，一面开展规划与建筑设计并着手招标兴工，一面向中央信托局南京分局致函办理贷款业务。1946 年 9 月，完成第一商场及菜场规划布局设计，由陈府真设计并绘图，市工务局正工程司兼第三科计划股主任孙荣樵校对，后又由第三科技佐孙培尧修订并深化道路规划与布局（图 5-4-1）。[3] 同年 9 月，工程招投标工作同期进行，鲁创营造厂中标并于 10 月底订约，工期限为"80 个晴天"。[4] 但是，直至翌年 4 月初，商场仍未竣工，这与通货膨胀、政府财政拮据、民营营造厂生存维艰等经济状况有关。1946 年年关，因物价飞涨、建材市场混乱，南京营造业工人相率怠工并要求增加工资。由是，下关热河路商场建筑工程便停滞下来。鲁创营造厂遂向市政府请求追加预算，遭到拒绝后，工程由市工务局收回办理。随后，工务局采用邀标形式重新进行施工招

---

① 1947 年 5 月 22 日，南京市工务局代局长张丹如向南京市市长沈怡呈文，拟以工务局 1947 年度事业费补三栋在建建筑之"不敷数"2.65 亿元，而尚未创办的三处商业设施，根据当时物价估算达 40 亿元，"工费浩大，无法筹措"，请示是否暂缓兴建；5 月 26 日，沈怡批回照准，云："热河路商场、菜场及八府塘菜场工程可加签办理，其余商场、菜场工程应准缓办仰知照。"见：南京市档案馆藏. 市工务局：《为建下关热河路商菜场等三处不敷工程费拟在本年度事业费内匀支及尚未动工兴建商菜场三处可否缓建事由》，1947 年 5 月 22 日，档案号：10030011415（00）0003. 及南京市档案馆藏. 内政府：《请送下关热河路商、菜场建筑图等件及市政府复函》，1947 年 5 月 10 日，档案号：10030080637（00）0019。

② 热河路商场原拟在下关"朝月楼一带"觅地建造，但因该地段在"整理土地重划区"内，且"公用土地太多"，不宜作为商场及菜场基址，故于 1946 年 9 月改至"热河路南段、石桥街对面"建造。该地段除一部分为市有公用土地和民地外，主要为"前军政部营造司"所有，且多为"棚户"，并未建有"瓦房"，征用较为便利。见：南京市档案馆藏. 市工务局：《呈送建热河路商、菜场用地图请市政府准予征地》，1946 年 9 月 17 日，档案号：10030080636（00）0020。

③ 见：南京市档案馆藏. 市工务局：《下关第一菜场未完工程工程标单、施工说明书及设计图纸》，1947 年 10 月 8 日，档案号：10030080647（00）0002. 及南京市档案馆藏. 市工务局：《建筑下关热河路菜场工程合同》，1946 年 10 月 12 日，档案号：10030080646（00）0002。

④ 见：南京市档案馆藏. 市政府：《建筑商场菜场工程已定期招标兴工急需贷款函请中央信托京分局洽订合约》，1946 年 9 月 17 日，档案号：10030050771（00）0007. 及南京市档案馆藏. 市工务局：《关于建热河路第一商场等工程公告登中央日报》，1946 年 9 月 17 日，档案号：10030080636（00）0019. 及南京市档案馆藏. 鲁剑营造厂：《呈市政府为承包建筑下关第一商场所搭工料房及运到材料遭火灾检同损失清册照片等请转饬工务局查明发给津贴及其批示》，1946 年 10 月 30 日，档案号：10030080639（00）0007. 及南京市档案馆藏. 市工务局：《为下关商场工程原包商延不完工拟另招他商议价继续施工事由》，1947 年 4 月 24 日，档案号：10030011415（00）0002. 及南京市档案馆藏. 市政府：《为下关热河路第一商场合同总价及追加公款表的指令及呈文》，1947 年 1 月 31 日，档案号：10030011415（00）0002。

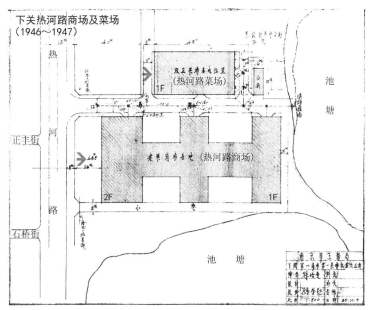

建筑总平面图

图 5-4-1　下关热河路商场与菜
场区位及总平面示意图
图片来源：笔者改绘。原图来源：
南京市档案馆藏．市工务局：《呈
送建热河路商、菜场用地图请市
政府准予征地》，1947 年 9 月 17
日，档案号：10030080636（00）
0020。

标。1947 年 7 月，南京成泰营造厂因报价最低而中标。[①] 1947 年 9 月底，商场建筑竣工，水电工
程由益丰水电材料工程行承办。同年 10 月，开始订定放租规则并招租商户。[②] 商场竣工之际，南
京市政府正式将其定名为热河路商场。[③]

　　热河路商场亦采用"集团售品组织"式大型商场的组织与经营模式。商场由四联总处代管经营，
以铺面形式出租于下关土地重划整理中热河路和江边路一带的"被拆商户"。至 1948 年 2 月，热
河路商场解决放租问题，共有商铺 118 户。其中，热河路拆迁商户共 85 户，江边路 33 户。随后，
各承租商户办理订租、缴租手续，商场开始营业，从业员工达到近千人。[④] 出租型商铺因面积及所
在区位的不同，每月租金差异较大。根据 1947 年 11 月公布的《下关热河路商场各级铺摊位及办
公室租金表》，商场共有出租式店铺 94 间，摊位 18 个，商铺根据区位不同分为四类，沿热河路铺
面租金最高，离热河路越远则租金相应降低，符合商业空间价值的一般性规律。

① 见：南京市档案馆藏．市工务局：《为下关商场工程原包商延不完工拟另招他商议价继续施工事由》，1947
　　年 4 月 24 日，档案号：10030011415（00）0002．及南京市档案馆藏．市工务局：《为下关第一商场
　　未完工程招商续遗定期比价呈请派员监视由》，1947 年 7 月 5 日，档案号：10030011415（00）0004．
　　及　南京市档案馆藏．市工务局：《为下关第一商场工程定期验收事由》，1947 年 9 月 24 日，档案号：
　　10030011415（00）0006。
② 见：热河路商场放租问题解决．南京市政府公报，1948，4（4）:77．及南京市档案馆藏．市工务局：《呈
　　送下关第一商场水电工程合同事由》，1947 年 9 月 19 日，档案号：10030011415（00）0009．及南京
　　市档案馆藏．市工务局：《为下关商场水电工程现已完工呈请验收事由》，1947 年 10 月 27 日，档案号：
　　10030011415（00）0010。
③ 南京市档案馆藏．市工务局：《为下关商场名称兹经财政局开会决议拟订名称两种呈请鉴核采样示遵由》，
　　1947 年 9 月 29 日，档案号：10030011415（00）0007．
④ 见：下关热河路商场各级铺摊位及办公室租金表．南京市政府公报，1947，3（11）:348-349．及热河路
　　商场放租问题解决．南京市政府公报，1948，4（4）:77．及南京市档案馆藏．季鹤皋：《为申请承租下关
　　热河商场右旁门外凹进空地以便兴建场商食堂及水炉请准放租致财政局呈》，1948 年 10 月 1 日，档案号：
　　10030051970（00）0005。

2. 建筑空间形式

热河路商场位于下关商埠区规整的矩形地块内，基地西邻热河路商业街，北侧与热河路菜场相隔一条内街，东、南两侧靠近池塘。热河路商场建筑方案及施工图均由南京市工务局技师孙荣樵设计并校对，陈贵全绘图，屋架及部分详图由陈贵全设计，孙荣樵校对。[①] 商场建筑平面由南北向的三列房屋与东西向的连接体组成，形成正交的"王"字形平面格局。建筑南北宽 48 米，东西长 108.4 米，总建筑面积为 4453.2 平方米。场地主入口位于西侧临街面正中，入内为一环路，中央为圆形花坛，两侧为自行车停车场。建筑主体卖场空间为一层，西立面主入口为二层高的办公楼，上层设 20 间出租式写字间。建筑正交的平面形态形成了室内步行商业街的购物路径，自西向东形成"三进式"的购物空间。宽达 8 米的主街中央设摊柜，两侧为商铺，次街则相对较窄。购物路径尽端设次入口，分别位于建筑东端和南北六翼端部（图 5-4-2）。

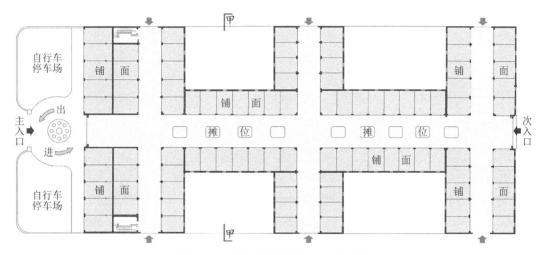

图 5-4-2　下关热河路商场建筑一层平面图

图片来源：笔者描绘。原图来源：南京市档案馆藏. 市财政局：《热河路商场建筑图纸》，1946 年 9 月，档案号：10030051960（00）0010。

热河路商场建筑采用砖、木混合结构，局部如雨棚等处采用钢筋混凝土。屋面为交叉排列的双坡顶木桁架，侧翼及连接体均为三跨，中间一跨为交通空间，屋架高于两侧店铺，从而开设高侧窗，增强商场采光。建筑正立面中轴对称，明间设高约 13 米的塔楼，两侧体量高约 10.5 米。立面采用横向三段式，底层为商铺门洞，砖柱外粉刷黄色水泥浆。中段设小窗，并有横向线条，墙面以纸筋灰砂打底外刷黄色浆，窗间墙则采用水泥拉毛，上段为坡屋面（图 5-4-3）。侧翼立面亦采用中轴对称式构图，中跨形体高 9.6 米，两侧高 6.6 米。建筑中轴对称的布局及浑厚的几何体量使其

[①] 热河路商场的主要设计者和项目负责人为孙荣樵。孙时年 44 岁（1947 年），浙江上虞人，毕业于天津高等工校，先后任重庆市工务局技士、财政部田赋管理委员会技术室主任技士、重庆天坛工程股份公司设计室工程司、南京市工务局正工程司兼第三科计划股主任等职务。孙在国民政府"还都"南京后十分活跃，主创或参与设计了多栋政府性工程，包括中正图书馆（1946）、北平路市府官邸（1946）、广州路市民住宅食堂（1946—1947）、中华门外小市口南京市立师范学校（1947）、五台山体育场拟建基地（1946）等。见：南京市档案馆藏. 市工务局：《关于本局职员录》，1947 年 6 月，档案号：10030080220（00）0001. 及南京市档案馆藏. 市工务局：《本局现任高级职员名单》，档案号：10030080223（00）0009. 及季秋. 中国早期现代建筑师群体：职业建筑师的出现和现代性的表现. 南京：东南大学，2014：170。

具有西方新古典主义意蕴，但建筑室内空间仅为单层、实用的线形步行商业街，缺乏多样化的购物空间体验，体现出建筑师在有限经济条件制约下的实用主义设计。

　　经济因素对于建筑空间形式的影响也体现在建造和施工过程中对于立面细部、建筑用材等方面的设计变更上。商场开工后，由于工料费用高涨，原概算不敷其巨，南京市工务局相关负责人员及设计者孙荣樵在1947年5月对设计方案进行了修改。一方面，体现在建筑立面形式的简化。例如，根据1946年9月的设计图纸，西立面设计为阶梯状形式，南北两侧高二层，次间和明间高三层，明间顶部还设一西式塔楼，细节精美。而1947年5月的图纸则将次间降为二层，取消了明间塔楼，改为平屋顶。另一方面，对建筑材料的选择也相应降低了标准。例如，正立面明间二层通高的大玻璃窗原计划采用铁花格栅，后改为木格栅；正立面一层砖柱原为斩假石，后改为"粉水泥外刷黄色浆"；背面次入口原设计采用铁艺大门，六翼侧门采用玻璃门，后统一改为传统的木制排门板；坡屋面原设计采用洋瓦与玻璃，后改为油毛毡屋面；地面原计划采用水泥地面，后改为石灰三合土地面等（图5-4-3）。[1]

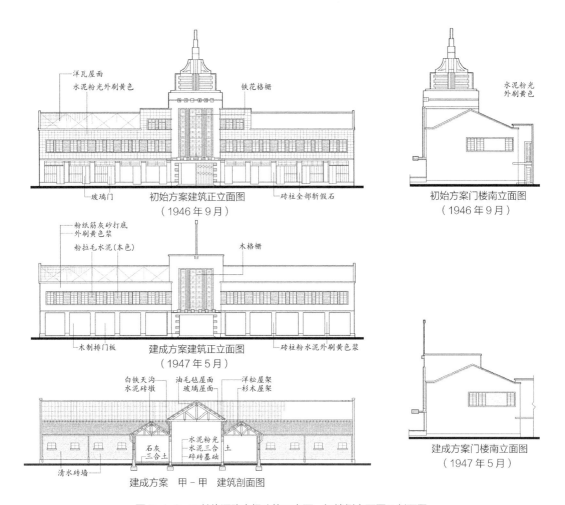

图 5-4-3　下关热河路商场建筑正立面、门楼侧立面图及剖面图

图片来源：笔者描绘。原图来源：南京市档案馆藏．市财政局：《热河路商场建筑图纸》，1946年9月，档案号：10030051960（00）0010。

---

① 南京市档案馆藏．市财政局：《热河路商场建筑图纸》，1946年9月，档案号：10030051960（00）0010．

（二）下关热河路菜场

热河路菜场与热河路商场同期筹建，位于商场北侧。1946年9月至10月间，南京市工务局设计人员完成了热河路商场及菜场规划与建筑设计，其中菜场部分由孙荣樵设计并校对，孙培尧绘图，给水排水设备则由孙培尧设计并绘图，陈府真校对。[1] 工程招投标工作亦同期进行，1946年9月热河路菜场完成工程开标，由新记营造厂中标。受时局影响，工程拖延至翌年10月。政府就未完工程重新招标，由成泰营造厂中标。1947年12月，全部工程竣工，当月月底正式营业。[2]

由于用地较为规整，热河路菜场平面呈东西向的方整矩形，西侧主入口处布置管理、储藏、冷藏等功能性用房，东侧为主体的卖场空间。菜场为单层木结构建筑，共设摊位186个，建筑面积为1152平方米。摊位沿东西长向平行布置，共设10排。结构采用了当时菜场建筑类型中较常见的并列式单坡顶木桁架，突出屋面的"腰身"，设侧高窗，以增强室内采光（图5-4-4）。

二、八府塘菜场

位于城南地区的八府塘菜场亦属南京市政府的官办商业建筑，且其设计与竣工日期均早于热河路商场和菜场。八府塘菜场位于城南一带的繁华商业街朱雀路、建康路附近，北邻八府塘街与南京中学初中部隔街相对，西邻城内小铁路，对面是南京中学初中部。菜场由南京市工务局技师杨延馀设计于1946年6月，由黄秀记营造厂建造。1947年9月，菜场建筑及水电工程完工，随后开始营业。[3] 建筑主要入口面向西、北两侧道路，室内以阡陌纵横的步行道组织流线，共设摊位395个。建筑为单层木结构，屋顶亦采用单坡顶并列式木桁架结构。

综上所述，国民政府"还都"南京后初期，展开了公营大型商业设施建设计划，力图重塑现代化都市形象并借此增加政府的财政收入。但是，伴随着国统区金融市场崩溃、物价飞涨及货币贬值，官办商业建筑计划仅有三栋完工，不仅其余三栋被迫中止，在建房屋也因建材价格高涨、原预算不敷甚巨、营造厂工人相率怠工等原因而拖延工期。经济性因素也影响到建成建筑的结构、用材与形式。这些建筑均采用砖、木等传统材料作为承重结构，较少使用钢筋混凝土、玻璃等现代化材料。建筑立面多采用水泥浆、拉毛等朴素的饰面层，而不是较高规格的石材和饰面工艺。建筑外观的部分装饰性构件、细部也在后期施工中被简化，反映出有限经济条件下商业建筑设计与建造过程中的妥协与折中，指向一种实用主义的商业空间形式。

---

① 南京市档案馆藏. 市工务局：《建筑下关热河路菜场工程合同》，1946年10月12日，档案号：10030080646（00）0002.

② 见：南京市档案馆藏. 市工务局：《建筑下关热河路菜场工程合同》，1946年10月12日，档案号：10030080646（00）0002. 及南京市档案馆藏. 市政府：《为呈送下关第一菜场追加工程表致工务局指令及呈文》，1947年2月6日，档案号：10030140577（00）0004. 及南京市档案馆藏. 市工务局：《下关第一菜场未完工程工程标单、施工说明书及设计图纸》，1947年10月8日，档案号：10030080647（00）0002. 及南京市档案馆藏. 市卫生局：《通知有关机关为下关热河路菜场即将开放举行复审会请出席》，1947年12月11日，档案号：10030060679（00）0003. 及南京市档案馆藏. 市卫生局：《为热河路菜场已正式开始营业函请工务局派员光临指导》，1947年12月31日，档案号：10030080644（00）0014.

③ 见：南京市档案馆藏. 市工务局：《兴建八府塘菜场与黄秀记营造厂订合同工程标单调工细则建筑图纸》，1946年10月28日，档案号：10030080648（00）0011. 及南京市档案馆藏. 南京市工务局：《为八府塘菜场工程定期开标签请派员监标由》，1946年10月5日，档案号：10030011417（00）0001. 及南京市档案馆藏. 南京市工务局：《为八府塘菜场工程已完工呈请派员验收由》，1947年8月7日，档案号：10030011417（00）0003.

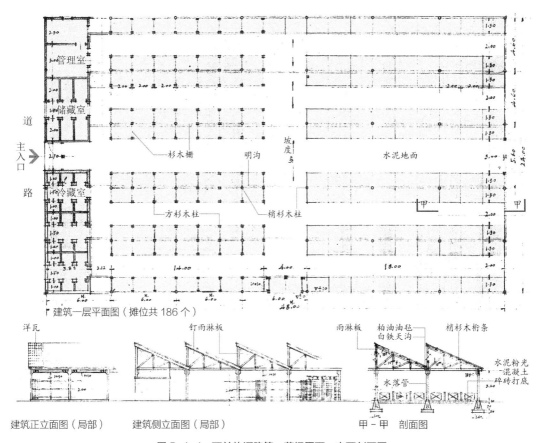

建筑一层平面图（摊位共 186 个）

建筑正立面图（局部）　　建筑侧立面图（局部）　　甲－甲　剖面图

图 5-4-4　下关热河路第一菜场平面、立面剖面图

图片来源：笔者改绘。原图来源：南京市档案馆藏．市工务局：《建筑下关热河路菜场工程合同》，1946 年 10 月 12 日，档案号：10030080646（00）0002。

第五节　商人主办的商场和市房

抗日战争胜利后，因战事四散各地的商人群体也陆续返回南京，带动了消费市场的发展。这一时期，由商人主办的商业设施包括商场、商业市房等。

一、商办集中型商业设施

1946 至 1947 年间，人口的增长与消费市场的发展为集中型商业设施建设提供了契机，商办的大型商场主要包括首都商场、太平商场等。

（一）朱雀路首都商场

1. 创办背景与经营情况

国民政府正式"还都"南京后，率先登上历史舞台的商办大型商场为协鑫商场，后更名为首都商场。首都商场西邻朱雀路中段，西北角为四象桥，东北面为青溪，区位商业价值较高。该基地原为旅宁湘人的"公产"，晚清时曾创办"湘军公所"，后为纪念前两江总督、湘军宿将刘坤一而建"刘公祠"。抗日战争全面爆发后，湘人多数逃到后方，"民众戏院"占据该处地产，后由土地主刘理青、代理人周达夫等创办"新世界商场"。1946 年 5 月前后，上海资本家刘和笙连同房产业主何星五及刘理青、周达夫等人发起创办首都商场，任命俞子钦为商场经理。[①] 商场建筑由上海兴业建筑师事务所设计[②]，振业营造厂承建。[③] 工程持续了大约半年时间，1946 年 11 月前后，商场竣工。首都商场的创办获得较高关注，时人称："太平路差不多是南京市的繁华的中心了，有了这座伟大的商场，预料商业上一定可以茂盛的。"[④]

但是，朱雀路 49 号土地主与旅宁湘人群体间一直存在土地产权纠纷，这也影响到商场的筹办。早在日占时期，拟创办的新世界商场便被勒令停工，后来只能简单修葺旧有房屋、草草开业。[⑤] 抗日战争胜利后，首都商场的创办再度引发湘人团体的反对，他们向法院提起诉讼，要求收回地产。[⑥] 于是，正待开业的首都商场遭受重大打击，"招商承租房屋，竟至无人问津"。这场纠纷一直持续到 1947 年初。1947 年 4 月至 6 月间，首都商场承办了由南京市商会举办的首都国货展览会。展会闭幕后，首都商场方才开业。

首都商场之后的经营与发展状况现不得而知，但从相关史料中可推测其开业后所面临的困境。一方面，因涉及用地权属纠纷，首都商场的招商放租遭遇一些波折，加之承办的首都国货展览会反响甚微，时人对商场持悲观态度。[⑦] 另一方面，首都商场介于太平路和夫子庙两处核心商业区之间，前者商铺市肆林立，并有筹建中的太平商场，后者为传统商业、娱乐业较为集中的区域，并有永安、联合等多栋已建的大型商场，首都商场难以与之竞争。加之首都商场主立面并不临街，需经一条通道进入卖场。用地条件的制约也会影响到商业空间的繁荣。

2. 建筑空间形式

首都商场主入口面向朱雀路，东侧设两个次入口。因场地西侧边界不临街，购物人群需经门洞式塔楼，进入一矩形广场，继而到达商场主入口。主体建筑平面顺应用地边界呈不规则四边形，南

---

① 见：铁笔. 首都商场无法开幕. 快活林，1946（39）：9. 及南京市档案馆藏. 江泽霖：《为侵占公产已依法诉办请求停发建筑执照》，1943 年 2 月，档案号：10020052096（00）0003. 及 南京市档案馆藏. 江泽霖：《请发还旅京湘人名册及其批示》，1943 年 3 月 16 日，档案号：10020052096（00）0004. 及南京市档案馆藏. 振业营造厂：《呈报承建协鑫商场检附平面图等工务局批复》，1946 年 5 月 17 日，档案号：10030080859（00）0005。

② 兴业建筑师事务所由徐敬直、李惠伯、杨润钧创办于 1933 年，是民国时期活跃于上海、南京、重庆等地的著名建筑师事务所。兴业在南京的建筑作品较多，代表作有实业部中央农业实验所（1933）、中央博物院（1935 至 1948 年）、中山东路中央博物院宿舍（1947）、丁家桥中央大学附属医院门诊部工程（1947）等。见：赖德霖，王浩娱，袁雪平，司春娟. 近代哲匠录——中国近代重要建筑师、建筑事务所名录. 北京：中国水利水电出版社，知识产权出版社，2006：240-244。

③ 南京市档案馆藏. 振业营造厂：《呈报承建协鑫商场检附平面图等工务局批复》，1946 年 5 月 17 日，档案号：10030080859（00）0005.

④ 铁笔. 首都商场无法开幕. 快活林，1946（39）：9.

⑤ 见：南京市档案馆藏.《关于新世界商场筹备处私行动工筹建房屋通知限三日内将私行修建部分自行拆除否则强制执行》，1943 年 6 月 29 日，档案号：10020052096（00）0008. 及南京市档案馆藏. 蒋泽霖：《为侵占公产已依法诉辩请求停发建筑执照》，1943 年 2 月，档案号：10020052096（00）0003. 及南京市档案馆藏. 杨鸿记营造厂：《关于建筑新世界商场房屋陈述理由请发给执照》，1943 年 4 月 15 日，档案号：10020052096（00）0006. 及南京市档案馆藏.《关于新世界商场私自停工修砌山墙等工程》，1943 年 7 月 14 日，档案号：10020052096（00）0009。

⑥ 铁笔. 首都商场无法开幕. 快活林，1946（39）：9.

⑦ 首都国货展览会的举办并未引起过多关注，某种程度上也影响了商场的口碑。《如此首都国货展览会》一文中称："展览会闭幕后，首都商场便要揭幕，要比起中正路的中央商场和夫子庙的永安商场来，相差太远，前途没有多大的希望。"见：姚岩. 如此首都国货展览会. 新上海，1947（68）：6。

北长约 67.4 米，东西宽约 46.4 米，建筑面积达 3486 平方米。商场建筑主体一层，西面局部二层，室内采用步行商业街的空间形式，一层共有商铺 80 余个，二层设摊柜 20 余个。标准铺面单元共计 4 类，宽度均为 3.5 米，进深由 5.2 米至 7.9 米不等（图 5-5-1）。

由于首都商场主立面不临街，并未采用沿街商铺的形制，建筑结构、用材、立面形式等方面均较为简易实用。建筑主立面基座、檐口、窗框等部位均装饰横向线条，强调水平向的延伸感，体现出现代主义国际式建筑风格特征（图 5-5-2）。建筑主体为木框架结构，以木柱和木桁架组成承重体系，局部如楼梯、二层楼面则采用钢筋混凝土，主要的围护结构包括砖砌的外墙、板条隔墙等。

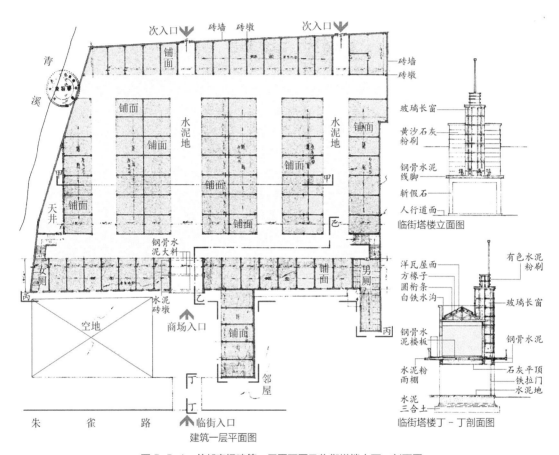

图 5-5-1　首都商场建筑一层平面图及临街塔楼立面、剖面图

图片来源：笔者改绘。原图来源：南京市档案馆藏. 振业营造厂：《呈报承建协鑫商场检附平面图等工务局批复》，1946 年 5 月、6 月，档案号：10030080859（00）0005。

丙 - 丙　建筑剖立面图

图 5-5-2　首都商场建筑剖立面图

图片来源：笔者描绘。原图来源：南京市档案馆藏. 振业营造厂：《呈报承建协鑫商场检附平面图等工务局批复》，1946 年 5 月、6 月，档案号：10030080859（00）0005。

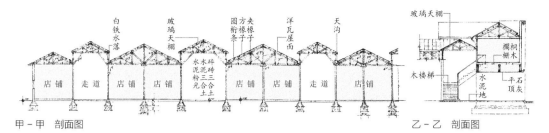

图 5-5-3 首都商场建筑剖面图

图片来源：笔者改绘．原图来源：南京市档案馆藏．振业营造厂：《呈报承建协鑫商场检附平面图等工务局批复》，1946 年 5 月、6 月，档案号：10030080859（00）0005。

屋面形态由环形布置、相互嵌套的双坡顶屋架组成，过道部分屋架高于两侧商铺，通过高侧窗增加室内采光（图 5-5-3）。

（二）太平路太平商场

这一时期，由实业界人士发起创办的最著名的商场是位于太平路的太平商场。该商场也是抗日战争胜利后南京新建的规模最大的商场，与新街口中央商场、夫子庙永安商场并称为当时南京的三大商场。

1. 创办背景与经营情况

1946 年 8 月，南京实业界人士贺鸿棠联合顾心衡、周亚南、陈君素、邹秉文、王敬煜和胡间云发起创办太平商场[①]，7 位发起人占股 50%。[②]他们在中华路设立筹备处，拟于太平路 267 号至 289 号自建商场。[③]随后，筹备处制定《太平商场股份有限公司招股章程》和《太平商场股份有限公司营业计划书》，向南京市政府社会局呈请登记，并开始招募股款。1947 年 4 月，在南京安乐

[①] 太平商场的主要发起人具有国民政府军方背景。商场大股东贺鸿棠是国民党军官，出身黄埔四期，具有深厚的军方背景，时任开物企业公司及福民农场董事长。抗日战争胜利后，贺通过接收日伪"逆产"大发横财，在上海、南京经营地下钱庄，专门以高利贷形式吸收官僚和"军棍"的黄金存款。时任福民农场常务董事的顾心衡也是国民党高级将领，他也是时任国民党陆军总司令的顾祝同的堂弟。见：太平商场股份有限公司发起人姓名经历及认股数额表．收录于南京市档案馆藏．市社会局：《关于太平商场补呈章程各件尚合准予备查》，1946 年 10 月 2 日，档案号：10030031615（00）0002。及郭晓晔．东方大审判——审判侵华日军战犯纪实．北京：解放军文艺出版社，1995：62。

[②] 太平商场股份有限公司股东名簿，见：南京市档案馆藏．市社会局：《关于太平商场股份公司申请登记请依照指令分别查照补正再核办》，1947 年 4 月 26 日，档案号：10030031615（00）0004。

[③] 南京市档案馆藏．市社会局：《关于太平商场股份公司发起人贺鸿常等呈报组织太平商场股份公司的批文》，1946 年 9 月 17 日，档案号：10030031615（00）0001。

酒店举行"太平商场股份有限公司创立会"①，公推贺鸿棠为主席，胡间云任商场经理。②

太平商场股份有限公司成立后，开始筹划创办商场建筑。1946年10月前后，场方在太平路、三十四标（今常府街）路口东南角租赁公产一处，完成拆迁后，于1947年初开始建设商场。建筑由南京正兴隆营造厂承建，水、电、消防、卫生等设备工程由南京俊记水电行承办，1947年9月全部完工（图5-5-4）。③太平商场竣工伊始，便承办了历时三个月的全国国货展览会（图5-5-5），直到1948年初才正式营业。④

太平商场开业后不久，便面临通货膨胀、物价飞涨等问题，大量民族工商业商户歇业或倒闭。至1948年下半年，商场内各商号已无法维持，不仅很多商家在营业时间内提前打烊，且无法按期缴付租金、陆续歇业。至1949年南京解放前夕，商场内只剩下私营小店三四十家，经营情况十分惨淡。⑤

---

① 《南京日用工业品商业志》中记载："1947年3月（太平）商场建成，4月1日，在安乐酒店召开太平商场开业大会。"（见：南京日用工业品商业志编纂委员会. 南京日用工业品商业志. 南京：南京出版社，1996：288.）南京市档案馆存有部分关于太平商场建筑施工的史料，包括1947年4月14日的《南京市工务局砌墙身报告单：太平路太平商场》和1947年6月16日的《南京市工务局装屋架报告单：太平路太平商场》，该两份文件并非工程竣工后的验收报告，而是施工中的查验报告。根据这两份报告可知，1947年4月中旬，商场建筑墙身刚刚砌筑高出地面1m，6月中旬开始装配屋架（见：南京市工务局砌墙身报告单：太平路太平商场. 收录于南京市档案馆藏. 市工务局：《关于验收太平商场墙身合格一事给正兴隆营造厂通知附报告单》，1947年4月22日，档案号：10030081730（00）0023. 及南京市工务局装屋架报告单：太平路太平商场. 收录于南京市档案馆藏. 市工务局：《关于建筑太平商场房屋工程一案给正兴隆营造厂通知附报告单》，1947年7月9日，档案号：10030081730（00）0037）。另根据南京市档案馆藏《太平商场股份有限公司创立会议决议录》记载，1947年4月1日2时，太平商场股份有限公司在南京安乐酒店举行创立会，到会股东20人（见：太平商场股份有限公司创立会议决议录. 收录于南京市档案馆藏. 市社会局：《关于转呈太平商场股份公司登记文件请经济部鉴核给照与给该公司的批示》，1947年6月5日，档案号：10030031615（00）0005）。综上所述，1947年3月，太平商场建筑并未完工，4月1日举行的是太平商场有限公司创立大会。

② 太平商场股份有限公司登记事项表，见：南京市档案馆藏. 市社会局：《关于太平商场股份公司申请登记请依照指令分别查照补正再核办》，1947年4月26日，档案号：10030031615（00）0004。

③ 见：南京市档案馆藏. 市社会局：《关于太平商场股份公司筹备处呈与住客和解定期拆屋兴建准予备查》，1947年1月8日，档案号：10030031615（00）0003及南京市档案馆藏. 企新营造厂：《关于承包太平商场围篱工程损坏人街道给工务局保证书及工务局通知》，1946年10月25日，档案号：10030081609（00）0046. 及南京市档案馆藏. 市社会局：《关于验收太平商场墙身合格一事给正兴隆营造厂通知附报告单》，1946年9月17日，档案号：10030031615（00）0001及南京市工务局砌墙身报告单：太平路太平商场. 见：南京市档案馆藏. 市工务局：《关于验收太平商场墙身合格一事给正兴隆营造厂通知附报告单》，1947年4月22日，档案号：10030081730（00）0023及南京市工务局装屋架报告单：太平路太平商场. 收录于南京市档案馆藏. 市工务局：《关于建筑太平商场房屋工程一案给正兴隆营造厂通知附报告单》，1947年7月9日，档案号：10030081730（00）0037及南京市档案馆藏. 自来水管理处：《关于准予装置一百公厘口径水表给太平商场有限公司筹备处的复函及相关文书》，1947年9月5日，档案号：10030110183（02）0039。

④ 南京市档案馆藏. 市社会局：《关于全国国货展览会与太平商场场商立调解决议契约》，1947年9月19日，档案号：10030031296（00）0007.

⑤ 见：南京市档案馆藏. 首都警察厅中区警察局：《关于太平商场楼早打烊时局一事致社会局函》，1948年10月26日，档案号：10030032004（00）0010. 及南京市档案馆藏. 人民银行南京分行：《为代收中央、太平、永安等七商场房租对逾期不缴者按日增收致中行南京分行的函》，1949年12月17日，档案号：10220020096（00）0057. 及南京日用工业品商业志编纂委员会. 南京日用工业品商业志. 南京：南京出版社，1996：289-290。

图 5-5-4 太平商场外景
图片来源：科学画报，1947，13（11）：676。

图 5-5-5 太平商场内景：承办全国国货展览会时之农林馆
图片来源：新运导报，1947（5）：封二。

2. 组织、管理与经营模式

太平商场采用了资本主义股份制企业的组织形式，由股东大会、董事会、监察人会等机构组成。根据《太平商场股份有限公司章程》，公司最高决策机构为股东常会和股东临时会，前者一年一度召开，后者于必要时召开，由董事长担任主席。其下设董事会，每三个月开会一次，设董事9至11人，凡占股份150股以上者可当选为董事，董事间互选三人担任常务董事，并互推一人担任董事长。此外还有监察人3人，凡占50股以上者均有权当选。商场经理负责日常经营管理，设总经理和副经理各一人，秘书长一人。其下设商品、贸易两部，各设经理一人。商场总经理、副总经理及商品部和贸易部经理均由董事会选定聘任，经理以下职员则由总经理负责选任。[①] 此外，场方为"加强应机、监察及设计周密与业务推行便利"，还专门设立总管理处，由董事会产生。[②] 该部门实际为襄助董事会制定经营企划、管理商场日常业务的特设机构，同时亦对商场的中层领导人员具有监督职能。

太平商场基本延续了战前以中央商场为代表的"集团售品组织"式的组织架构和经营、管理模式，即由发起人组织商场筹备处，负责前期租地、广告宣传、编制投资和收支预算等，然后募股集资组建公司、建设商场，再以铺面的形式出租给各商号，依靠收取押租利息和出租租金来获取利润。如在《太平商场股份有限公司营业计划书》中记载："本公司本诸合作互助之原理，节省供求

---

① 见：太平商场股份有限公司章程（1946年12月7日）. 收录于南京市档案馆藏. 市社会局：《关于太平商场股份公司申请登记请依照指令分别查照补正再核办》，1947年4月26日，档案号：10030031615（00）0004。

② 总管理处主要负责的内容如下："专以容纳各方有关业务专家，为综合各部门之设计与监督执行机构，自经理以下至主管以上之人事，其进退弹劾均由总管理处决定，并请董事会通过或追认之，当各实现总管理处所指示之营业计划。" 见：太平商场股份有限公司章程（1946年12月7日）. 收录于南京市档案馆藏. 市社会局：《关于太平商场股份公司申请登记请依照指令分别查照补正再核办》，1947年4月26日，档案号：10030031615（00）0004。

两方之经济，并使生产与消费双方接近直接交易，以求各得较大之便利。"①基于这种经营模式，太平商场原始资本便主要用于建筑工程及水、电、消防、卫生等基础设施建设，占原始资本的80%，若加上租地及押租费用，这一比例将达到88%。②由此可见，太平商场依旧为"大房东"的经营模式。

即便如此，太平商场管理层已不满足于只依靠收取押租利息和出租租金来牟取利润，而是计划向规模化经营方向发展，集中体现在贸易部的设立。贸易部是同商品部并列的经营部门，后者主要负责出租店铺及商场日常经营管理方面的工作，贸易部则下设出进口、仓库、地产、贩运和信托服务等部门，负责"经营国内外贸易，调节物力，以期有助国际金融之平衡"。商场发起、筹创阶段，贸易部并非主要部门，而公司正式成立后，贸易部主营业务包括地产和销货两部分，计划作为商场的主要收益来源。③由此可见，太平商场的创办者们不再满足于"集团售品组织"式的经营模式，开始向规模化、产业化方向发展，具备向大型百货公司经营模式转型的可能，体现了资本积累过程中经营模式的转变（图5-5-6）。

3. 建筑空间形式

太平商场位于太平路商业街的核心地段，主入口面向西侧太平路，次入口位于北侧的三十四标（今常府街），建筑面积约为10580平方米。场方仅负责营建商场的承重和围护结构体及相关的水、电、消防、卫生等设备工程，室内店面装修则由各承租商号自行负责，在经营方面具有一定的灵活度。

太平商场建筑平面布局顺应用地形态呈折线形，主体卖场空间高二层，临近三十四标的北翼局部一层，西翼临街面及北翼中段局部高三层，顶楼作为办公、管理和出租式写字间。商场采用室内步行商业街式的空间格局，顺应折线形建筑平面组织购物流线，北翼因面宽较大，内街形成环路，并在北侧次入口处设置大厅，丰富了购物空间体验。室内步行商业街为两层通高的共享空间，中央设摊柜和摊架，两侧布置商铺。商铺标准单元大致呈宽4米、进深8米的矩形，共计180余间，其中一层103间，二层77间④，此外还有出租式写字间和摊位若干（图5-5-7）。

太平商场是当时南京规模、档次均较高的大型商场，体现在现代化的建筑结构与用材、考究的建筑风格与形式、丰富的建筑细部设计等方面。建筑采用钢筋混凝土框架结构，屋顶为顺应平面走势的双坡顶木桁架结构，过道上空部分屋面高出两侧商铺，为当时南京大型商业建筑中常见的侧高

---

① 太平商场股份有限公司营业计划书，见：南京市档案馆藏．市社会局：《关于太平商场补呈章程各件尚合准予备查》，1946年10月2日，档案号：10030031615（00）0002。

② 太平商场股份有限公司营业概算书，见：南京市档案馆藏．市社会局：《关于太平商场股份公司申请登记请依照指令分别查照补正再核办》，1947年4月26日，档案号：10030031615（00）0004。

③ 1946年9、10月间的太平商场发起与筹创阶段，贸易部仅为很小的部门，其计划收入只占很小份额，商场主要收益来源为出租商铺的租金。根据1946年9月的《太平商场修建完成后收支预算表》，自设贸易部每年计划盈余仅占商场全年收入的9.96%，而商场铺面和摊位租金收入将占全年总收入的90.80%。1947年4月公司正式创立之际，贸易部计划成为公司主要的经营业务。根据1947年4月的《太平商场股份有限公司营业概算书》，自设贸易部全年营业收入包括地产佣金和销货两部分，占商场全年总收入的66.47%。而商场每年铺面、摊位和写字间租金收入只占全年总收入的33.53%。见：太平商场股份有限公司营业计划书．收录于南京市档案馆藏．市社会局：《关于太平商场补呈章程各件尚合准予备查》，1946年10月2日，档案号：10030031615（00）0002．及太平商场股份有限公司营业概算书．收录于南京市档案馆藏．市社会局：《关于太平商场股份公司申请登记请依照指令分别查照补正再核办》，1947年4月26日，档案号：10030031615（00）0004。

④ 太平商场股份有限公司营业计划书，见：南京市档案馆藏．市社会局：《关于太平商场补呈章程各件尚合准予备查》，1946年10月2日，档案号：10030031615（00）0002。

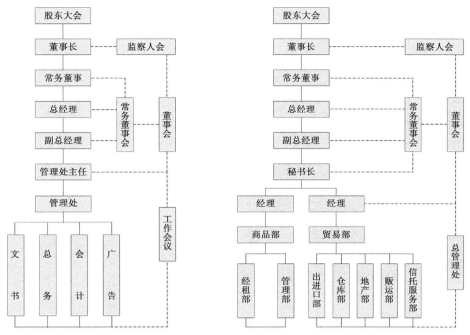

中央商场股份有限公司组织结构图（1935年）　　太平商场股份有限公司组织结构图（1947年）

图 5-5-6　中央商场股份有限公司及太平商场股份有限公司组织结构比较

图片来源：笔者绘制，左图参照"（中央商场）组织系统表"。资料来源：后文洙. 六秩春秋话沧桑：南京中央
商场六十年（1936—1996）[M]. 南京：南京中央商场股份有限公司，1995：10. 右图根据太平商场股份有
限公司章程（1946年12月7日），资料来源：南京市档案馆藏. 市社会局：《关于太平商场股份公司申请登记
请依照指令分别查照补正再核办》，1947年4月26日，档案号：10030031615（00）0004。

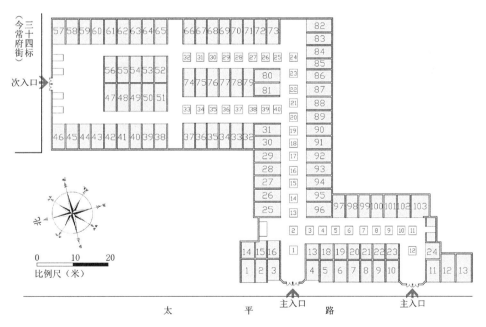

图 5-5-7　太平商场建筑一层平面图

图片来源：笔者描绘. 原图来源：南京市档案馆藏. 南京市社会局：《关于全国国货展览会与太平商场场立
调解决议契约》，1947年9月19日，档案号：10030031296（00）0007。

图 5-5-8　2016 年太平商场鸟瞰照片（太平南路与常府街路口东南角）

图片来源：笔者拍摄。

图 5-5-9　2016 年太平商场鸟瞰（右侧屋顶可见旧商场玻璃高窗）

图片来源：笔者拍摄。

窗形式——即中跨结构体高出两侧坡屋面下缘，从而在高侧墙部分设窗，以达到提高营业空间采光的目的（图 5-5-8、图 5-5-9）。根据 1947 年的旧影（图 5-5-4），西立面入口顶部原有西式的高耸塔楼[1]，高达 24m。塔楼与主体屋面连接处设圆形基座，其上为四边形塔身，顶部以圆形塔柱收束。塔楼两侧形体则在窗檐和窗台处装饰横向线条，形成对比。建筑立面底层为店面橱窗，较为通透，二、三层基于开间大小设横向矩形窗。举办国货展览会期间，大门处设一中式单间牌坊门，雀替、额枋处饰以中式传统彩绘，细节精美。太平商场建筑立面整体简约而现代，檐口处高低错落、凹凸有致的装饰线脚使人联想起太平路的西洋式店面，立面的横向、竖向装饰线条又体现出装饰主义特征，可谓大型商场建筑中兼容中西、调和新旧的折中主义建筑风格的典范（图 5-5-10）。

　　综上所述，太平商场是太平路商业街上首栋大型的经营日用百货品的大型商场，也是抗日战争胜利后南京新建的规模最大、最为著名的大型商场，与南京国民政府时期初创的中央商场、日占时期创办的永安商场并称为民国南京的三大商场。太平商场也是民国时期南京所建的大型商场建筑中鲜有的尚存者之一，现仍作为商场使用。1996 年，太平商场场方在商场南侧创办了新的营业大楼，

---

① 南京市档案馆藏．自来水管理处：《关于准予装置一百公厘口径水表给太平商场有限公司筹备处的复函及相关文书》，1947 年 9 月 5 日，档案号：10030110183（02）0039．

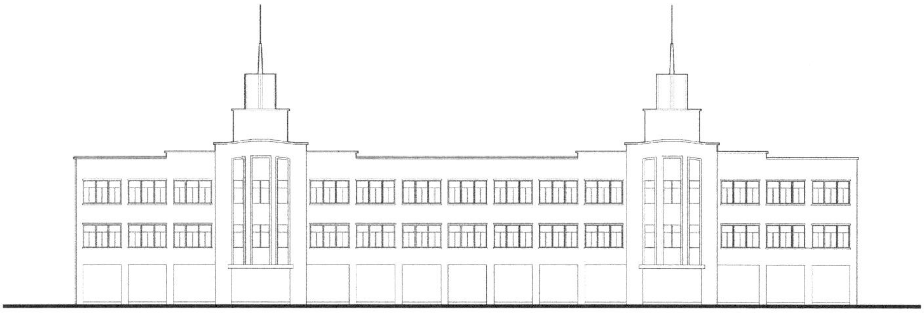

图 5-5-10　太平商场沿太平路立面复原图

图片来源：笔者根据相关历史照片及史料数据推测复原。

图 5-5-11　2016 年太平商场西立面照片

图片来源：笔者拍摄。

经营中高端商品。该楼地下 1 层，地上 8 层，建筑面积达 28000 平方米。[①]由是，商场旧址得以保留，现为以经营中低端商品为主的大型卖场（图 5-5-11、图 5-5-12）。

二、市房的营建与改造

抗日战争胜利后，随着各方人员返回南京，商业市房建筑的发展迎来契机。这一时期，市房营建活动包括新建与改造两部分，主要集中于太平路两侧，包括独栋式市房和联排式市房。

（一）独栋式市房

1. 功能与空间格局

独栋式市房是近代南京最常见的市房建筑类型，部分独栋式市房仅设临街的店铺栋，在竖向空间上划分功能。这些市房一般采用公、私分立的下店上宅型布局，即在底层设营业用房，楼上作为居住功能，例如太平路 205-207 号九龙绸缎局、100 号市房、185 号济华堂等（图 5-5-13）。

---

① 张兴华. 南京太平商场一期工程营业楼设计断想. 江苏建筑，1999（5）：10-11，14.

图 5-5-12　2020 年太平商场西立面照片

图片来源：笔者拍摄。

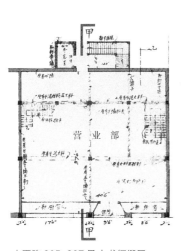

太平路 205-207 号 九龙绸缎局

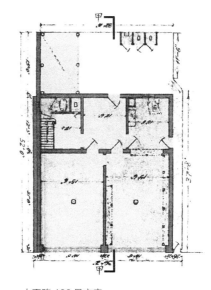

太平路 100 号市房

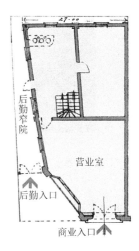

太平路 185 号 济华堂

图 5-5-13　太平路 205-207 号、100 号及 185 号建筑一层平面图

图片来源：笔者改绘。原图来源：南京市档案馆藏. 九龙绸缎局：《关于太平路 205-207 号修理执照一事给市工务局的呈文及该局的批复》，1946 年 5 月 27 日，档案号：10030082284（00）0004. 及南京市档案馆藏. 亨基营造厂：《申请发给太平路 100 号建筑执照等事与工务局来往文书附陈业庆报告敌伪产处理局市办事处致工务局函》，1946 年 4 月 5 日，档案号：10030081741（00）0003. 及南京市档案馆藏. 俞信发：《关于送建筑太平路 185 号楼房工程图账单等事给工务局报告及批示齐会堂报告附图》，1946 年 3 月 8 日，档案号：10030081741（00）0005。

　　太平路 205-207 号位于太平路与杨公井路口东北侧。1946 年 5 月，九龙绸缎局租赁该房屋，并进行了局部改造。改造工程由建昌营造厂设计承建，主要针对破损严重的门面部分，并在屋后加建楼梯。[①] 该房屋为砖、木、水泥混合结构的三层房屋，平面主体呈方形，宽约 13.1 米，门面高

① 南京市档案馆藏. 九龙绸缎局：《关于太平路 205-207 号修理执照一事给市工务局的呈文及该局的批复》，1946 年 5 月 27 日，档案号：10030082284（00）0004.

12.2 米。建筑为典型的下店上宅式市房，底层为营业空间，通过屋后楼梯上至二、三层较为私密的卧室和财务等房间。建筑立面风格较为现代，惟在檐口两端增加了曲线装饰。在店铺栋后部加建低层附属用房的格局在独栋式市房中较为常见，既在有限的基地内增加了建筑使用面积，也保证了二层居室良好的采光与通风环境。

作为单面临街的市房，太平路 205-207 号占据临街面，导致顾客流线与货物运输、居住流线交叉。为保证流线分离，部分市房设置了侧巷或侧院。例如，太平路 100 号市房位于太平路之铜井巷与党公巷段路西，由南京亨基营造厂设计并建造。[①] 市房为下店上宅式，底层临街面为两间较大的营业室，后部则是厨房、卫生间等附属用房。屋后还有一处矩形院落，设置了堆栈式阁楼、厕所等，形成前店后院的布局形式。自后院经过市房北侧的一条窄巷可直达太平路，从而保证了后勤、办公人员流线与消费者流线的分离。还有的市房在店铺栋一侧设置后勤窄院，例如太平路 185 号。市房临街面斜向后退，既保证了临街面的实际面阔，也在狭小的基地内划出一条具有独立出入口的窄长杂物院，作为储货、员工的入口，从而保证了顾客与货物、居住人流的分离。

组合式市房由多栋房屋组合形成，一般包括临街的店铺栋和屋后的附属用房。店铺栋多采用下店上宅式，附属用房则通常作为仓储、厨房、仆役卧室等空间，例如太平路 65 号、227 号等。这一时期，由于市房所有者主要为中国商人，故多采用江南地区的天井院式格局。

太平路 65 号位于太平路之科巷与文昌巷段路东，于 1946 年 5 月设计建造。[②] 基地前后均邻道路，平面呈矩形，向垂直于太平路的纵深方向延展，呈现出典型的传统商业街的带状地块特征。市房分前后两栋，前栋高 3 层，后栋 2 层，中央围合出一方形院落，建筑宽约 7 米，进深 17.1 米，建筑面积约为 240.7 平方米。院落的植入使市房形成典型的前后分立的空间格局，店铺栋一层为营业室，屋后则为一处三合院，北侧布置账房及库房。后栋两间，分别为厨房和楼梯间，厨房还设对外的独立出口。自后栋楼梯上至二层，为居住空间，前、后屋宇间以风雨走廊相连，经店铺栋二层楼梯可到达私密度最高的三楼卧室。太平路 65 号在水平向和竖向上呈现出基于空间私密度的空间划分，形成带状地块内市房建筑的典型格局（图 5-5-14）。

在更加窄长的用地内，市房建筑的组合形式则更为复杂。例如，太平路 227 号基地宽约 7.6 米，进深约 29 米，山墙面与邻地毗连，形成一处长宽比接近 4∶1、采光面窄小的狭长用地。市房布局呈线性展开，基于采光和通风需求，形成采光中庭和室外跌台的整体格局。店铺栋正中设采光天井，光线可自屋面直接投入底层营业空间，二层居室环绕中庭布置。尽端形体的退台处理为二层端部创造出晒台，增强了室内空间的采光和通风（图 5-5-15）。

2. 建筑结构与形式

市房建筑体现出结构与形式相分离的特征，一般为砖木混合结构的双坡顶建筑，以砖墙、木梁、木楼板、木桁架作为主要承重结构，有的市房在梁、楼板、楼梯等局部位置采用钢筋混凝土。内部空间一般以非承重的木板条墙进行划分，屋面多采用红瓦、铁皮、洋瓦等。建筑临街面在店铺栋主体结构外装饰各种风格的店面，店面一般高出屋檐檐口，从而遮蔽了坡屋顶形式，形成统一的店面街。市房店面一般采用装饰主义、巴洛克、现代主义国际风格等西方流行的建筑风格，局部则搭配中国传统装饰。市房山墙面彼此毗连，从而形成连栋式商业街。

---

① 南京市档案馆藏．亨基营造厂：《申请发给太平路 100 号建筑执照等事与工务局来往文书附陈业庆报告敌伪产处理局市办事处致工务局函》，1946 年 4 月 5 日，档案号：10030081741（00）0003．

② 南京市档案馆藏．王巍峯：《关于呈重建太平路六十五号楼房请发执照及工务局批文》，1946 年 5 月 30 日，档案号：10030080652（00）0001．

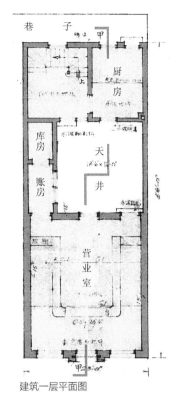
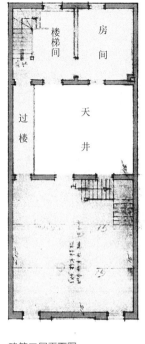
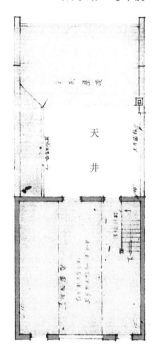

建筑一层平面图　　　　　建筑二层平面图　　　　　建筑三层平面图

图 5-5-14　太平路 65 号市房各层平面图

图片来源：笔者改绘。原图来源：南京市档案馆藏．王嶷峯：《关于呈重建太平路六十五号楼房请发执照及工务局批文》，1946 年 5 月 30 日，档案号：10030080652（00）0001。

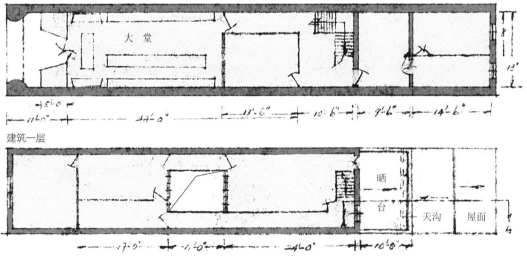

建筑一层

建筑二层

图 5-5-15　太平路 227 号市房建筑一层、二层平面图

图片来源：笔者改绘。原图来源：南京市档案馆藏．基昌建筑公司：《申请装修太平路 227 号房屋与工务局来往文书》，1946 年 4 月 12 日，档案号：10030081741（00）0017。

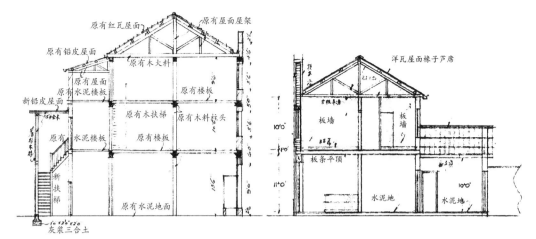

原有红瓦屋面　　　原有屋面屋架　　　　　　　洋瓦屋面椽子芦席

原有铅皮屋面

新铅皮屋面　　原有屋面　原有木大料　　　原有楼板

原有水泥楼板

　　原有　水泥楼板　原有木扶梯　原有木料柱头　　板墙　　板墙

新扶梯　　　　　　　　　　　　　　　　　板条平顶

　　　　　　原有水泥地面　　　　　　　水泥地　　水泥地

灰浆三合土

太平路 205-207 号 九龙绸缎局 甲 - 甲剖面图　　　　太平路 100 号市房 甲 - 甲剖面图

图 5-5-16　太平路 205-207 号、100 号市房剖面图

图片来源：笔者改绘。原图来源：南京市档案馆藏. 九龙绸缎局：《关于太平路 205-207 号修理执照一事给市工务局的呈文及该局的批复》，1946 年 5 月 27 日，档案号：10030082284（00）0004. 及南京市档案馆藏. 亨基营造厂：《申请发给太平路 100 号建筑执照等事与工务局来往文书附陈业庆报告敌伪产处理局市办事处致工务局函》，1946 年 4 月 5 日，档案号：10030081741（00）0003.

太平路 205-207 号和 100 号均体现出该时期独栋式市房的典型结构与形式特征（图 5-5-16）。太平路 205-207 号为砖木结构的三层市房，主体部分为两坡顶，后部增设水泥楼板的晒台。太平路 100 号在屋后亦加建单层小屋，山墙面与店铺栋相接，屋面形式的组合产生一定变化。从剖面上看，两栋市房的屋面均形成向内跌落的层次，但是这种内部空间的复杂性被遮蔽起来，实际的临街展示面则是附加的装饰性店面。

市房建筑结构与形式的不一致性同样存在于组合式市房中。太平路 65 号市房为合院式格局，前后两栋均为双坡顶，上覆中国瓦，采用砖、木、钢筋混凝土混合结构，钢筋混凝土主要用于前屋门楣、梁、后屋楼板等处。立面风格为简化的中西混合式，以竖向线条与横向面板装饰立面，二、三层正中则为矩形商标匾额，顶部层层跌落的形式使人联想到阶台式装饰主义风格。中式元素主要体现在细部装饰，例如，窗楣仿照传统中式额枋并饰以彩绘，入口处装饰中式牌楼门等（图 5-5-17）。[①]

3. 建筑风格与装饰

市房建筑虽然效仿各式建筑风格，但因为临街栋功能配置的相似性，店面形式也体现出一些共性特征。店面一般采用横向三段式，由底层入口、屋身及檐部组成。底层是商业市房的主要入口和对外展示面，一般采用玻璃弹簧门，并搭配窗户及橱窗。屋身部分指店铺栋的二、三层，由于内部空间较为私密，一般开设小窗，窗间墙和窗下墙往往装饰横竖向线条。檐部指突出屋面的装饰性檐墙，多根据建筑风格装饰各类线脚，如巴洛克风格、装饰主义等。基于商、住功能需求的三段式造型形成了下虚上实的立面形式，保证了店面街的整体性和连续性。此外，店面还设置了一些功能性及装饰性要素，如店招、店牌、旌旗等。由于并未对广告招牌的尺寸、形式及位置等进行规定，店

---

① 在太平路 65 号市房的原设计图中，正门处设置了中式牌楼门，但因侵占了人行道，被南京市工务局勒令取消。见：南京市档案馆藏. 王嶷峯：《关于呈重建太平路六十五号楼房请发执照及工务局批文》，1946 年 5 月 30 日，档案号：10030080652（00）0001.

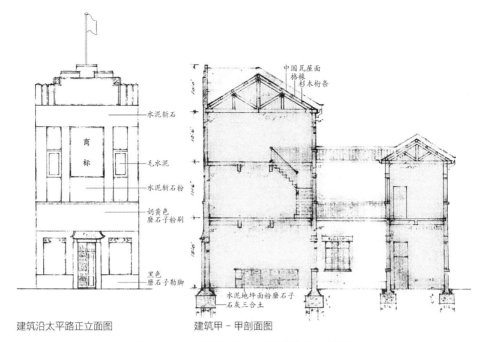

建筑沿太平路正立面图   建筑甲－甲剖面图

图 5-5-17　太平路 65 号市房沿街立面、剖面图

图片来源：笔者改绘。原图来源：南京市档案馆藏．王巇峯：《关于呈重建太平路六十五号楼房请发执照及工务局批文》，1946 年 5 月 30 日，档案号：10030080652（00）0001。

市房建筑复原剖透视图

太平路 205-207 号　九龙绸缎局　　　太平路 65 号市房

图 5-5-18　太平路 205-207 号、65 号市房复原剖透视图

图片来源：笔者绘制。

招均由各商家自行安排，丰富了店面街的形式（图 5-5-18）。

　　巴洛克风格店面是近代南京市房中较早出现的流行风格，如刘先觉在《中国近现代建筑艺术》一书中所言："当时所谓的'洋式门面'多半都带有巴洛克建筑的装饰，也有一部分是其他式样。"[①]仿巴洛克牌楼门式店面一般借鉴西方建筑的山墙面构图形式，设置巴洛克风格或其他装饰细

① 刘先觉．中国近现代建筑艺术．武汉：湖北教育出版社，2004：53．

图 5-5-19　2012 年原太平南路 251 号市房建筑山花形式
图片来源：笔者拍摄。

图 5-5-20　2012 年原太平南路 253 号"华商大药房"旧址山花形式
图片来源：笔者拍摄。

节精美的西式风格的牌楼门。建筑立面一般强化竖向壁柱，采用中轴对称的竖向三段式划分，底层为门、窗、橱窗等组成的入口层，主体部分往往有装饰线脚，正中常设置圆拱形窗，檐口部分特色鲜明，多采用曲线或三角形山花的装饰线脚。富有的商家还在山花内增加各种师法自然的曲线雕饰，形成变化丰富的立面造型，例如原太平南路 251 号、253 号市房等（图 5-5-19、图 5-5-20）。

阶台式装饰主义也是该时期市房中常见的建筑风格，例如太平路 65 号、185 号及 304 号。该风格一般为三段式构图，强调竖向的装饰线条，檐部突出屋面，自中部向两端呈阶梯状，正中设置旌旗。65 号和 185 号均采用双开门，入口紧贴外墙设置，一侧设窗，作为对外展示窗口。304 号则在入口处设置灰空间，上部为店招，两侧设置玻璃橱窗，从而创造出独立的商业展陈界面。这一类型的入口空间在当时较为常见，例如太平路 278-280 号华盛顿钟表行、太平路 294 号扬子袜衫厂等（图 5-5-21）。该两处市房均通过装饰线条和曲线形体丰富了店招店牌，以之取代传统的木制平板匾额。

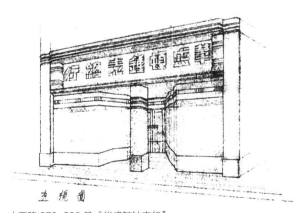

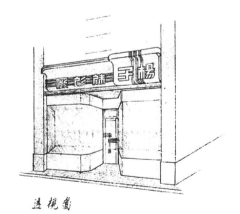

太平路 278-280 号"华盛顿钟表行"

太平路 294 号"扬子袜衫厂"

图 5-5-21　太平路 278-280 号华盛顿钟表行、太平路 294 号扬子袜衫厂店面设计图
图片来源：笔者处理图像。原图来源：南京市档案馆藏. 北中建筑公司：《呈市工务局为报修太平路二七八、二八零号华盛顿钟表行装修等工程请备案及局批》，1946 年 3 月 22 日，档案号：10030080851（00）0051. 及南京市档案馆藏. 新中建筑公司：《呈工务局为修缮太平路二九四号扬子袜衫厂装修门面等工程请备案局批》，1946 年 3 月 22 日，档案号：10030080851（00）0056.

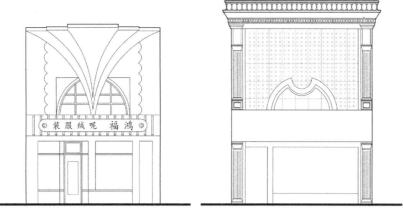

太平路 117 号 鸿福呢绒服装   中山东路 45 号市房

图 5-5-22　仿巴洛克牌楼门式市房建筑风格

图片来源：笔者摹绘、测绘制图。

曲线形装饰主义也是该时期流行的建筑风格，例如太平路 117 号、中山东路 45 号等（图 5-5-22）。太平路 117 号在墙身处设置了大圆拱窗，上部及两侧增加多处曲线装饰。中山东路 45 号也采用类似的构图，但在两侧增设了古典的多立克式壁柱，檐部也运用了古典线脚，装饰细节更加丰富。

（二）联排式市房

联排式市房是一种平行于商业街道布置的带状商业建筑，临街面较为宽阔，从几十米到上百米不等，进深方向则较窄，有的市房屋后还设有院落和其他居住用房。联排式市房占地面积较大，一般为大户的土地，或由富有商家统一购置、整合土地，再建造房屋、出租经营。这一时期，重要商业街道两侧均有一些联排式市房建造活动，具有代表性的有太平路忠义坊 299-327 号、馥记营造公司办公大楼等。

1. 太平路忠义坊 299-327 号

太平路忠义坊 299-327 号联排式市房位于太平路与太平巷路口东南角，与太平路平行呈南北向布局。基地内部还有各式平房、楼房、空院若干，应为业主的住家。建筑临街面长 75.7 米，进深 14.9 米，主体两层，中间局部设夹层，总建筑面积约 2411 平方米。临街面中央为入口门厅，两边为店铺单元。建筑采用双坡顶屋面，上覆中式青瓦，北端街角处为歇山顶，南端为硬山山墙。建筑采用砖、木、水泥混合结构，主体承重部分包括墙体、屋架、室内楼板等均体现了典型的砖木结构特征，惟屋后外廊楼面采用水泥。建筑立面为西式风格，南北两侧主体房屋高 11.3 米，中央大厅及两侧各一间高出主体房屋，呈阶梯式形制。立面采用水刷石装饰壁柱，柱间墙体为清水砖墙，形成一定的韵律感（图 5-5-23）。

忠义坊 299-327 号体现了两类典型商业空间的并置，即下层的单开间店铺和上层统一的商业大空间。建筑共有 14 间宽 4.5 米、进深 11.4 米、高 3 米的店铺单元，各间店铺上部还包括 2.4 米高的夹层空间，屋后设独立楼梯，既可作为仓储用房也可作为雇员及店家的寝室，便于个体商户和店家租赁、经营。自一层门厅部分上至二层，为统一的营业大厅，既可以由大公司统一租赁经营，亦可以分区、分柜台出租，形成内街式的卖场。此外，门厅一侧还开设酒吧，体现了商业市房的复合型功能特征（图 5-5-23）。

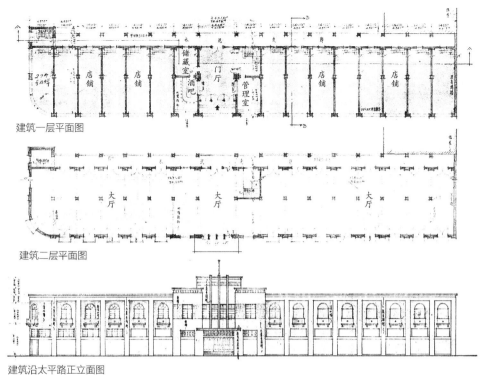

建筑一层平面图

建筑二层平面图

建筑沿太平路正立面图

图 5-5-23　太平路 299-327 号联排式市房各层平面及立面图

图片来源：笔者改绘。原图来源：南京市档案馆藏．康金宝：《申请发给修建太平路 299 号房屋执照一事给工
务局报告及批示附图》，1946 年 4 月 11 日，档案号：10030081741（00）0003。

2. 馥记营造公司办公大楼

馥记营造公司办公大楼也是体现联排式市房空间特征的代表性建筑。馥记营造公司即原"馥记营造厂"，亦称"陶馥记"，由启东吕四人陶桂林创办，是"当时内地最大的营造厂之一"，被誉为"全国营造业中历史悠久、信誉卓著、经验丰富的营造商之一"，也是国民政府"还都"南京后"首都唯一大规模的建筑厂"。[1] 馥记营造厂业务范围甚广，除当时一般营造厂所涵盖的建筑施工、预算、监理等业务外[2]，还兼营建筑材料、房地产等行业（图 5-5-24）。[3]

南京馥记营造公司办公大楼的创办源自国民政府的南京城北复兴计划。1946 年底，正值中山北路沿线房屋改造计划进行之际，馥记开始计划建设办公大楼。他们一面在鼓楼北侧购买了土地，向南京市地政局申请土地权利转移登记，一面委托兴业建筑师事务所设计大楼方案。1947 年 4 月

---

① 见：赖德霖．口述的历史：汪坦先生的回忆．收录于赖德霖，王浩娱，袁雪平，司春娟．近代哲匠录——中国近代重要建筑师、建筑事务所名录．北京：中国水利水电出版社，知识产权出版社，2006：249．及陈聚辉．首都唯一大规模的建筑厂：馥记营造公司访问记．建筑材料月刊，1947，1（2，3）：5。

② 民国时期建筑工程的承包多采用招标方式，一般流程为：先由造房单位委托建筑师设计出图纸，再登报公开招标，营造厂在报名投标并缴纳一定的保证金和手续费后，领取设计图纸，编出预算，造好标书投上，等待开标。招标分硬标和软标，硬标是按最低报价中标；软标则由造房主和建筑师在全面考察营造厂的资金、技术、信誉后再决定由谁中标。见：刘凡．南京营造业和"四大金刚"．南京史志，1991（6）：76-77。

③ 陈聚辉．首都唯一大规模的建筑厂：馥记营造公司访问记．建筑材料月刊，1947，1（2，3）：5。

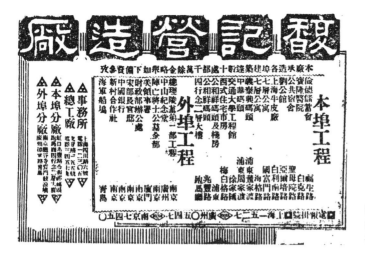

图5-5-24　馥记营造厂广告（1933年）
图片来源：申报，1933-3-21，本埠增刊第十二版。

17日，馥记大楼开始动工兴建。[1]

馥记营造公司办公大楼位于中央路、中山北路路口西北角，邻近鼓楼广场，四向交通便捷，商业价值较高。建筑基地依中山北路走势呈狭长布局，用地面积约为1300m²。[2] 建筑由兴业建筑师事务所汪坦先生设计并绘图[3]，南京市档案馆尚保存着1947年1月的"馥记营造公司办公大楼施工略图"，由周家模审查校核。根据该设计图纸，拟建建筑包括临街的办公大楼、楼后堆栈以及南部的汽车间。办公大楼高3层，平行于中山北路呈带状布局，采用4.3米见方的柱网，南北长约112.2米，东西宽约10.1米，建筑面积约3140平方米。建筑南北端部底层架空，作为进入后院的通道。办公楼后是作为建材加工、贮存的工坊和堆栈，形成前店后坊的整体格局（图5-5-25）。

办公大楼体现了复合型联排式市房的空间布局特征，由底层的营业空间和二、三层的办公用房组成。建筑分为南北两区，除北侧房间由馥记公司自用外，其余均作为出租式商铺和写字间。底层共有6间宽12.8米、进深10.1米的标准铺面，营业入口面向中山北路，屋后设独立的辅助入口。大楼二、三层为内走廊式布局，共有出租型写字间78间。馥记自用的办公房间自成一区，设独立的厕卫与交通空间。作为主营建筑工程设计、预算、施工及监理，兼营建材、房地产的综合性建筑公司，馥记将办公场所设置于相对私密的二、三层，底层作为接待、会客、洽谈等开放性用途（图5-5-25）。

馥记大楼代表了联排式市房建筑的较高建造水平，体现在现代化的结构与用材、简约而现代的建筑风格等方面。大楼高3层，为钢筋混凝土框架结构，室内主要房间隔墙均为砖砌，其余隔墙

---

① 见：南京市档案馆藏．馥记营造厂：《呈报中山北路建办公楼图样正在设计及工务局批示》，1947年1月28日，档案号：10030080734（00）0005．及南京市档案馆藏．馥记营造公司南京分公司：《呈报拟先搭工棚请发证明及工务局通知》，1947年2月10日，档案号：10030080734（00）0008．及南京市档案馆藏．馥记营造公司南京分公司：《呈报工务局关于中山北路基地已动工兴建》，1947年4月18日，档案号：10030080734（00）0013。

② 南京市档案馆藏．市工务局：《函送中山北路申请建筑已核准给照户姓名表请中信局南京分局收》，1947年6月7日，档案号：10030080734（00）0033.

③ 根据汪坦先生回忆："南京馥记大楼设计时李惠伯正在美国。我用一周时间就画出图。"见：赖德霖．口述的历史：汪坦先生的回忆．收录于赖德霖，王浩娱，袁雪平，司春娟．近代哲匠录——中国近代重要建筑师、建筑事务所名录．北京：中国水利水电出版社，知识产权出版社，2006：249。

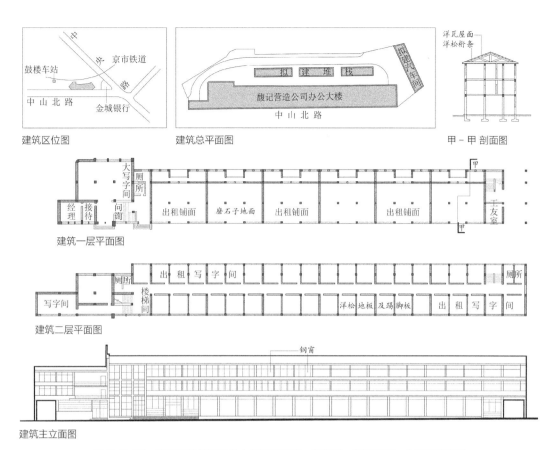

建筑区位图　　　建筑总平面图　　　甲－甲剖面图

建筑一层平面图

建筑二层平面图

建筑主立面图

图 5-5-25　馥记营造公司办公大楼施工略图：总平面、各层平面、立面及剖面图
图片来源：笔者描绘。原图来源：南京市档案馆藏。馥记营造厂：《呈报中山北路建办公楼图样正在设计及工务局批示》，
1947 年 1 月 28 日，档案号：10030080734（00）0005。

则采用板条墙。屋面采用木桁架式双坡顶，上覆洋瓦，地面覆水磨石。建筑立面以横向、竖向的
混凝土装饰线条进行划分，富有节奏感。1947 年 1 月的设计图纸与馥记大楼实际建成状况在建筑
形貌、风格、式样等方面基本一致，但形态略有出入。由照片可知，建成的房屋主体高 3 层、主
入口处加高为 4 层，立面以凝练的横向与竖
向线条作为装饰。主入口处的混凝土板自下
而上垂直贯通，形态挺拔。由于建筑呈北偏
西布局，混凝土板也具备遮阳功能。建筑形
态去除了无谓的装饰元素，整体造型简约而
现代，体现了现代主义国际式建筑风格特征。
这一理性的设计手法是决策者和设计者现代
性审美的体现，隐喻了现代化建筑企业形象
（图 5-5-26）。

图 5-5-26　馥记大楼照片（南京，时间不详）
图片来源：刘先觉. 中国近现代建筑艺术 [M]. 武汉：湖北
教育出版社，2004：82。

　　中华人民共和国成立后，馥记营造公司办
公大楼曾作为鼓楼百货商店和鼓楼饭店，后因
建设紫峰大厦而于 2005 年被拆除。

本章小结

抗日战争胜利后初期，各方人士蜂拥返宁，加之国民政府计划"还都"南京，为"京市"商业建设创造了契机。这一时期，商业设施的发展主要体现在以土地整理和市面建设为导向的大型商业设施建设，带有官督商办性质的国货运动推动下的商业设施的现代化发展，以及商人阶层创办的大型商场、独栋式市房和联排式市房等。

1946年以后，随着国民政府正式"还都"南京，展开以土地重划、市容整顿及道路整修为主的城市改造计划，包括1946年启动的下关土地重划和中山北路沿线整顿工程、1947年制定的新街口广场改良计划等。在政府行政力量的推动下，城市建成区开始向城北延伸，中山北路沿线完成了一些临街房屋建设和道路界面改造，下关商业区亦有所恢复和发展。同期，政府还开展了公营大型商业设施建设计划，包括大型商场、菜场各三栋，但因通货膨胀、建材物价上涨等原因，实际建成者仅有下关热河路商场及菜场和八府塘菜场，不仅其余三栋建筑计划被迫终止，开工建设的商业设施也受时局影响而一再拖延工期。建成的商业设施体现出一种实用主义的商业空间形式，反映在建筑形式、用材以及设计与建造过程中的变更情况等方面。该时期内，自上而下的城市改造计划与商业设施建设主要源自市容整顿和市面建设目的，一方面可借助商业设施经营来增加政府的财政收入，另一方面通过塑造现代化的"新都"形象作为政权的合法性基础。

该时期内，伴随着各级机关、实业机构纷纷返回日占区收缴"逆产"，上海及各地国货团体相继复业，政府及工商界人士开始重新倡导国货运动。国货运动的蔓延进一步推动了南京商业设施的现代化发展，集中体现在"集团售品组织"和百货公司两类大型商业建筑类型的规模化发展。改扩建后的中央商场成为近代南京规模最大的商业综合体，反映在复合型的消费业态、室内步行商业街的空间范型等方面，建筑的结构、用材、细部设计等方面亦体现出较高水准。此外，中央商场还出现了带有现代化百货公司萌芽特征的整体性商业空间，即由场方独自经营的二楼后翼，体现出商场在资本积累过程中向规模化经营转变。近代南京规模最大的百货公司亦出现于该时期，即首都中国国货公司。该公司采用了股份有限公司式的官僚化组织机构和现代化经营管理模式，容纳了商品生产、运输、仓储、销售、管理、服务等部门，体现了从商品生产、流通到商品交换的资本主义逻辑。其建筑空间形式亦反映出经营模式特征，体现在一体化的卖场空间和各类管理用房的共存，并以其庄重对称的古典建筑形式隐喻了大型百货公司的企业形象。首都中国国货公司由于其深厚的官僚资本背景，在动荡的社会经济时局中得以维系和发展。

1946至1947年前后，在各方人士战后"复原"的背景下，以及以市面改造为初衷的自上而下的行政力量的推动下，商人阶层亦发起创办了众多商业设施，包括大型商场、商业市房以及联排式市房等。以商业资本为主体发起创办的大型商场包括首都商场、太平商场和世界商场等，此外还有多处上海百货公司在南京开设的分销机构，包括永安股份有限公司、上海有限公司等。其中，太平商场是当时远近闻名的大型商场，代表了大型商场建筑较高的设计和建造水平，体现在多元化的商业空间体验、现代化的结构与用材、考究的立面装饰细节等方面。场方也不再满足于"大房东式"的经营模式，开始向自主运销的规模化经营方向发展。该时期内，商业市房建筑也有了一定程度的发展。一方面，天井院式布局成为独栋式市房的主要空间布局特征，许多建筑中还采用了现代化的玻璃、钢筋混凝土等材料，店面风格受到西方流行的建筑风格的影响，是早期市房建筑空间形式的延续。另一方面，联排式市房建筑开始向规模化发展，馥记大楼集中体现了该类型建筑的较高规模和建造水平，体现出商业、办公复合型功能空间特征。

总体而言，抗日战争胜利后，南京商业设施虽然经历了短暂的繁荣发展，但在1947年底前后，伴随着国统区金融市场混乱和外货充斥，城市经济迅速走向低谷，商业设施的现代化进程亦受到严重阻力。不仅官方主导的中山北路沿线城市改造工程完成度不高，多项新商业设施计划也付之东流。众多商业资本经营的大型商场、大小商家难以为继，纷纷宣告破产，商业设施的建设与发展在经历了战后初期的短暂繁荣后迅速走向低谷。

　　1949 年 4 月 23 日，中国人民解放军攻克南京，南京解放。自此，百余年战火不断的南京近代史宣告结束，各项事业掀开新的篇章。1949 年 10 月 1 日，中华人民共和国成立后，在中国共产党的领导下，商业行业开始实行公私合营，力求实现全行业的社会主义化，国营、公私合营及各种合作组织逐渐成为商业市场的主导成分。1952 年 8 月，南京第一家国营百货商店——新街口百货商店开业；1955 年底，南京市私营绸布业和百货零售业率先实行全行业公私合营；1956 年 1 月 16日，南京全市商业行业实行公私合营。经过一系列的调整、改造，至 1956 年底，市场上国营与私营商业的经营比重发生了根本性变化，资本主义商业的社会主义改造基本完成。[①] 南京许多大型商场在实现公私合营后重新开业。1956 年，中央商场内各商店分别由百货、纺织、食品、糖烟酒等国营公司归口领导改造，原有的 164 户商号合并为 55 家，实现了公私合营。1958 年 6 月，完成公私合营的永安商场重新开业，仍沿用"永安"旧称。[②]

---

① 见：商业部百货局. 中国百货商业. 北京：北京大学出版社，1996：489-495. 及南京日用工业品商业志编纂委员会. 南京日用工业品商业志. 南京：南京出版社，1996：17.
② 商业部百货局. 中国百货商业. 北京：北京大学出版社，1996：496-499.

结论

一、南京近代商业建筑的发展轨迹

自 19 世纪 60 年代中叶至 1949 年中华人民共和国成立后南京全市商业行业公私合营的初步完成，为南京近代商业建筑近百年的发展史。商业建筑的近代转型伴随着城市现代化和工业化进程，由传统的店屋、廊房等小型临街商业建筑、商业街市向新型市房、西式店面街以及"集团售品组织"、百货公司等商业建筑发展。商业建筑现代化发展的历史轨迹也反映出城市商业受制于社会、政治、经济等方面的影响所呈现出的周期性兴衰变化特征，大致划分为四个时期，即 19 世纪 60 年代至 1927 年、1927 至 1937 年、1937 至 1945 年以及 1945 至 1949 年。

（一）19 世纪 60 年代至 1927 年的南京近代商业建筑发展轨迹

发展动因：开明士绅的自主探索与西风东渐的双重影响。

主要事件：下关商埠建设与南洋劝业会的创办。

自 19 世纪 60 年代中叶至 1927 年南京国民政府成立的 60 余年间，商业建筑的发展受到晚清开明士绅的自主探索和西风东渐的双重影响。一方面，清朝地方督抚大兴洋务运动，促进了城市现代化基础设施、工业设施建设，清末新政将城市现代化建设推向高潮。另一方面，众多西方商旅伴随着下关开埠通商纷至沓来，带来了新的商业建筑类型和建筑风格样式。下关商埠和南洋劝业会是该时期中西方影响下的商业空间现代化的集中体现。下关商埠容纳了大量的现代化洋行、旅馆、银行等商业设施，并建设起宽阔的商业街道，展现了现代化城市与建筑面貌。南洋劝业会以其便捷的基础设施、丰富的建筑类型和崭新的展览空间表达了主办者的现代化图景，是清末新政背景下中国开明士绅自主探索的现代化商业空间形态。

至 20 世纪 10 年代初至 20 年代中叶，国内外时局动荡，南京政权更替，城市发展失去了背后的推动力，商业设施的现代化建设亦趋于缓慢。下关商埠伴随着第一次世界大战的爆发而走向衰落，成为"贫民麇集"的低端消费场所。政府和实业人士虽然提出了一些商业区改良方案，但受时局所限，均未能实施。南洋劝业会主办者们"基础既立""徐图扩充"的愿望也随着清王朝的覆灭而落空。之后的几十年间，在国货运动的推动下，南京虽然也举办了一些颇具影响力的商品展览会，但从建筑规模、出品数量、影响力等方面均无法与南洋劝业会相媲美。

（二）1927 至 1937 年的南京近代商业建筑发展轨迹

发展动因：都市计划主导下的政府自上而下的商业空间改造与建设。

主要事件：新街口商业区的开辟、商业街市改造及国货商场、菜场等商业设施建设。

自 1927 年南京国民政府定鼎南京至 1937 年抗日战争全面爆发，为近代南京城市建设的"黄金时期"，商业建筑的发展也较为快速。南京国民政府先后颁布了多项关于新商业区建设和旧城商业街区改造计划，并制定了商业区内的建筑设计规则，力图塑造现代化的都市形象。新街口地区由于交通便捷、区位优越，发展为新兴的复合型商业中心。城中、城南以中山东路、太平路、建康路、中华路为代表的旧城商业街道完成拓宽改造，四方商人复归道路两侧建屋营业，形成规整的西式店面街。相对稳定的社会和经济环境，为大型商业设施的发展和建设创造了条件。

在国货运动的推动下，南京出现了永久性的商业展陈建筑、官商合办的百货公司以及"集团售品组织"等体现现代性特征的现代化商业空间。百货公司的发展受到政府行政力量的主导，采用官商合办的形式，包括南京国货公司及其分公司，已完成组织筹设、着手兴建的首都中国国货公司等。具有代表性的大型商场为中央商场。该商场是近代南京远近闻名的大型商场，以基于街区尺度所营造的复合型商业综合体式布局、"大房东式"的组织经营模式及与之相适应的室内步行街式的商业空间形态为特征，体现出一定的进步性与创新性。此外，在政府的推动下，该时期还建设了多处大型菜场，反映出社会各界对于社会公共卫生和公共安全的诉求，是现代化社会改良思想在商业建筑中的体现。

该时期的城市改造与建设为南京近代商业建筑的现代化进程奠定了基础，体现在城市肌理、商业街道界面、大型商场空间范型等方面。首先，自上而下的"都市计划"营造了基于机动车尺度的现代化街道和城市肌理，推动了新商业区建设和旧城商业街区改造，奠定了南京城市现代化的基础。其次，政府修订、颁布的数项"建筑规则"塑造出整齐划一的、由连栋式市房组成的商业街道空间界面，为之后商业街道、市房建筑的发展提供了法律法规依据。最后，以国货陈列馆附属国货商场、中央商场为代表的大型商场创造出新的商业组织和经营模式，以及与之相适应的空间格局和结构形式，形成了"集团售品组织"式的大型商业建筑类型，对于 20 世纪 30 年代晚期及 40 年代南京大型商业建筑的发展影响深远。

（三）1937 至 1945 年的南京近代商业建筑发展轨迹

发展动因：以恢复市面为主的城市重建。

主要事件：菜场、市房与大型商场的改造与建设。

自 1937 年 12 月日军攻占南京至 1945 年 8 月日军战败投降，为日本占领时期。由于日军对南京城的破坏，该时期以城市重建为主。该时期大致以 1940 年为界，前一阶段以市面恢复为导向，包括简易菜场和商业市房的改造与建设，后一阶段开始出现一些大型商场、简易市场等。根据建设主体的不同，商业建筑包括由日本人占用、改造的商业市房、百货商店等，由日伪改造、建设的菜场、市房等，以及由中国商人发起建设的大型商场、简易市场等。

日占时期特别是 1940 年前后，各方主体为迎合"以壮市容观瞻"的诉求，改造、建设了一些商业建筑。但是，由于建材贸易的停滞以及工料物价飞涨，这些建筑基本采用"烧迹"、废墟上拆卸下来的旧建筑材料，不仅工期一再延误，施工状况也比较差，甚至出现了施工中建筑倒塌的情况。商业建筑的发展态势也反映出日占时期畸形的社会形态。

因建筑用材及施工建造水平低劣，该时期内创办的许多商业设施在 1945 至 1949 年间便被改造拆除，如朱雀路新世界商场、复兴路复兴商场等。其他一些商场建筑也在 1949 年后陆续消失。

（四）1945 至 1949 年的南京近代商业建筑发展轨迹

发展动因：战后"复原"与城市改造。

主要事件：大型商场、菜场建设及市房改造。

抗日战争胜利后，随着各方人士蜂拥返宁和国民政府计划"还都"南京，城市商业建筑的发展进入了"短暂复苏期"。1945至1947年间，在政府以土地重划和市容建设为导向的行政力量的推动下，建成区开始向城北延伸，中山北路沿线建设起许多商业市房。南京的各项商业设施得以恢复和发展，各方重新倡导的国货运动进一步推动了城市商业建设。大量日占时期被日本和日伪占据的商业设施相继复业，战前未能实施的商业计划亦重新启动，首都中国国货公司成为近代南京规模最大的百货公司。以太平商场、中央商场为代表的集团售品组织开始向规模化、统筹化的经营模式转型，体现了资本积累过程中产业模式的转变。

但是好景不长，伴随着国统区通货膨胀、物价飞涨、洋货充斥市面等不利因素，城市经济迅速走向衰败，大量中小商户破产，以收取店铺租金为主要收益来源的大型商场难以为继，具有国家金融资本性质的首都中国国货公司也只能负债经营、勉力维系，南京近代商业建筑的发展在经历了短暂的繁荣后迅速走向低谷。

总体而言，南京近代商业建筑的现代化发展历程基本反映了南京城市经济的周期性兴衰特征，是近代时期动荡的社会、政治、经济形势的集中体现。

二、南京近代商业建筑的发展特征

（一）现代化商业设施的出现与发展

近代南京出现了以商品博览会、"集团售品组织"、百货公司为代表的大型商业组织机构，其前身为商品陈列所。1906年，商务总局移至复成桥并附设商品陈列所，称为"商园"，是一处兼顾展陈和售卖的新型商业建筑。此后的40余年间，相继出现了博览会、"集团售品组织"式的大型商场和百货公司等体现现代性特征的集中型商业设施。

商品博览会的出现源自于开明士绅对西方国家的学习和仿效。1910年，由端方、陈琪、张人骏等人发起创办的南洋劝业会是近代南京第一个也是规模最大的博览会。此后，在国货运动的倡导下，南京先后出现了永久性的国货陈列馆、瞬时性的国货展览会等大型商品展销会。如果说南洋劝业会体现了开明士绅振兴民族工商业的愿望，是对现代化文明、城市和建筑的综合性展示平台，并起到启发民智、教育民众的目的，那么国货展览会则倾向于借国货运动之机所创办的商品宣传与展销平台，以拓展国货工商业品销路为目的。

南京商业建筑的近代转型伴随着"集团售品组织"这一新的商业经营模式和商业空间的出现与发展。"集团售品组织"指由商场发起方择址、购置或租赁土地，集资建设商场建筑，再以店铺或摊位的形式出租给其他百货商店、工厂、商号和商贩等。为适应这一商业经营模式，集团售品组织的建筑空间一般由店铺单元组成，方便商户或公司单租或多间整租，体现了购物中心（Shopping Mall）式的商业空间特征。1910年，南洋劝业会会场内由主办方创办的劝工场是南京第一个"集团售品组织"类型的大型商场。20世纪30至40年代，"集团售品组织"得以大量建设与发展。早期的集团售品组织以出租商铺、收取租金作为主要收益来源，采用"大房东式"的经营模式，后期以太平商场为代表的大型商场开始向自主运销的规模化经营方向发展。

百货公司是近代南京所出现的另一类现代化的商业经营模式。百货公司一般采用资本主义现代化企业的组织形式，包含了与商品生产、流通、交换有关的各种部门，如工厂、进货、仓储、销售、财会、管理、售后服务等。为适应这一商业经营模式，百货商场建筑一般采用框架结构的统一大空间，基于商品部类划分区域，以通道和柜台分隔室内空间。1934年，由南京市政府发起、官商合办的南京国货公司为已知近代南京第一栋百货公司。此后，又相继出现了日占时期的日本连锁型百货公司、首都中国国货公司、上海百货公司南京分公司等。由于近代南京城市工业基础薄弱，且与国货工厂聚集的上海相距较近，因此，南京的百货公司更倾向于商品的代办、代销机构，并未承载过多的生产职能，这也反映出近代南京作为政治型和消费型城市特点。

（二）商业空间形式的多样化与类型化

近代南京商业空间的现代化历程伴随着市房建筑空间形式的多样化和大型商场的出现与发展。店屋是传统南京城主要的商业建筑类型，临街面为旧式店铺，屋后一般为天井院式、合院式宅院。近代以来，市房建筑向空间格局多样化、店铺栋复合化、建筑风格西方化等方向发展。首先，独栋式市房突破了原江南地区的天井院、合院式格局，出现了层次更为丰富的院落式、天窗式、跌台式等布局形式。连栋式市房逐渐发展为规模化、集约化的联排式市房，具有现代化商业、商务综合体建筑的萌芽特征。其次，在行政力量和商业地产的共同推动下，市房临街店铺栋突破了原有一至二层的建筑高度，向更高的空间容积发展，形成了下店上办式、下店上宅式等多种复合型空间格局。最后，商家为炫耀实力、扩大宣传并招徕顾客，往往在店铺栋临街面装饰各种富丽美观的西方风格店面，包括仿巴洛克牌楼门式、仿装饰主义式、简约的现代式等，形成装饰性店面与市房主体建筑的二分性格局。

"集团售品组织"和百货公司是近代南京代表性的集中型商业建筑类型，前者以室内步行商业街串联店铺单元为空间特征，后者一般为一体化的大空间，基于商品部类划分区域，通过展示性橱柜、货架等划分空间。从数量、规模和分布来看，"集团售品组织"是近代南京最具代表性的商业建筑类型，自晚清至1947年前后，共计新建、改建15栋左右。这些商场一般由临街高起的门楼和屋后的卖场组成，门楼上层空间多作为办公用房，卖场整体格局自商业街道向街区内部延展。建筑多采用框架式结构，上覆连续排列的双坡顶木桁架结构，并开设高侧窗或天窗，提高室内购物空间的照度。

近代南京市房和商场建筑空间布局所体现出的临街面与内部空间分立的特征，是以城市改造和市容建设为导向的行政力量、现代建筑材料技术的实用性需求、商人阶层对于扩大宣传及招徕顾客的诉求等多方面共同作用的结果。

（三）消费型及政治型城市的商业建筑发展模式

较之上海等地区以华侨资本和西方资本为主线的商业设施的现代化发展路径，近代南京基于特有的政治型及消费型城市特征形成差异性的商业建筑现代化发展道路。特殊的政治经济背景促使民族资本同政客相结合，主政者与投资者时常互惠共谋，出现了在商为官、在官就商、军商合一等多种资本性质。政治权力与经济活动的结合导致了官僚资本对城市商业开发的介入，许多大型商业设施均属官办、官督商办或官商合办性质。这些商业建筑或由政府全额投资，如1946年的官办商业设施计划；或采用官督商办的方式，如一些商业资本创办的大型菜场；或采用官僚资本入股的形式，如南京国货公司、首都中国国国货公司等。许多大型商场的投资人都带有近代早期的绅商结合、官商结合、军商结合的痕迹，例如，中央商场的发起人张静江、曾养甫等，太平商场的创办人贺鸿棠、顾心衡等。官僚性质资本有利于整合各方资源，但也具有缺乏长远经营战略的弊端，规模和体量上也难以与上海同期的大型百货公司相媲美。

近代上海的四大百货公司在资本来源（侨商资本）、经营方式与销货对象具有相似性。四大百货公司均采用现代化股份有限公司的组织形式和西方资本主义的商业经营办法，包含了从商品生产到商品流通、交换的各种部门。百货公司以经销环球商品、附带推销国内的土特产品为主要业务，并兼营旅馆、酒楼、游艺场、保险等附属事业，是具有代表性的现代化企业。相较而言，近代南京以中央商场、永安商场、太平商场为代表的"集团售品组织"类型的大型商场主要是售卖百货的综合性商场，场方采用"大房东式"的经营管理模式，并未容纳商品生产、加工、代办等事业，体现了传统百货行业的规范化、集约化和规模化经营特征。

　　近代南京的集团售品组织在企业资本、建筑规模、经营模式等方面也远不及上海四大百货公司。例如，1936年1月开业的上海大新公司建筑面积约40000平方米，建筑地上9层，地下1层，并设有现代化的自动扶梯和电梯，体现了企业的雄厚实力（图1）。[①]而同期建设的南京中央商场一期工程主体建筑仅为2层，临街门楼局部4层，建筑面积仅为8201平方米。大新公司创立时资本总额达到港币600万元[②]，合法币600万元[③]，其中工程造价约为150万元；[④]而中央商场创办时共计集股国币30万元，仅为大新公司的5%，中央商场的房屋建筑费为19.52万元，仅是大新公司的13%。而且，中央商场采用了"大房东式"的经营模式，场方并不直接从事商业经营，而是将商场分隔为小店铺单元，再出租给其他商家独立经营，类似购物中心（Shopping Mall）的形式。而以大新公司为代表的上海大型百货公司则采用集生产、仓储、运销等为一体的组织经营模式，涵盖了生产、代加工、寄售等多种商品来源渠道，体现了现代化资本主义企业特征。从建筑空间形式的角度，以中央商场为代表的集团售品组织体现了传统商业街市的经营观念与空间形态的延伸和近代转译，商家均面向商业内街开放，反映出传统旧式店铺"良贾深藏若虚"的特征，为内向型的商业空间。而以大新公司为代表的大型百货公司则充分利用了临街橱窗使顾客"一目了然"，带有外向型商业空间的特征。此外，中央商场场方虽然也开办了京剧院、游乐场等休闲娱乐设施，但规模并不大，且散布于街区内，无法与大新公司将卖场、餐饮、娱乐等业态竖向容纳在同一栋建筑中的整体格局相媲美。

　　近代南京广泛发展起来的"集团售品组织"类型的商场建筑是投资方与商家双向选择的结果。对于商场投资方而言，仅需建设大的商场空间，依靠丰厚的租金获取利润。根据1934年的中央商场《营业计划书草案》记载，公司拟集股30万元，其中29.22万元均用于房屋建筑费和地租，每年收入主要靠商铺租金和押租利息获得。[⑤]这种模式在管理、运营等方面投入的人力、财力均较小，可谓一劳永逸。对于各商家而言，大型商场为其增强了品牌价值，并创造出一处商业集聚性强、业态复合度高、空间品质更优的室内新型商业空间，在空间的象征性和物质属性方面均优于"列肆立市"的传统商业街。但是，该经营模式因缺少商品生产线，导致商业资本家无法最大限度地控制成

① ［民国］建筑师基泰工程司. 上海大新有限公司建筑计划大意. 见：上海市档案馆，中山市社科联. 近代中国百货业先驱—上海大四大公司档案汇编. 上海：上海书店出版社，2010：276-278.

② 上海百货公司，上海社会科学院经济研究所，上海市工商行政管理局. 上海近代百货商业史. 上海：上海社会科学院出版社，1988：107.

③ 1935年11月4日，国民政府规定以中央银行、中国银行、交通银行三家银行（后增加中国农民银行）发行的钞票为国家信用法定货币，禁止白银流通，取代银本位的银圆，以1法币兑换银圆1元，将市面银圆收归国有。根据《南京沦陷八年史（上册）（1937年12月13日至1945年8月15日）》记载，抗日战争全面爆发前，藏币、印币、港币、华币（法币）的兑换比值为5：1：1：1，到日军占领南京等地后，兑换比值变为5：1：1：4。故大新公司创立时资本总额约为港币600万元，合法币600万元。见：经盛鸿. 南京沦陷八年史（上册）（1937年12月13日至1945年8月15日）. 北京：社会科学文献出版社，2005：551-552.

④ 上海大新公司新屋介绍. 建筑月刊，1935，3（6）：4.

⑤ 南京图书馆藏.《南京中央商场创立一览》，MS/F721/8（1912—1949）-01-202.

图1 大新百货公司建筑照片

图片来源: 百货的总汇: 最近开幕之上海大新公司 [J]. 良友, 1936 (113): 无页码。

本。为进一步谋取利润、积累资本,部分"集团售品组织"试图探索新的经营模式。抗日战争胜利后,中央商场开始向规模化经营方向发展。场方在修缮、改造原有卖场时,预留了旧楼中部后翼约1031平方米的空间,自行装修经营。同时期的太平商场也设置了贸易部,下设出进口部、仓库部、地产部、贩运部和信托服务部,开始拓展其他业务,不再满足于"大房东"的经营模式。

总体而言,近代南京的商业资本家基于城市社会、经济的特殊性,探索出了不同的发展道路。以"集团售品组织"为代表的大型商业设施是传统商业行业规范化、规模化与集约化经营的体现,也是传统百货业向大型百货公司发展的中间阶段,反映了商业资本家原始资本积累的阶段性过程。

(四)城市更新伴随着城南、城中商业区的扩展及城北商业区的偶发性建设

近代南京城的更新改造伴随着城南夫子庙、秦淮河旧城商业区向北拓展,并在建康路、朱雀路、太平路等地形成繁华的商业街市。国民政府自上而下的城市建设促使城中的新街口地区、中山路沿线发展为新的金融商业街区,体现了行政力量对于城市商业区变迁的影响。随着城市工业化水平提高和基础设施建设,商业空间向现代化的商业街区发展,体现在集商业、娱乐业、金融业为一体的复合型商业街区,现代化声、光、电设备塑造出新的购物体验,承载着入夜繁荣的都市夜生活。在"建筑规则"的导向下,以太平路为代表的商业街道形成由连栋式市房组成的西式店面街。

如果说城南旧区的发展源自于自下而上的自发性商业空间集聚,那么新街口一带的兴起则是经济利益与政治权力共同作用的结果。首先,新街口商业区的形成既体现出国民政府政治派系间在《首都计划》制定过程中的相互博弈,也是财政拮据的大背景下妥协、调和的结果。该区域既位于孙中山先生的迎榇大道——中山大道的转折处,也处于中央路子午线与中山路交汇处,兼具政治

象征性和现代化交通条件。其次，在政府明令金融机构从下关迁至新街口四周的同时，李石曾、张静江等官僚化绅商已收购了新街口广场西南、东南大片土地，并陆续创办中央商场、世界商场等商业设施。新街口广场的崛起也将为相关利益集团攫取更多的商业利润。最后，政府对新街口的重视很大程度上也源自于他们勾勒出的现代化"新都"图景——以金融设施、"百货商场"、电影院等建筑类型彰显现代化都市面貌。

反观南京城北地区，自太平兵燹后沦为荒芜、破败之地，终其整个近代时期，一直未能实现整体性的规划与建设。城北地区包括鼓楼以北至旧府城墙挹江门的北城区和城外长江东岸的下关地区。晚清时期，下关伴随着开埠通商得以发展，但于20世纪20年代开始没落，抗日战争全面爆发后遭受日军破坏，再未恢复往昔繁荣。北城区地域辽阔，历届政府均十分重视北城区发展，包括晚清时为创办南洋劝业会而进行的北城区建设、1920年颁布的《北城区发展计划》、南京国民政府时期的住宅区建设以及抗日战争胜利后的中山北路沿线改造计划、以下关地区土地重划为导向的商业设施建设等。但是，关于北城区的建设与发展方案均只是昙花一现，并未形成完整延续的复兴计划。加之战火频仍，对于基础设施本不发达的北城区影响甚大。北城区的偶发性建设与发展也是近代南京城市社会、经济周期性发展的缩影。

人们常说："建筑是社会的镜子。"[1]

中华人民共和国成立后，南京终于结束了百余年兵燹不断的近代史。随着改革开放的深化，南京城市经济繁荣发展，大型商业企业如雨后春笋般出现，城市建设呈现出一片欣欣向荣的景象。许多近代时期的商业建筑在城市更新的浪潮中被大规模的商业综合体、购物中心、城市综合体及高层建筑所取代，消失于历史长河中。但是，我们不能忘却——近代开明士绅的努力、夹缝中生存的商人——他们为城市现代化发展所作出的贡献。

---

① 见：勒·柯布西耶. 走向新建筑（据1924年增订新版）. 陈志华，译. 天津：天津科学技术出版社，1991：1. 及赖德霖. 中国近代思想史与中国建筑史学史. 北京：中国建筑工业出版社，2016：157。

主要参考文献

一、学术著作

［1］董鉴泓. 中国城市建设史（第三版）［M］. 北京：中国建筑工业出版社，2011.

［2］潘谷西. 中国建筑史（第七版）［M］. 北京：中国建筑工业出版社，2015.

［3］王晓，闫春林. 现代商业建筑设计［M］. 北京：中国建筑工业出版社，2005.

［4］菊池敏夫. 近代上海的百货公司与都市文化［M］. 陈祖恩，译. 上海：上海人民出版社，2012.

［5］上海百货公司，上海社会科学院经济研究所，上海市工商行政管理局. 上海近代百货商业史［M］. 上海：上海社会科学院出版社，1988.

［6］上海社会科学院经济研究所. 上海永安公司的产生、发展和改造［M］. 上海：上海人民出版社，1981.

［7］中共南京市下关区委员会，南京市下关区人民政府，南京大学文化与自然遗产研究所，贺云翱. 百年商埠：南京下关历史溯源［M］. 南京：凤凰出版传媒集团，江苏美术出版社，2011.

［8］约翰·拉贝. 拉贝日记［M］. 本书翻译组，译. 南京：江苏人民出版社，江苏教育出版社，1999.

［9］刘先觉，张复合，村松伸，寺原让治. 中国近代建筑总览：南京篇［M］. 北京：中国建筑工业出版社，1992.

［10］潘谷西. 南京的建筑［M］. 南京：南京出版社，1995.

［11］卢海鸣，杨新华，濮小南. 南京民国建筑［M］. 南京：南京大学出版社，2001.

［12］刘先觉，王昕. 江苏近代建筑［M］. 南京：江苏科学技术出版社，2008.

［13］汪晓茜. 大匠筑迹：民国时代的南京职业建筑师［M］. 南京：东南大学出版社，2014.

［14］赖德霖，伍江，徐苏斌. 中国近代建筑史第一卷：门户开放——中国城市和建筑的西化与现代化［M］. 北京：中国建筑工业出版社，2016.

［15］南京日用工业品商业志编纂委员会. 南京日用工业品商业志［M］. 南京：南京出版社，1996.

［16］李海清. 中国建筑现代转型［M］. 南京：东南大学出版社，2004.

［17］南京市地方志编纂委员会. 南京建置志［M］. 深圳：海天出版社，1999.

［18］苏则民. 南京城市规划史稿（古代篇·近代篇）［M］. 北京：中国建筑工业出版社，2008.

［19］石三友. 金陵野史［M］. 南京：江苏文艺出版社，1992.

［20］巫仁恕. 优游坊厢：明清江南城市的休闲消费与空间变迁［M］. 台北："中央研究院近代史

研究所", 2013.

[21] 周作人. 周作人文选·自传·知堂回想录 [M]. 北京：群众出版社, 1998.

[22] 刘先觉. 中国近现代建筑艺术 [M]. 武汉：湖北教育出版社, 2004.

[23] 康泽恩 (M. R. G. Conzen). 城镇平面格局分析：诺森伯兰郡安尼克案例研究 [M]. 宋峰, 许立言, 侯安阳, 张洁, 王洁晶, 译, 谷凯, 曹娟, 邓浩, 校. 北京：中国建筑工业出版社, 2011.

[24] 南京市人民政府研究室, 陈胜利, 茅家琦. 南京经济史（上）[M]. 北京：中国农业科技出版社, 1996.

[25] 章伯锋, 李宗一. 北洋军阀（第二卷）[M]. 武汉：武汉出版社, 1990.

[26] 鲍永安, 苏克勤, 余洁宇. 南洋劝业会图说 [M]. 上海：上海交通大学出版社, 2010.

[27] 谢辉, 林芳. 陈琪与近代中国博览会事业 [M]. 北京：国家图书馆出版社, 2009.

[28] 郭廷以. 中华民国史事日志（第二册）[M]. 台北："中央研究院近代史研究所", 1984.

[29] 赖德霖, 王浩娱, 袁雪平, 司春娟. 近代哲匠录——中国近代重要建筑师、建筑事务所名录 [M]. 北京：中国水利水电出版社, 知识产权出版社, 2006.

[30] 徐鼎新, 钱小明. 上海总商会史（1902—1929）[M]. 上海：上海社会科学院出版社, 1991.

[31] 潘荣琨, 林牧夫. 中华第一奇人：张静江传 [M]. 北京：中国文联出版社, 2003.

[32] 经盛鸿. 南京沦陷八年史（上册）（1937年12月13日至1945年8月15日）[M]. 北京：社会科学文献出版社, 2005.

[33] 明妮·魏特琳, 南京师范大学南京大屠杀研究中心译. 魏特琳日记 [M]. 南京：江苏人民出版社, 2000.

[34] 张纯如. 南京暴行——被遗忘的大屠杀 [M]. 孙英春, 等, 译. 北京：东方出版社, 1998.

[35] 洞富雄. 南京大屠杀 [M]. 毛良鸿, 朱阿根, 译. 上海：上海译文出版社, 1987.

[36] 郭晓晔. 东方大审判——审判侵华日军战犯纪实 [M]. 北京：解放军文艺出版社, 1995.

[37] 商业部百货局. 中国百货商业 [M]. 北京：北京大学出版社, 1996.

[38] 勒·柯布西耶. 走向新建筑（据1924年增订新版）[M]. 陈志华, 译. 天津：天津科学技术出版社, 1991.

[39] 赖德霖. 中国近代思想史与中国建筑史学史 [M]. 北京：中国建筑工业出版社, 2016.

二、期刊、报刊论文

[1] 张从田. 确立"十四年抗日战争"的重大意义 [N]. 人民日报, 2017-02-06 (11).

[2] 洪均. 湘军屠城考论 [N]. 光明日报, 2008-03-23 (7).

[3] 赵英兰, 吕涛. 转型社会下近代社会阶层结构的衍变 [J]. 南京社会科学, 2013 (1): 132-138.

[4] 贾孔会. 试论北洋政府的经济立法活动 [J]. 安徽史学, 2000 (3): 67-71.

[5] 宋宝华. 哈尔滨秋林公司史话（二）[J]. 黑龙江史志, 2007 (2): 39-42.

[6] 朱翔. 南京中央商场创办始末 [J]. 中国高新技术企业, 2008 (21): 196, 199.

[7] 罗晓翔. 明代南京官房考 [J]. 南京大学学报（哲学·人文科学·社会科学）, 2014 (6): 64-75, 155.

[8] 周一凡. 洋务运动在下关 [J]. 南京史志, 1999 (1): 49-51.

［9］汪熙. 关于买办和买办制度［J］. 近代史研究，1980（2）：171-216.

［10］何家伟.《申报》与南洋劝业会［J］. 史学月刊，2006（5）：125-128.

［11］叶扬兵. 清末江苏水电厂的考订［J］. 学海，1999（5）：126-129.

［12］袭士雄. 关于鲁迅和"南洋劝业会"的一则新史料［J］. 鲁迅研究动态，1986（5）：37.

［13］陈勐，周琦. "导民兴业"与近代博览空间——南洋劝业会布局与空间研究［J］. 世界建筑，2021（11）：76-81.

［14］蔡鸿源，孙必有. 民国期间南京市职官年表［J］. 南京史志，1983（1）：47-48.

［15］吴熙祥. 永济桥遗事［J］. 中国公路，2013（23）：134-140.

［16］姚欣. 浅谈庐山会议旧址的建筑特色［J］. 南方文物，2009（3）：160-161.

［17］王劲韬. 日本传统町屋的空间和装饰特色［J］. 室内设计，2005（3）：32-36.

［18］王劲韬. 浅析日本传统町屋的空间和装饰特色［J］. 华中建筑，2006（11）：193-195.

［19］陈勐，周琦. 南京中央商场建筑历史研究（1934—1949）［J］. 建筑史，2019（2）：148-164.

［20］张兴华. 南京太平商场一期工程营业楼设计断想［J］. 江苏建筑，1999（5）：10-11，14.

［21］刘凡. 南京营造业和"四大金刚"［J］. 南京史志，1991（6）：76-77.

三、文献汇编

［1］张士杰. 南京近代商业的发展［G］// 南京市人民政府经济研究中心编. 南京经济史论文选. 南京：南京出版社，1990：230-237.

［2］鲍永安. 南洋劝业会文汇［G］. 苏克勤，校注. 上海：上海交通大学出版社，2010.

［3］青木信夫，徐苏斌. 清末天津劝业场与近代城市空间［G］// 建筑理论·历史文库编委会. 建筑理论·历史文库：第1辑. 北京：中国建筑工业出版社，2010：155-165.

［4］陈渔光，苏克勤，陈泓. 中国近代早期博览会之父：陈琪文集［G］. 苏克勤，陈泓，校注. 南京：江苏文艺出版社，2012.

［5］徐苏斌. 二十世纪初开埠城市天津的日本受容：以考工厂（商品陈列所）及劝业会场为例［G］// 张利民. 城市史研究：第30辑. 天津：社会科学文献出版社，2014：188-203.

［6］潘君祥. 中国近代国货运动［G］. 北京：中国文史出版社，1996.

［7］建筑师基泰工程司. 上海大新有限公司建筑计划大意［G］// 上海市档案馆，中山市社科联. 近代中国百货业先驱—上海四大公司档案汇编. 上海：上海书店出版社，2010：276-278.

四、学位论文

［1］冷天. 得失之间—南京近代教会建筑研究［D］. 南京：南京大学，2004.

［2］陈亮. 南京近代工业建筑研究［D］. 南京：东南大学，2018.

［3］陈勐. 南京近代商业建筑史研究［D］. 南京：东南大学，2018.

［4］胡占芳. 南京近代城市住宅研究（1840—1949）［D］. 南京：东南大学，2018.

［5］王荷池. 南京近代教育建筑研究（1840—1949）［D］. 南京：东南大学，2018.

［6］季秋. 中国早期现代建筑师群体：职业建筑师的出现和现代性的表现（1842—1949）——以南京为例［D］. 南京：东南大学，2014.

［7］左静楠. 南京近代城市规划与建设研究（1865—1949）［D］. 南京：东南大学，2016.

［8］汤晔峥. 明清南京城南建设史［D］. 南京：东南大学，2003.

［9］孙昱晨. 南京和记洋行的历史及保护策略研究［D］. 南京：东南大学，2016.

［10］王俊雄. 国民政府时期南京首都计划之研究［D］. 台南：成功大学，2002.

［11］张杰. 南京市人口与社会结构研究（1945—1949）——以战后南京户籍调查及口卡资料为中心［D］. 南京：南京师范大学，2012.

五、史籍文献

（一）著作、汇编类

［1］徐柯. 清稗类钞（第四册）［M］. 北京：中华书局，1984.

［2］刘大鹏. 退想斋日记［M］. 乔志强，标注. 太原：山西人民出版社，1990.

［3］林尹. 周礼今注今译［M］. 北京：书目文献出版社，1985.

［4］黎翔凤. 管子校注（上）［M］. 梁运华，整理. 北京：中华书局，2004.

［5］何清谷. 三辅黄图校注［M］. 西安：三秦出版社，1998.

［6］孟元老. 东京梦华录笺注（上）［M］. 伊永文，笺注. 北京：中华书局，2007.

［7］徐松. 唐两京城坊考（修订版）［M］. 李健超，增订. 西安：三秦出版社，2006.

［8］甘熙. 白下琐言［M］. 南京：南京出版社，2007.

［9］叶楚伧，柳诒徵. 首都志（上）［M］. 王焕镳，编纂. 上海：正中书局印行，1947.

［10］（中国共产党）书报简讯社. 南京概况（1949年3月）［M］. 南京：南京出版社，2011.

［11］李昉，李穆，徐铉，等. 太平御览（第四册）［M］. 北京：中华书局，1995.

［12］陆粲，顾起元. 庚已编 客座赘语［M］. 谭棣华，陈稼禾，点校. 北京：中华书局，1987.

［13］陈作霖，陈诒绂. 金陵琐志九种（下）［M］. 南京：南京出版社，2008.

［14］余怀. 板桥杂记（外一种）［M］. 李金堂，校注. 上海：上海古籍出版社，2000.

［15］吴敬梓. 儒林外史［M］. 济南：齐鲁书社，1995.

［16］陈诒绂. 许耀华点校. 钟南淮北区域志. 陈作霖，陈诒绂撰. 金陵琐志九种（下）［M］. 南京：南京出版社，2008.

［17］《东方杂志》编辑我一，浮邱，冥飞. 南洋劝业会游记（附游览须知）［M］. 上海：上海商务印书馆发行，1910.

［18］金陵关税务司. 金陵关十年报告［M］. 南京：南京出版社，2014.

［19］方继之. 新都游览指南（1929）［M］. 南京：南京出版社，2014.

［20］梁思成，刘致平. 建筑设计参考图集（第三集：店面）［M］. 北京：中国营造学社发行，故宫印刷所印刷，1935.

［21］梁廷楠. 夷氛闻记［M］. 邵循正，点校. 北京：中华书局，1959.

［22］刘靖夫，等. 南京暨南洋劝业会指南［M］. 南京：南京金陵大学堂总发行，上海：上海华美书局印刷，1910.

［23］陈乃勋，杜福堃. 新京备乘［M］. 南京：北京清秘阁南京分店发行，1932.

［24］端方. 端忠敏公奏稿. 沈云龙. 近代中国史料丛刊第十辑［M］. 台北：文海出版社，1966.

［25］孙中山. 实业计划. 孙中山. 建国方略［M］. 牧之，方新，守义，选注. 沈阳：辽宁人民出版社，1994：106-269.

［26］国都设计技术专员办事处. 首都计划［M］. 南京：南京出版社，2006.

［27］南京市市政府秘书处. 新南京［M］. 南京：南京出版社，2013.

［28］南京市工务局. 南京市工务报告［M］. 南京：南京市工务局发行，南京新华印书馆印刷，1937.

［29］联合征信所南京分所调查组. 南京金融业概览［M］. 南京：南京联合征信南京分所发行，南京：大道印刷所印刷，1947.

［30］南京特别市工务局. 南京特别市工务局十六年度年刊［M］. 南京：南京印书馆，1928.

（二）期刊、报刊类

［1］天晓. 永安公司发达史［J］. 民锋（半月刊），1939，1（5）：30-31.

［2］南京下关宜推广商场意见书［J］. 江苏实业月志，1920（20）：15-18.

［3］下关商埠局帮办. 规划下关振兴商场之呈文［J］. 中国实业杂志，1914（9）：5-7.

［4］吴传钧. 南京上新河的木市：长江中下游木材集散的中心［J］. 地理，1949，6（2-4）：40.

［5］南京下关商埠之善后［J］. 华侨杂志，1913（2）：53-54.

［6］曹学思. 南京之木竹市况［J］. 中华农学会报，1922，3（4）：42-48.

［7］陈琪. 候补道陈琪为创办博览会事上江督书［N］. 申报，1908-4-21，第二张第二版.

［8］南洋第一次劝业会事务所筹备期内办事规则［J］. 东方杂志，1909，6（4）：5-6.

［9］汪大燮. 前出使英国大臣汪咨农工商部论办理赛会事宜文［J］. 东方杂志，1907，4（9）：87-90.

［10］张人骏. 南洋劝业会正会长开会词［N］. 申报，1910-6-7，第二张后幅第二版.

［11］南洋劝业会事务所详订本会会场内参考馆规则［N］. 大公报，1909-10-3，第二张第四版.

［12］南洋劝业会事务所拟定各省于会场内建设别馆规则［N］. 大公报. 1909-10-4，第二张第四版.

［13］两江总督张人骏奏南洋劝业会期满闭会情形等摺［J］. 商务官报，1910（25）：5-6.

［14］南洋第一次劝业会事务所筹备进行案［J］. 东方杂志，1909，6（4）：7.

［15］林逸民. 都市计划与南京［J］. 首都建设，1929（1）：9.

［16］尚其煦. 南京市政谈片（续完）［J］. 时事月报，1933，8（3）：204.

［17］吕彦直. 规划首都都市区图案大纲草案［J］. 首都建设，1929（1）：27.

［18］马轶群，李宗侃，唐英，徐百揆，濮良筹，等. 首都城市建筑计划［J］. 道路月刊，1928，23（2，3）：6-11.

［19］首都近事：孙科设计国都建设［J］. 兴华，1928，25（48）：34.

［20］首都道路系统之规划［J］. 首都建设，1929（1）：4-14.

［21］尚其煦. 南京市政谈片（上）［J］. 时事月报，1933，8（2）：112.

［22］孙科. 拟选择紫金山南麓为中央政治区域计划书［J］. 首都建设，1929（1）：1-4.

［23］孙谋，夏全绥，沈祖伟. 审查首都道路系统计划之意见书其四［J］. 首都建设，1929（2）：35.

［24］舒巴德. 审查首都道路系统计划之意见书［J］. 首都建设，1929（2）：28.

［25］陈和甫，张剑鸣，马轶群. 审查首都道路系统计划之意见书［J］. 首都建设，1929（2）：30.

［26］舒巴德. 首都建设及交通计划书［J］. 唐英，译. 首都建设，1929（1）：16.

［27］南京市府确立整个首都建设计划［J］. 建设评论，1935（1）：17-18.

［28］南京的道路建设［J］. 道路月刊，1935，48（1）：19.

［29］南京特别市新辟干路两旁建筑房屋规则（民国十八年十二月二十四日）［J］. 首都市政公报，1930（51）：1-2.

［30］首都新辟道路两旁房屋建筑促进规则（首都建设委员会第四十八次常务会议通过呈奉国民政府核准备案）［J］. 首都市政公报，1931（98）：1-2.

［31］首都新辟道路两旁房屋建筑促进规则施行细则（民国二十一年六月四日公布）［J］. 南京市政府公报，1932（109）：12-17.

［32］潘铭新，鲍国宝. 改良首都路灯计划［J］. 建设（南京1928），1928（1）：88-89.

［33］京市路灯装置之回顾与前瞻［J］. 南京市政府公报，1948，4（5）：118-120.

［34］建设委员会首都电厂注册装灯商店表（民国二十二年二月一日）［J］. 首都电厂月刊，1933（25）：5-6.

［35］南京新都大戏院［J］. 中国建筑，1936（25）：4.

［36］勿笑. 夏夜的南京太平路［J］. 效实学生，1936（1）：2.

［37］张唯力. 南京太平路夜景［J］. 新少年，1937，3（4）：79-81.

［38］吕竹. 国货运动与中国国货联营公司［J］. 新世界，1946（12）：9.

［39］中国国货暂订标准（民国十七年九月二十二日部令公布）［J］. 工商公报，1928，1（5）：10-11.

［40］省区特别市国货陈列馆组织大纲（民国十七年六月二日部令公布）［J］. 工商公报，1928，1（2）：24.

［41］蒋中正. 新生活运动纲要（附新生活须知）［J］. 军事汇刊，1934（14）：1-15.

［42］蒋中正. 国民经济建设运动之意义及其实施（民国二十四年双十节）［J］. 国民经济建设，1936，1（1）：1-4.

［43］国民政府工商部国货陈列馆规程（民国十七年六月二日部令公布）［J］. 工商公报，1928，1（2）：23.

［44］国民政府工商部国货陈列馆征集出品规则（民国十七年八月二十一日部令公布）［J］. 工商公报，1928，1（4）：7.

［45］首都国货陈列馆附设商场营业规则［J］. 行政院公报，1931（247）：49.

［46］南京国货陈列馆商场去年营业状况［J］. 外部周刊，1935（56）：26.

［47］南京国货陈列馆计划扩充［J］. 国货月刊（长沙），1937（48）：32.

［48］京国货厂商新式国货大商场［J］. 国货月刊（长沙），1937（49，50）：56-57.

［49］马超俊. 南京近年之经济建设［J］. 实业部月刊，1937，2（1）：189.

［50］公布中国国货联合营业股份有限公司章程［J］. 行政院公报，1937，2（6）：103-107.

［51］国货联营公司在京举行创立会［J］. 国货月刊（长沙），1937（48）：25.

［52］首都创立国货公司［J］. 国货月刊（长沙），1937（49，50）：56.

［53］首都中国国货公司概况［N］. 中华国货产销协会每周汇报，1947，4（14）：第二版.

［54］寂寞"中正路"——南京将有中央商场［J］. 首都国货周报，1935（10）：17.

［55］逸梅. 中央大舞台之种种及张文琴梁韵秋之争［J］. 十日戏剧，1937，1（2）：9.

［56］首都提倡国货会筹备国货样品展览［J］. 首都国货周报，1935（10）：8.

［57］证交上市股票发行公司——上海永安股份有限公司纪要［J］. 证券市场，1947（12）：14.

［58］华中营业公司概况［J］. 银行杂志，1926，3（19）：6-7.

［59］辽宁省档案馆. 满铁档案中有关南京大屠杀的一组史料［J］. 民国档案，1994（2）：18.

［60］ 辽宁省档案馆. 满铁档案中有关南京大屠杀的一组史料（续）［J］. 民国档案，1994（3）：11.

［61］ 俞执中. 南京书场印象记［N］. 弹词画报，1941-3-8，第一版.

［62］ 锦泉. 五洋市场漫话［J］. 今日画报（TO-DAY），1948（1）：11.

［63］ 李清悚. 南京世界商场与世界大厦［J］. 世界月刊（上海1946），1947，2（6）：55.

［64］ 首都兴建中山北路房屋贷款原则核定［J］. 金融周报，1946，7（46）：30.

［65］ 姚岩. 如此首都国货展览会［J］. 新上海，1947（68）：6.

［66］ 龚伯炎. 全国国货展览会纪念特辑：筹备经过概述［J］. 新运导报，1948（1）：66.

［67］ 铁笔. 首都商场无法开幕［J］. 快活林，1946（39）：9.

［68］ 陈聚辉. 首都唯一大规模的建筑厂：馥记营造公司访问记［J］. 建筑材料月刊，1947，1（2，3）：5.

［69］ 上海大新公司新屋介绍［J］. 建筑月刊，1935，3（6）：4.

（本文参考文献还包括大量一手档案类文献，主要来自南京市档案馆、南京市图书馆和南京市城建档案馆，包括各类政府档案文书，如南京市档案馆藏南京市政府工务局有关商业建筑的档案、图纸，反映社会、人口、商业状况的档案，相关都市计划法规及市政建设档案等，南京图书馆藏《南京中央商场创立一览》《南京中央商场》等历史档案。因本研究所参考档案资料繁多，已列入文中注释，在此恕不一一列出。）

六、外文文献

［1］ Nikolaus Pevsner. A History of Building Types［M］. New Jersey: Princeton University Press, 1979: 257-272.

［2］ Sigfried Giedion. Space, Time and Architecture: the Growth of a New Tradition［M］. London: Harvard University Press, 1941: 170.

［3］ Bill Lancaster. The Department Store: A Social History［M］. London and New York: Leicester University Press, 1995: 170.

［4］ H. W. Fowler, F. G. Fowler. The Concise Oxford Dictionary of Current English［M］. London: the University of Oxford, 1912: 254.

［5］ Michael B. Miller. The Bon Marche: Bourgeois Culture and the Department Store, 1869—1920［M］. Princeton: Princeton University Press, 1994: 49-51.

［6］ John E. Findling, Kimberly D. Pelle. Historical Dictionary of World's Fairs and Expositions, 1851—1988［M］. Connecticut: Greenwood Press, 1990: 3.

［7］ The Nanyang Exhibition: China's First Great National Show. in William Crozier. The Far-Eastern Review: Engineering, Commerce, Finance, 1910, Vol 6-11: 503-506.

［8］ China's First World's Fair. in Albert Shaw. American Review of Reviews［J］. 1910, Vol. 41: 692.

［9］ 川端基夫. 戦前・戦中期における百貨店の海外進出とその要因（The International Expansions and the Motives of Japanese Depertment Stores prior to and during World War Ⅱ）［J］. 経営学論集，2009，49（1）：231-249.

后记

本书是在笔者的博士学位论文《南京近代商业建筑史研究》的基础上删改、凝炼、修订而成。时光荏苒，距2010年只身赴南京求学，已过去整整一纪。从考研复试时坐在大鼎石阶上的焦急等待，到自豪地向来访友人介绍东南大学的历史趣事；从第一次赴澳大利亚联合设计时的新奇与激动，到联培期间独自游学美国十余座城市的从容与淡定；从在大礼堂听王澍先生讲座时的兴奋，到在夏铸九老师课堂上的专注。种种记忆清晰如昨。感谢东南大学为我辈学子所创造的平台，使我们了解到最前沿的建筑历史理论知识和建筑设计作品。

求学的路上有彷徨也有挫折，幸甚低谷时总有师友在旁激励我前行。首先要感谢我的恩师周琦教授。犹记得2010年晚冬第一次见到周老师的情景，他一袭略带光泽的黑衣，健步来到簇拥着书籍的会议桌前。老师的气场、谈吐与学识令我折服，几年的相处充实而愉快。每当我陷入迷惘与困惑的时候，导师的谆谆教导为我指引着方向，"先思考，再做事"；"不要只关注当下，要有更加长远的眼光"……感恩导师为我打开了建筑设计实践、建筑遗产保护和近代建筑史研究的大门，并循循善诱地引导我前行；感谢恩师的耐心培养，使我坚定了做一名有人文情怀的建筑史学者和建筑师的信念。

其次要感谢我们的师公刘先觉教授。刘老的研究为我辈徒孙指引了方向，他在我博士论文开题时所提出的宝贵意见令我们获益良多。希望徒孙们所取得的一点点成绩，能够告慰刘老的在天之灵。

感谢美国得克萨斯大学奥斯汀分校维尔弗里德（Wilfried Wang）教授的接待和教导。与教授相处的一年时光短暂而充实，他独到的视角与犀利的评论带我初窥建筑批判思维的门径。

感谢美国路易斯维尔大学赖德霖老师的教诲。赖老师严谨的治学态度另学生折服，细微处的关怀更令学生感动。有幸在赖老师的指导下参与《中国近代建筑史 第一卷 门户开放——中国城市和建筑的西化与现代化》的编写工作，使我终身受益。

感谢东南大学建筑学院李百浩老师、汪晓茜老师和诸葛净老师在我博士论文开题时所提出的宝贵意见与建议。

感谢东南大学朱光亚老师、夏铸九老师、李百浩老师以及南京工业大学郭华瑜老师、南京市规划设计研究院童本勤老师在我博士论文答辩时所提出的宝贵建议。

还要感谢东南大学建筑学院徐宏武老师、王海华老师，研究生院朱丹老师、邵克勤老师的耐心帮助，他们是我辈学子的坚实后盾。

感谢工作室同门师兄弟姐妹的携伴同行，深厚的同门情谊与融洽的学研氛围是我前行的动力。特别要感谢胡占芳、左静楠、季秋、雷晶晶、王荷池、陈亮等师姐、师兄在我论文写作进入瓶颈期时所提出的宝贵意见；感谢李慧希、高钢、王为、张力、王真真、李蒙、韩艺宽、胡霖华、姜诚、许碧宇、胡楠、孙昱晨、卢婷、吴明友、阮若辰、曹家铭等同门兄弟姐妹在我论文资料收集方面所提供的帮助。

感谢在东南大学读书期间的学友姜铮、陈阳、殷铭、高晓明、梁洁、王倩、张瑶、刘海芋、张琪等给予的建议与帮助。感谢得克萨斯大学奥斯汀分校杨升、王思文、周士奇，联培时期的好友刘冰、郑方兰、王唯等，使我在美求学的一年时间从未感到孤单。感谢我的室友鲍宇廷、窦瑞琪和陈超，谢谢他们在生活上的陪伴。还要感谢我们的"SEU Eight"、东南大学建筑学院研究生足球队以及我们的"山东帮"，怀念大家曾经在一起的美好时光，那是我此生最难忘的回忆。

感谢山东建筑大学建筑城规学院仝晖、任震、赵斌等领导老师们的帮助、支持与鼓励。

感谢我的父母、爱人和家人，谢谢他们的理解、关心与陪伴。

俗语说："知所从来，方明所往。"谨以此书为自己的求学生涯画下一个句号，并激励自己不断求索，迎接新的挑战。

陈勐
2022 年 7 月于济南